新型纺织服装材料与技术丛书

天然染料在纺织面料染色中的应用

柯贵珍　于伟东　李文斌　著

中国纺织出版社有限公司

内 容 提 要

本书概述了天然染料的类别、提取方法及其功能应用，系统介绍了典型天然染料在各类纤维材料上的染色情况，详细分析了天然染料的染色性能，阐释了提升天然染料染色性能的方法。具体包括：天然染料黄连在蚕丝、羊毛、腈纶和棉纤维中的染色应用，天然染料胭脂虫红、密蒙花和紫苏在棉织物中的染色应用，天然染料栀子在莱赛尔织物染色中的应用，天然染料西红花在真丝织物上的染色应用，天然植物艾叶和天然染料石榴皮在羊毛织物染色中的应用。本书还列举了大量天然染料的提取、上染量和染色牢度的提升及功能应用方面的实例。

本书语言凝练，图文翔实，可供纺织和染整工程相关专业人员从事研究、开发使用，也可作为纺织服装类院校教师、学生的参考用书。

图书在版编目（CIP）数据

天然染料在纺织面料染色中的应用 / 柯贵珍，于伟东，李文斌著 .-- 北京：中国纺织出版社有限公司，2023.10

（新型纺织服装材料与技术丛书）

ISBN 978-7-5229-0831-1

Ⅰ.①天… Ⅱ.①柯… ②于… ③李… Ⅲ.①天然染料—应用—纺织品—染色（纺织品）—研究 Ⅳ.①TS193.8

中国国家版本馆 CIP 数据核字（2023）第 148239 号

责任编辑：苗　苗　　责任校对：高　涵　　责任印制：王艳丽

中国纺织出版社有限公司出版发行
地址：北京市朝阳区百子湾东里 A407 号楼　邮政编码：100124
销售电话：010—67004422　传真：010—87155801
http://www.c-textilep.com
中国纺织出版社天猫旗舰店
官方微博 http://weibo.com/2119887771
三河市宏盛印务有限公司印刷　各地新华书店经销
2023 年 10 月第 1 版第 1 次印刷
开本：787×1092　1/16　印张：13.5　插页：2
字数：250 千字　定价：78.00 元

序
Preface

天然染料在中国有着悠久的历史，“终朝采绿，不盈一匊”“终朝采蓝，不盈一襜”“青出于蓝而胜于蓝”这些文字都是草木染的历史记载。时至今日，天然染料因为良好的生态性仍然活跃在一些传统民族服饰和小众纺织品的染色上，以其清新独特的色调和绿色环保特性获得了童装、内衣、家居饰品等纺织品的青睐。天然染料目前虽存在来源不稳定，色谱不齐全，色牢度不高等问题，但是作为染料家族的一份子，有许多可以提升的空间，也值得广大科研工作者投入精力进行相关研究。

著者对天然植物染料在各种纺织品上的染色进行了系统全面的探讨，提出了一些解决天然染料染色问题的方法，为工程应用提供了一些实用案例，可作为高等院校纺织工程、染整工程等专业的师生，以及工程技术人员的参考借鉴。

希望这本著作能有益于绿色染整技术的发展，能有助于培养适应大纺织专业发展需要的、素质全面的新型工程科技人才。

中国工程院院士
徐卫林
2023年9月20日于武汉

前言

Introduction

中国天然染料染色的历史可追溯到夏商时期，19世纪中叶之后，合成染料的发展使天然染料及其染色技术逐渐消亡。20世纪末，随着部分合成染料的禁用及各国环保法规的出台，绿色染整技术受到越来越多的关注。在寻找绿色无害的代用染料过程中，天然染料以其良好的生物相容性、优雅自然的色调和药理保健功能重新受到人们的青睐。

笔者对天然染料在各类纤维材料上的染色进行了系统研究，积累了丰富的经验和实验数据。为进一步促进天然染料的开发和应用，笔者对以往的研究成果进行了整合，编辑成书，希望可以为相关专业人员的研究、开发工作提供参考，同时也希望能够为生态染整技术的发展尽绵薄之力。

本书主要包括以下六方面内容：

一是天然染料及其应用概述，介绍了我国天然染料的历史、天然染料的类别、提取方法及其在染色和功能整理领域的应用，概述了天然染料染色存在的问题及提高天然染料染色效果的方法。

二是天然染料黄连的染色应用。优化了黄连的提取工艺，分析了黄连提取液的光谱特性和稳定性，研究了黄连上染蚕丝、羊毛、腈纶和棉纤维的染色热力学特性和动力学过程，采用正交染色实验方案获得了黄连媒染染色和直接染色的优化工艺，探讨了黄连染色织物的光色稳定性及抗菌性能，通过电晕处理、丝胶改性和丝肽涂覆等方式提升了黄连的染色性能。

三是天然染料胭脂虫红在棉织物染色中的应用。为了提升胭脂虫红对棉织物的染色性能，采用氧化处理和壳聚糖交联的方式对棉织物进行改性处理，提升了胭脂虫红对棉织物的上染率和色牢度，实现了天然染料胭脂虫红在乙醇—水体系中对棉织物的少水染色。

四是天然染料密蒙花在棉织物染色中的应用。优化了密蒙花的提取工艺和染色工艺，比较了密蒙花上染棉织物的直接染色和媒染染色效果，采用超声波染色的方式，提升了密蒙花对棉织物的上染率和色牢度，评价了密蒙花染色棉织物的抗紫外和抗氧化性能。

五是天然染料栀子在莱赛尔织物染色中的应用。介绍了单宁酸改性对栀子上染莱赛尔织物性能的影响，采用响应面分析方式优化了栀子对单宁酸改性莱赛尔织物的染色工艺。

六是其他天然染料的染色应用。介绍了天然染料紫苏提取工艺的优化工艺及其对棉织物的超声波染色工艺；评价了西红花色素的稳定性，优化了西红花对真丝织物的直接染色和媒染染色工艺；介绍了艾叶提取液的稳定性及其对羊毛织物的直接染色和媒染染色工艺，以及染色效果；比较了石榴皮对羊毛织物的直接染色和超声波染色性能，结果表明超声波可以明显提升石榴皮对羊毛织物的染色效果。

本书的编写出版得到了武汉纺织大学的大力支持，笔者在此表示衷心的感谢。感谢参与本书的学生们，尤其是朱坤迪、陈姝卉、谭姗姗、陈春梅、彭非凡、赵子莹、周梦梅、周甜、马荣、刘少广、吴政西等同学在成稿和相关实验工作中的付出。同时，本书还参考了大量国内外有关天然染料染色方面的文献资料，笔者在此衷心感谢国内外同仁们在天然染料染色方面所做的工作。

由于笔者水平有限，书中难免存在不妥之处，敬请同行和专家批评、指正。

柯贵珍

2023年4月

目录

Contents

第一章

天然染料及其应用概述

第一节 天然染料概述

染色的历史最早可以追溯至史前和远古时期；北京的周口店发现距今大概1.5万年的山顶洞人利用红色氧化铁矿物质在墙壁上作画。公元前150年，人们已可以用黄、赤、蓝三种天然染料拼染各种颜色。

在周代，已经有一些植物染料数量和品种，还有专门的官员来管理植物染料并收集用于浸染衣物的染料。

在秦汉时期，染料的种植领域不断延伸，种类也不断增多。东汉有39种色彩名称的纺织品，其中绝大部分是丝织品。魏晋南北朝时期的贾思勰在《齐民要术》中写到，当时使用的蓝草是指紫茎泽兰科的马鞭草和大青叶。它是我国传统使用的染色原料之一，也是民间常用的染料。南北朝以后，黄色的染料有柘黄等多种品种出现。用柘黄染色的织物，自隋代开始成为皇帝的服色。在唐代之前，中国古代服饰的颜色是以黄色、蓝色为主，到唐朝才逐渐形成一种具有民族特色的色彩鲜明、艳丽悦目的服色体系。这一时期也正是我国纺织史上一个大发展时期。

草木染在唐代得到了高度发展。《唐六典》载："凡染大抵以草木而成，有以花叶，有以茎实，有以根皮，出有方土，宋以时月。"这说明唐代时期就已经将草木染设为主流染法，用到的领域非常广泛。在历史书上，有名的"丝绸之路"上都是由植物染料和古老的工艺制作出的丝织品，我国传统出口的绸缎类商品几千年来都一直很出名，其中由植物染料制作的商品锦和绣被大量地运往欧洲地中海等地，为我国的东西方贸易交流打下了基础，铸就了中国丝绸的辉煌。吐鲁番出土的文物，其颜色有黄色、红色、青色和绿色等，还有分为不同饱和色的丝织物高达24种，都是用天然植物染料染色而成。

到了明清时期，人们对植物染料的需求已经可以自给自足，用来提取染料的植物得到了巨大发展，还可以用来出口。这时期，我国染料植物的染料应用和种植、染料的制备技术和工艺达到了一定程度，染坊获得了长足的发展。

19世纪中叶以后，由于西方合成染料染色技术的发展，天然染料及其染色技术逐渐消失。至20世纪70年代之后，由于环保意识的增强，人们逐渐认识到天然染料的重要性，天然染料因其独特的化学结构和良好的生态环保性能而得到迅速发展。目前世界各国都非常重视天然染料的开发与利用。

第二节 天然染料的类别

天然染料的分类方式有很多种。天然染料根据来源可分为植物染料、动物染料、矿物染料和微生物染料，其中又以植物染料为主。天然染料按颜色分类可分为红色、紫色、蓝色、黄色、绿色、灰/黑色、茶/棕色七大类。天然染料按应用则可分为直接型、还原型、酸性型、媒染型、分散型和阳离子型等。

一、常用的植物染料

《中国药典》1985年版收录植物药材554种，其中包括同属种和变种植物药163种，其中有些植物种类药和染色植物种类完全一致。《中国药典》和《本草纲目》记载的有关染色植物有红花（红）、栀子（黄）、蓼蓝（蓝）、姜黄（黄）、苏木（绛）、五加皮、紫草（紫）、郁金（黄）、茜草、皂荚、大血藤、光叶菝葜、葡萄、橘红、金缨子（蔷薇红）共15种。这些植物染料大多具有消炎杀菌的功效，来源也很广泛。从化学结构的角度，植物染料有如下类别。

（一）靛类（Indigo）

靛蓝作为天然染料中的还原染料，在染青和药用方面有着悠久的历史。可以制作靛蓝的植物有多种，其中常见的有菘蓝、蓼蓝和马蓝等。马蓝（Baphicacanthus Cusia Bremek），为爵床科多年生草本植物，其叶子可作为大青叶入药，其根入药称“南板蓝根”，是常用的中药。马蓝的化学成分主要为靛苷（吲羟与葡萄糖剩基构成的苷），存在于叶、茎之中，可用发酵法制取靛苷，然后氧化为靛蓝。靛蓝化学结构如图1-1所示。

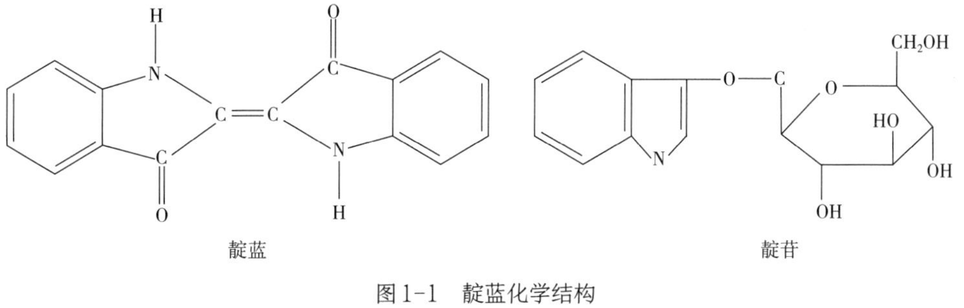

图1-1　靛蓝化学结构

我国西南地区的苗族、瑶族、侗族等少数民族常用马蓝制靛蓝，其中属瑶族支系的蓝靛瑶，就以生产蓝靛而得名。蓝靛瑶提取蓝靛的方法是将马蓝叶浸入一定量的水中，在常温下发酵，所得溶液呈弱酸性，再与石灰进行中和反应，经充分搅拌与空气接触氧化形成蓝靛浆沉淀，过滤除渣，静置沉淀去水得蓝靛染料。在用蓝靛染棉布的过程中，还要在染液中加入酒、碱、甘蔗叶、马蓝草等原料，其简单的化学作用表现为：草木灰碱性水中的碳酸根与蓝靛浆中的钙结合沉淀而分离出蓝靛，该产物与马蓝草、甘蔗叶、酒、碱等酵母、媒染物在适宜的温度下发酵得到一种适用于棉布染色的溶液。

（二）蒽醌类（Anthraqinone）

含蒽醌结构的药用染料来源较广泛，较常见的有大黄、茜草、紫草等。

大黄（Rheum Palmatum L.），为蓼科大黄属掌叶组各种植物的干燥根与根茎的结合体。大黄在我国传统医学中应用已久，在复方中成药里，是出现频率最高的药物之一。大黄所含成分大体上可分为蒽醌类、多糖类、鞣质类、蒽酯类，而蒽醌类物质是其疗效的主要成分和色素来源，其化学结构如图1-2所示。

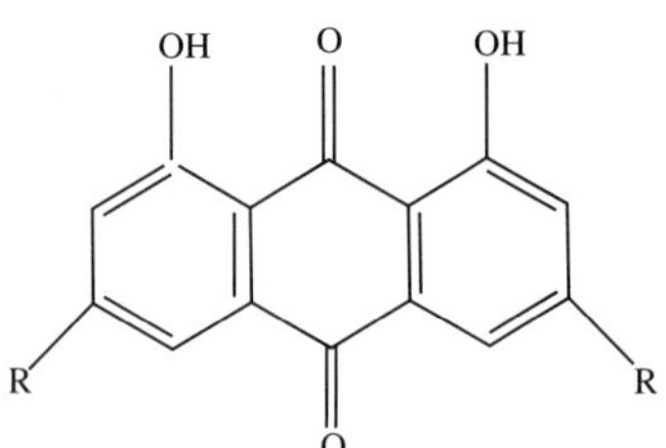

图1-2　大黄化学结构

根据取代基的不同，大黄有多种衍生物，大黄酸：$R=—CH_3$，H；欧鼠李皮大黄：$R=—CH_3$，—OH；大黄—甲醛：$R=—CH_3$，$—OCH_3$；芦荟大黄：$R=—CH_2OH$，H；大黄素：R＝—COOH，H。

茜草（Rubia Cordifolia L.），为茜草科植物茜草的根和根茎。《本草纲目》云："茜根，气温行滞，味酸入肝，而咸走血，专于行血活血。"现代医学也证明，茜草有明显的止咳、祛痰、平喘作用，并对呼吸道病菌具有抑制功效。茜草属植物的根中含有多种蒽醌结构的红黄色素，如伪羟基茜草素（浅红）、羟基茜素（红）、茜草素（橙红）等，这些色素难溶于普通水，但易溶于乙醇和碱性溶液中，为典型的配位络合染料，能够形成稳定的五元螯合环，色牢度优良。茜草类化学结构如图1-3所示。

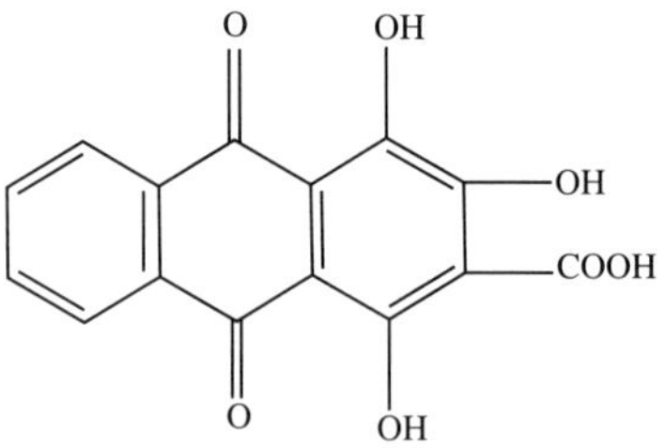

伪羟基茜草素（Purpurin）

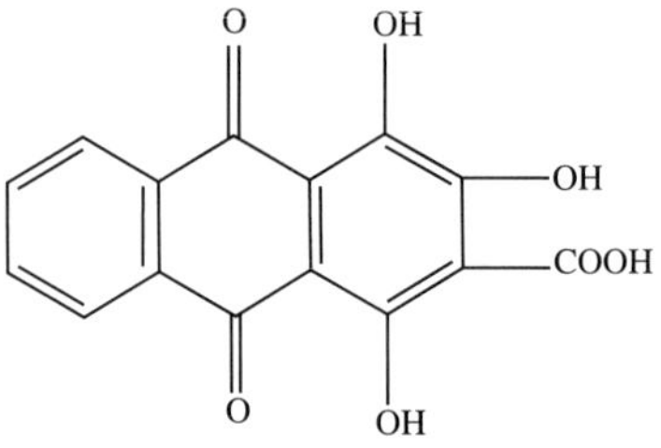

羟基茜素（Hydroxyalizarin）

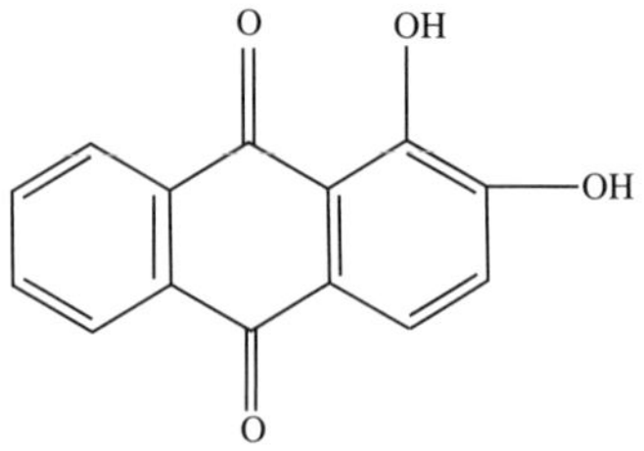

茜草素（Alizarin）

图1-3　茜草类化学结构

茜草自古就是红色植物染料的主要来源之一，如长沙马王堆一号汉墓出土的纺织品中，"深红绢"就是用茜红素和媒染剂多次浸染而成。

紫草（Radix Arnebiae），又名硬紫草、软紫草。天然紫草素类化合物及其衍生物具有多种药理活性，如抑菌、抗病毒、抗氧化和抗肿瘤等，含有高组分的紫草红色素，是五种重要的食用天然染料之一。紫草色素以脂溶性萘醌类色素为主，主要结构为紫草醌，紫草醌化学结构如图1-4所示。从商周时代开始，紫草素就已经作为天然紫色素用于织物的染色。

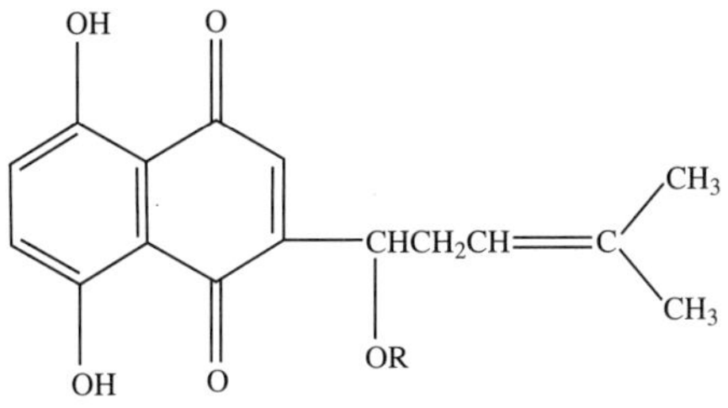

图1-4 紫草醌化学结构

（三）黄酮类（Flavonoids）

黄酮或黄酮醇的羟基或甲氧基取代物大多存在于黄色天然染料中。常见的黄酮类植物染料有红花、槐花、杨梅等。

红花（Carthamus Tinctorius L.），菊科一年生草本植物，别名红蓝花、刺红花、草红花、川红花，中医常用于治疗跌打损伤、经脉不通、瘀血肿痛等症，临床常用的“冠心2号”就是以红花为主要成分的中成药。红花色素成分含于初绽的花瓣中，其中一种是红色的红花素（$C_{21}H_{22}O_{11}$），化学组分为黄酮类衍生物。红花红素以红花苷的形式存在于花瓣中，只能溶解在碱性溶液中，可以直接上染丝、棉、毛、麻等各类天然纤维。红花红素化学结构如图1-5所示。

槐花（Sophora Japonica L.），为双子叶植物药豆科植物槐的花朵及花蕾。其中豆槐（本槐）花的色素成分为芸香苷，又名槐黄素，医学上称维生素P，现代药理证实其有增强毛细血管的弹性、消炎消肿、防止胃肠溃疡、降低血压、抗病毒、抗真菌等多种医疗作用。

槐黄素与红花红素类似，同属黄酮类衍生物，难溶于冷水，但可溶于热水及酒精，可用直接法染色，为色彩艳亮、牢度优良的黄色染料。槐黄素化学结构如图1-6所示。

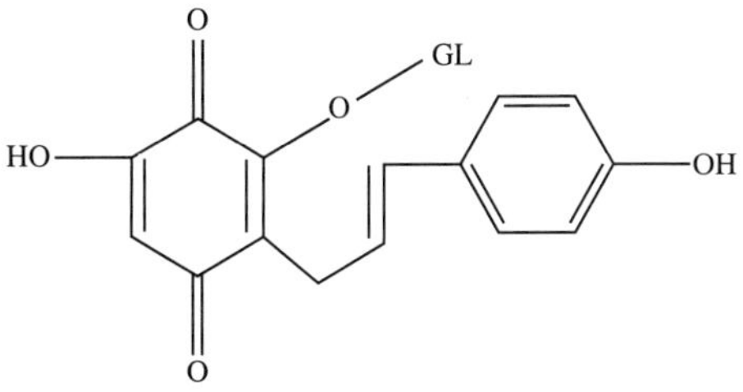

图1-5 红花红素化学结构

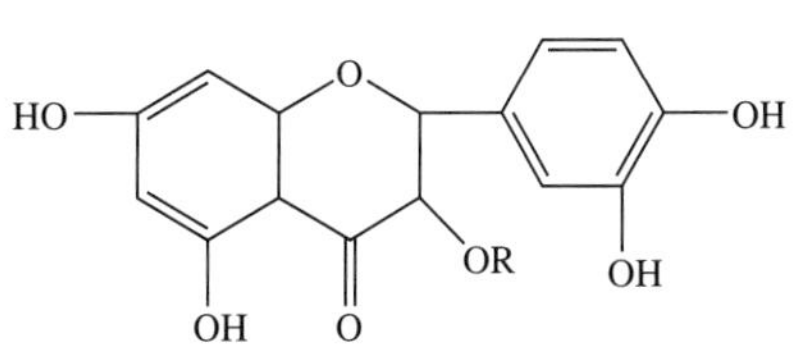

图1-6 槐黄素化学结构

杨梅（Myrica Rubra），别名野杨梅、毛杨梅。杨梅树皮具有治疗烧伤和皮肤疾病等作用，也可用作黄色染料，其色素主要为杨梅苷和杨梅酮。杨梅苷属黄酮苷类化合物，微溶于水和乙醇，其颜色对pH敏感，在酸性条件下其溶液一般为黄色，上染率可达70%以上，而在碱性条件下能迅速变成褐色，几乎不上染。加水会分解生成杨梅酮和鼠李糖，分解过程如图1-7所示。

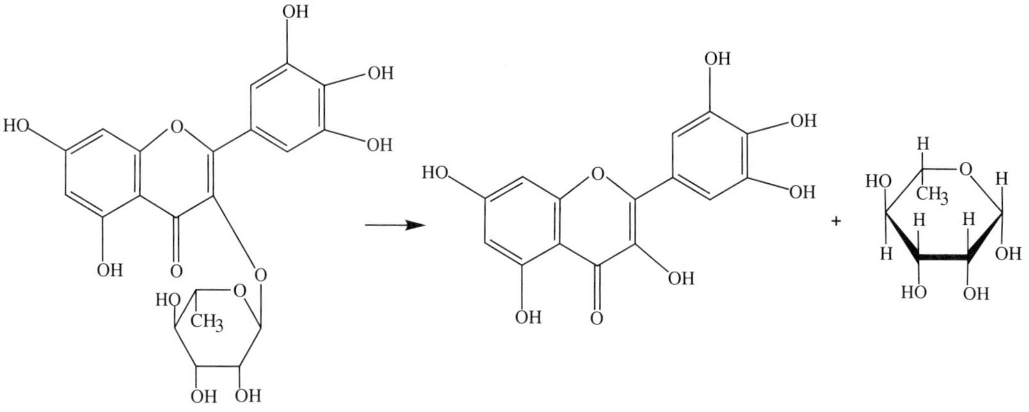

杨梅苷　　杨梅酮　　鼠李糖

图1-7　杨梅苷在水中的分解

（四）生物碱类（Alkaloid）

生物碱是生物体内一类含氮有机化合物的总称，它们有类似碱的性质，能和酸结合生成盐，大多数生物碱均有比较复杂的环状结构，有特殊而较显著的生理作用，是中草药中一类重要的成分。生物碱类药用植物染料主要来自黄连、黄柏和石榴皮等。

黄连（Coptis Chinensis Franch），为毛茛科多年生草本植物，是自古著称的药物之一，具有清热、泻火、燥湿、解毒、清心除烦等多种功效。黄连根茎含有多种生物碱，其中主要为小檗碱，其次为黄连碱、巴马汀、药根碱、木兰碱等。

黄柏（Phellodendron Amurense Rupr），为双子叶植物药芸香料植物黄柏或黄皮树的树皮，具有泻火解毒、清热燥湿等功效，外用可治疗疮肿毒。黄柏主要含小檗碱、药根碱、木兰花碱、黄柏碱等成分。

黄连和黄柏中所含的小檗碱是具有阳离子化学结构的唯一盐基性植物染料，小檗碱为黄色针状结晶，溶于热水和醇，能直接用于丝和羊毛的染色，采用金属盐有助于改善染色的品质。小檗碱化学结构如图1-8所示。

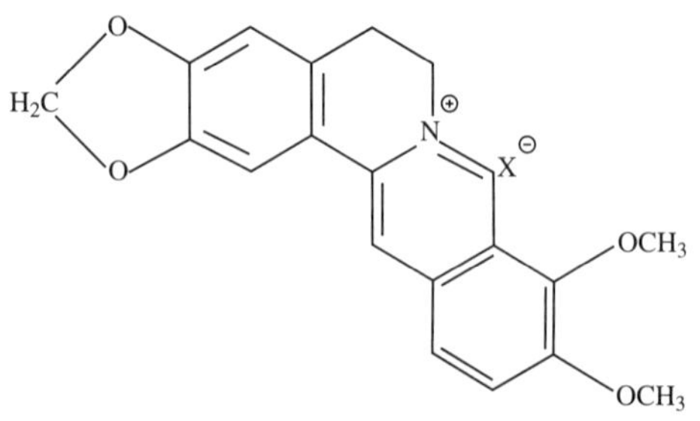

图1-8　小檗碱化学结构

石榴皮为石榴科植物石榴（Punica Granatum L.）的干燥果皮，可用于防治结肠癌、食管癌、肝癌、肺癌及皮肤肿瘤等病症，还可增强人体免疫功能，并起到降压、镇静功效。

（五）苯并吡喃类（Benzopyran）

苏木（Caesalpinia Asppan L.），别名苏方木、红柴，为豆科植物苏木的心材。苏木能使心血管收缩增强，对中枢神经有催眠和麻醉作用，并且具有广谱抗菌的作用，对呼吸道和肠道病菌的杀灭效果显著，是常用中药，也是历史上最主要的丝绸、羊毛和棉用黑色天然染料。苏木的色素有两种，巴西苏木素和苏木精（图1-9），易溶于热水，在沸水中溶解更快。

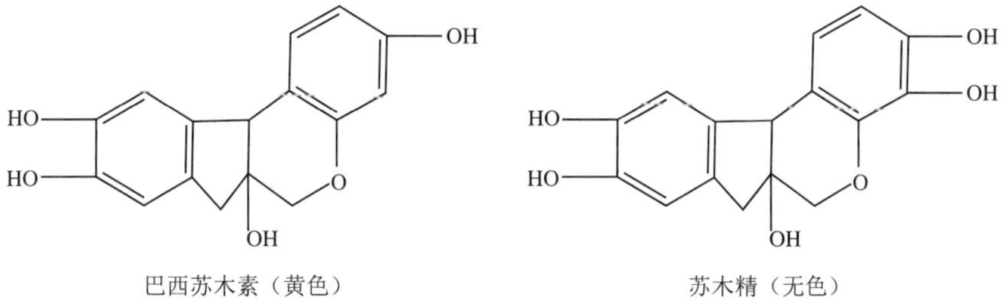

巴西苏木素（黄色）　　苏木精（无色）

图1-9　苯并吡喃类化学结构

苏木色素为媒染性染料，对棉、毛、丝等纤维均能上染，但必须经过媒染剂媒染，与金属盐络合产生色淀才能固着于纤维，有较好的染色牢度。

（六）二酮类（Dione）

姜黄（Curcuma longa L.），异名宝鼎香、黄姜，多年生宿根草，有破血、行血、通经、止痛的功效，主治跌打损伤、血瘀闭经等症。西医药理证明它们还有抗皮肤真菌、抗病毒的作用，可用于治疗传染性肝炎、胆结石及皮肤病。姜黄是一种传统的黄色染料，其色素之一是来自姜黄根茎的姜黄素（图1-10）。

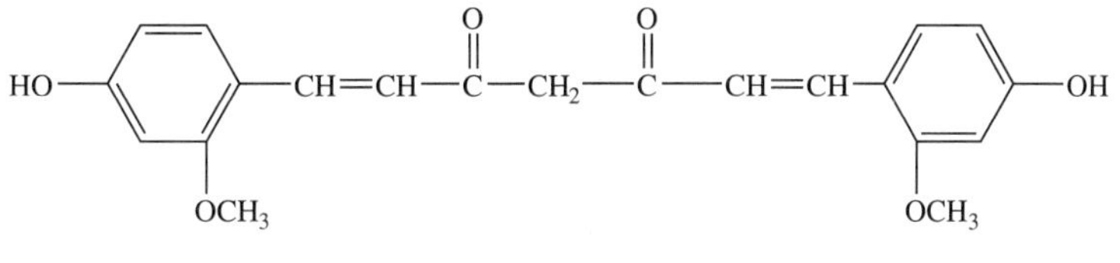

图1-10　姜黄素化学结构

姜黄素属于萜类挥发油类化合物，是一种橙黄色晶体，熔点为183℃，难溶于冷水而可溶于酸、碱溶液及热水中，用沸水煮泡可直接对各类天然纤维染色。由于分子中含有多个—OH、$—OCH_3$、═O和不饱和双键，因此可用不同媒染剂染出以黄色为基调的不同颜色。

（七）多酚类（Polyphenol）

五倍子色素来源于中药材五倍子（Rhus Chinensis Mill），属于水解类植物多酚。现代医学发现，植物多酚有抗病毒、抑菌、治疗皮肤烧伤和发炎、抑制突变、清除自由基等功效，除此之外五倍子色素也是染黑色的主要天然染料。五倍子色素（图1-11）来源于植物五倍子，产于盐肤木上的虫瘿内，属于水解类植物多酚，因结构中含有较多的羟基、羧基，易与金属离子络合，与不同金属离子络合后呈现出深浓色泽，而且色调较多，如灰、深棕、黑等颜色，自古以来一直是染黑色的主要染料。因此，用植物五倍子色素染色的织物对人体还具有一定的保健作用。

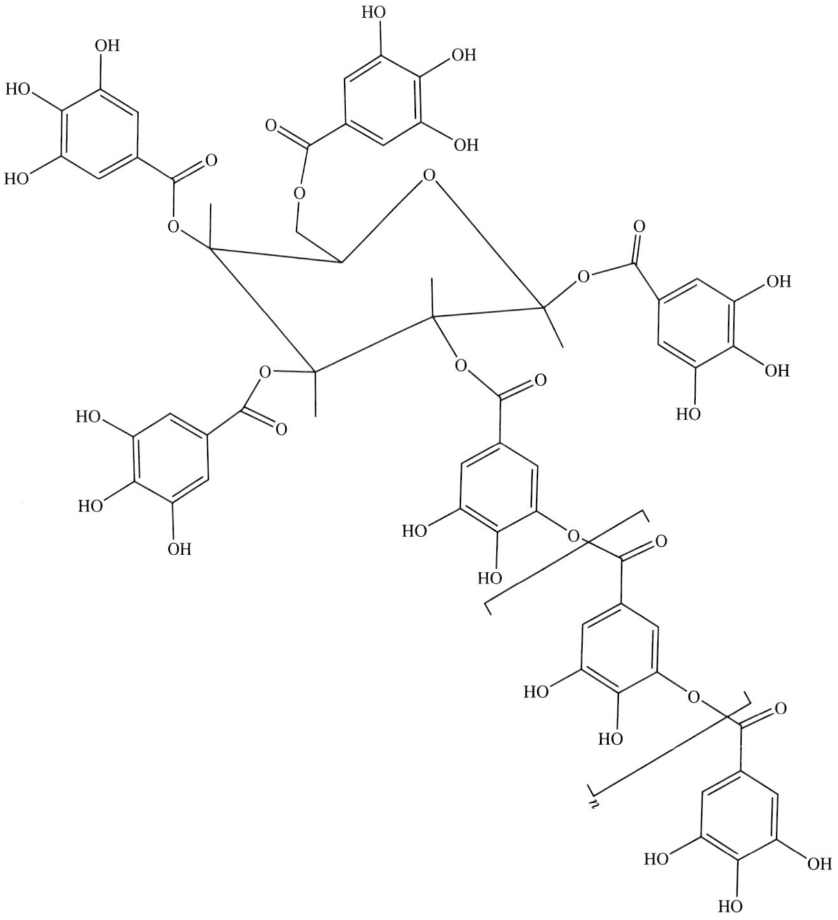

（n=0,1,2）

图1-11　五倍子色素化学结构

茶叶（Camellia Sinensis）中含有多种化学成分，其中的主要活性成分是茶多酚，茶多酚具有抗氧化、抗诱变、保护神经、抑制肿瘤发生、降血脂和保护心血管系统等作用。儿茶素类化合物是茶多酚的主要成分，也是主要的呈色物质。根据取代基的不同，儿茶素（图1-12）有多种类型。例如，表儿茶素：$R_1=R_2=H$；表没食子儿茶素：$R_1=H$，$R_2=OH$；表儿茶素没食子酸酯：R_1=Galloyl，$R_2=H$；表没食子儿茶素没食子酸酯：R_1=Galloyl，$R_2=OH$。

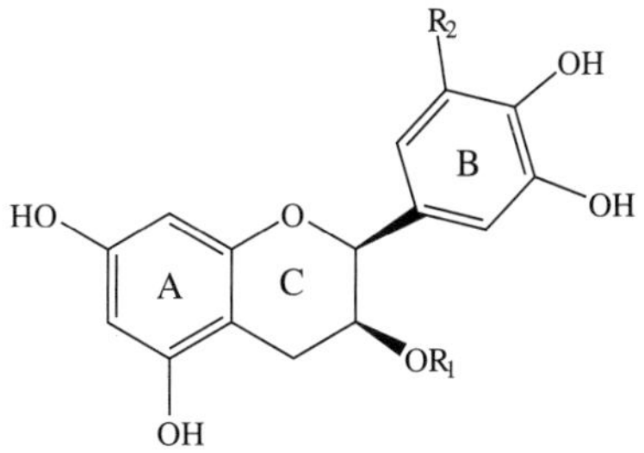

图 1-12　儿茶素化学结构

（八）类胡萝卜素类（Carotenoid）

类胡萝卜素类染料因在胡萝卜中发现而得名，结构中有长的共轭双键，为橙色。藏红花素是类胡萝卜素类天然色素的典型代表，它广泛存在于栀子和西红花等中草药中。

栀子（Gardenia jasminoides Ellis），实际上是茜草科植物栀子的干燥成熟果实植物，又名黄栀子、栀子花、山栀、水黄枝等，是一种常见的中药材，临床用于急性黄疸型肝炎、止血、扭挫伤等疾病。栀子属植物中含有许多的化学成分，如黄酮类（栀子素类）、环烯醚酮类（栀子苷类）、二萜类（栀子花酸类）、有机酸酯类（绿原酸、藏红花酸类等）。其中的藏红花酸类等就是栀子色素的主要来源之一，可用二氯甲烷和甲醇对藏红花素进行有效提取。藏红花素在丝绸、毛织物及棉织物的染色上都有应用，可用直接法染成黄色，亦可用媒染剂染得不同色调的黄色。藏红花酸化学结构如图 1-13 所示。

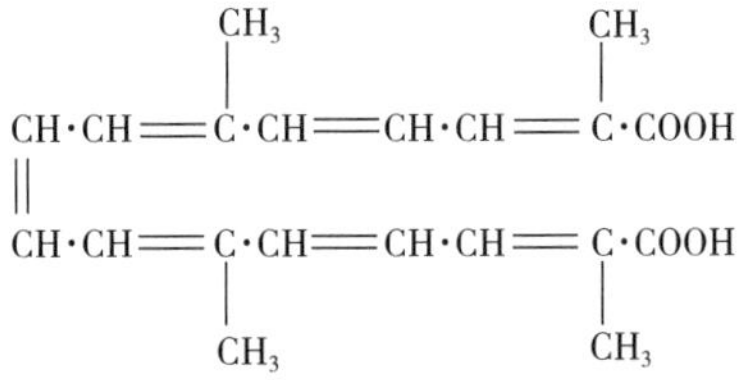

```
            CH3                   CH3
            |                     |
CH·CH == C·CH == CH·CH == C·COOH
||
CH·CH == C·CH == CH·CH == C·COOH
            |                     |
            CH3                   CH3
```

图 1-13　藏红花酸化学结构

西红花（Crocus Sativus L.）主要有效成分为以西红花苷Ⅰ与西红花苷Ⅱ为代表的水溶性色素，以玉米黄质、八氢番茄红素、六氢番茄红素、J_3-胡萝卜素等为代表的脂溶性色素；以西红花醛、异氟尔酮为代表的挥发性成分和以山柰酚及其糖苷为代表的黄酮类成分。其中，西红花苷、西红花醛及西红花苦素作为西红花中主要的有效成分，分别主导了西红花的颜色、气味和苦味，它们含量的高低代表西红花药材质量的优劣。

西红花苷是西红花的提取物之一，是一类水溶性的类胡萝卜素，由西红花酸与二分子龙胆二糖结合而成，包括西红花苷Ⅰ与西红花苷Ⅱ，二者都属于二萜类西红花苷，又称为西红花素、藏红花素，是西红花的一种水溶性胡萝卜素类化合物。西红花酸与不同糖结合而成的一系列酯苷，是西红花的主要活性成分之一，包括西红花苷-1、西红花苷-2、西红花苷-3、西红花苷-4。西红花酸，具有中枢降压、防治动脉粥样硬化、抗血栓、抗血小板聚集、抗心肌缺血，以及抗炎和治疗软组织损伤、利胆保肝、抗肿瘤等药理作用，在食品、药品、化工等行业有广泛的应用，临床多应用于心血管疾病及脂肪肝患者的治疗。图1-14为西红花苷的化学结构。

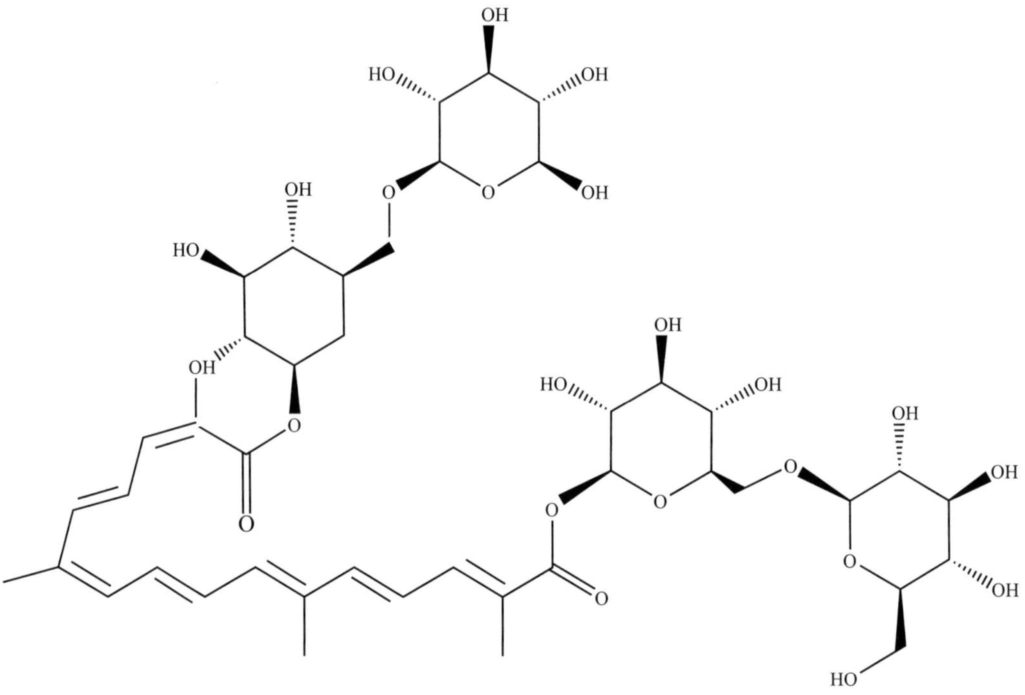

图1-14　西红花苷化学结构

二、天然动物染料

动物染料跟植物染料相比甚少。胭脂虫是动物染料的主要来源之一。胭脂虫寄生在仙人球茎或仙人掌上，成熟的时候会硬化，幼虫在硬化的体内孵化，孵化后破壁而出。胭脂虫体内有大量的胭脂红酸，胭脂红酸是制造胭脂红的原料。胭脂虫原产地为墨西哥，该国的仙人掌资源丰富，胭脂虫每年可以收获两次。

胭脂虫红素在提取时，可将洗净泥土的虫体晾干后放入清水中泡制数小时，用温水冲洗干净取出，再放入冷水中漂洗数次，捞出沥干水分，干燥，捣碎提取，所得色素比胡萝卜素的鲜艳度更甚。

泰尔红紫是一种从海洋软体动物（海螺）中提取得到的一种色泽艳丽的海洋动物性染料，其分子式为$C_{16}H_8Br_2N_2O_2$。地中海沿岸一种软体动物枝骨螺分泌淡黄色液体，在光和空气中逐渐变色，最终成为紫色物质，可作染料使用。公元前1500~前1400年腓尼基人开始用它给织物染色。1909年，德国化学家保罗·弗里德伦德尔在多刺海螺的鳃下腺中提取的泰尔红紫紫色染料一直被用于染皇室及权贵阶级的长袍。泰尔红紫化学结构如图1-15所示。

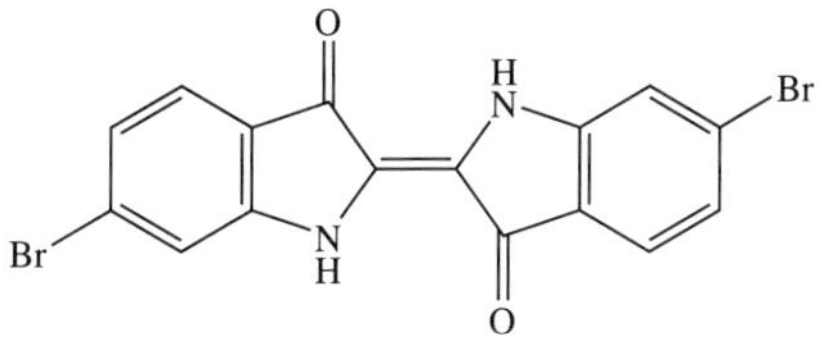

图1-15　泰尔红紫化学结构

紫胶虫是一种重要的资源昆虫，生活在寄主植物上，吸取植物汁液，雌虫通过腺体分泌出一种纯天然的树脂——紫胶。紫胶是一种重要的化工原料，广泛地应用于多种行业。在生产紫胶的过程中，需要将色素析出，这个析出的紫色素作为紫胶生产的副产品，可以作为天然染料使用。由于紫胶色酸的结构中含有酚羟基，所以具有较好的抗菌、抗病毒、抗癌和抗氧化作用。

三、天然矿物染料

矿物染料是从矿物中提取的具有颜色的无机物，如铬黄、群青、锰棕、朱砂、赭石、石青等。矿物染料的最早记载出现于商周时期，战国时期的古书《尚书·禹贡》中就有关于“黑土、白土、赤土、青山、黄石”的记载，说明那时的人们已对具有不同天然色彩的矿物和土壤有所认识。我国古代主要的矿物颜料有:绿色的石绿、黄色的石黄（雄黄和雌黄）、蓝色的石青、白色的方解石、红色的辰砂和朱砂、黑色的炭黑和黑钨矿。

朱砂又称辰砂、丹砂、赤丹、汞砂，是硫化汞（HgS）的天然矿石，大红色，属三方晶系。朱砂作颜料染成的红色非常纯正、鲜艳，可以经久不褪。中国利用朱砂作颜料已有悠久的历史，“涂朱甲骨”指的就是把朱砂磨成红色粉末，涂嵌在甲骨文的刻痕中以示醒目。红润亮丽的颜色也得到了画家们的喜爱，中国书画被称为“丹青”，其中的“丹”即指朱砂，书画颜料中不可或缺的“八宝印泥”，其主要成分也是朱砂。如长沙马王堆汉墓出土的大批彩绘印花丝织品中，有不少花纹就是用朱砂绘制而成的，这些朱砂颗粒研磨得又细又匀，埋藏时间虽长达两千多年，但织物的色泽依然鲜艳无比。但朱砂为汞的化合物，汞与蛋白质中的巯基有特别的亲合力，高浓度时，可抑制多种酶的活动。进入人体内的汞，主要分布在肝肾，从而导致肝肾损害，并可透过血液屏障，直接损害中枢神经系统，所以现在汞砂一般不用于织物的染色。

红铅（Pb_3O_4、PbO或PbO_2），又称四氧化三铅、红丹、铅丹或光明丹，为鲜橘红颜色重质粉末。密度9.1g/cm^3，不溶于水，溶于热碱溶液和冰醋酸，是一种明亮的红色或橙色结晶或无定形颜料，在古代印度绘画中大量使用。

雄黄（As_4S_4）是一种硫化砷矿物，通常被称为红宝石硫或砷的红宝石，雌黄的晶体通常呈片状或短柱状，有着艳丽的色彩，呈现出黄昏日落般的柠檬黄色。但它们并不安全，在绘画中也没有被大量使用。

黑钨矿也叫钨锰铁矿，黑钨矿含有丰富的铁元素、锰元素和钨元素。黑钨矿为褐色至黑色，具有金属或半金属光泽。一般它与锡矿石同产于花岗岩和石英矿中。这种较早出现的黑色颜料（染料），在历代的彩绘服饰和绘画中普遍应用，也是现代涂料工业中的主要原料之一。

孔雀石在中国古代叫“绿青”“石绿”或“铜绿”，因颜色酷似孔雀羽毛而得名。它是含铜的碳酸盐矿物，也被称为铜绿。孔雀石形成于铜矿床的蚀变带，通常和少量蓝铜矿长在一起。作为颜料，孔雀石被广泛用于化妆或壁画，还用于给制釉和玻璃上色。

蓝铜矿是一种碱性铜碳酸盐矿物，也叫石青。它常与孔雀石一起产于铜矿床的氧化带中。蓝铜矿可作为铜矿石来提炼铜，用作蓝颜料，还可制作成工艺品。

第三节 天然染料的提取

一、传统提取方法

（1）溶剂浸取法：即运用相似相溶原理，用有机溶剂浸提，然后经过滤、减压浓缩、真空干燥达到将色素分离出来的目的。一般是亲水性有机溶剂乙醇、甲醇、丙酮等提取水溶性色素，己烷、二氯甲烷、石油醚等提取脂溶性色素。具体的提取方法又分浸渍法、回流提取法、煎煮法等，其色素的提取与提取物的粉碎程度、提取时间、温度、所使用的设备及溶剂的选择有关。

（2）直接粉碎法：主要是将物料干燥、粉碎从而得到产物，虽然在某些领域可以用到，比如说用于制取可可豆色素、西红柿红素等，但此工艺较为粗放，一般不采用。

（3）酶提取法：因为植物在细胞内被细胞壁包裹着而难以提取出来，而其主要成分为纤维素、半纤维素和果胶质，并且其通透性较差，不利于色素的提取与向外扩散，利用酶的主要目的在于水解植物细胞壁，使色素能够向外释放，而溶剂向细胞内转移，提高色素的提取率。温度、pH是影响酶作用的主要因素，酶提取法具有提取条件温和、有效成分的理化性质稳定等优点。

（4）水蒸气蒸馏法：此方法适用于能随水蒸气一起蒸馏出来，而不会改变分子结构的植物成分的提取；这些化合物与水不相容或微溶，在水的沸点100℃下有一定的蒸气压，当水沸腾时，能将该物质一起随水蒸气带出。冷凝后，经过油水分离器分离，分去水分得到需要的植物成分。与此类似，分馏法是利用液体组分沸点的不同进行分馏，然后精制纯化。

二、新型提取方法

（1）超声波辅助提取法：即利用超声波产生的强烈的作用增大分子运动的频率和速度，同时细胞会受到一定强度的冲击从而加快提取剂向细胞内的扩散渗透速度，以提高色素提取率。

（2）微波辅助提取法：将能选择性加热的微波与溶剂萃取技术结合起来而形成的新型分离提取技术。

（3）吸附精制法：吸附树脂是一种高分子吸附剂，具有多孔性和高交联度，并且具有较大比表面积，因此其可从气、液相中吸附某些物质。

（4）膜分离法：这是一种不涉及相变且节能的技术，因为混合物中各组分的选择渗透性能的差异，所以可以利用天然的或者人工合成的高分子膜对其进行分离、提纯。

（5）超临界CO_2萃取：超临界流体兼有液体和气体的优点，密度大、黏稠度低、表面张力小，有极高的溶解能力，而且这种溶解能力随着压力的升高而急剧增大，能深入到提取材料的基质中，发挥非常有效的萃取功能，使提取分离（精制）和去除溶剂等多个单元过程合为一体，大大简化了工艺流程，提高了生产效率。

第四节　天然染料的应用概述

一、天然染料在纺织品染色中的应用

天然染料大多从植物中提取，有着优良的环保特性，用其染色的织物，除了在颜色方面有着独特的色彩韵律，同时兼顾防蛀抗菌、防紫外线等功能，是一种可再生、可持续发展的染料。目前，天然染料已广泛用于各类纺织品的染色，如一些童装、保健衣物及家纺产品等。

一般天然染料对蛋白质纤维的亲和性好，可以直接染色或进行媒染染色，因此，天然染料成功上染羊毛和蚕丝的实例非常多。而多数天然染料对纤维素纤维的亲和性比较差，需要对纤维素进行改性处理来提升染色性能，比如，阳离子化处理就能明显提升一些天然染料对纤维素织物的染色性能和色牢度。天然染料在合成纤维的染色上也有应用。如

Monthon Nakpathom 等用红木种子提取天然植物染料对涤纶进行高温染色，获得了色牢度优异的橙色调涤纶织物。Khaled Elnagar 等利用紫外线/臭氧预处理改善了涤纶和锦纶织物对姜黄和藏红花天然植物染料的染色性能。

二、天然染料的抗菌及防护性能

许多天然植物中药具有抗菌作用，其作用的菌种及其作用的强弱各有不同，但其抑菌作用机理主要在于中药的有效成分。板蓝根的抑菌有效成分为色胺酮和一些化学结构尚未阐明的吲哚类衍生物。例如，绞股蓝（蓝色）的主要成分是绞股蓝皂苷及黄酮等，化学结构属于达玛脂烷醇类，与大籽雪胆中分离出的抗菌物质齐墩果酸结构相似，其抑菌作用机理与增强白细胞的吞噬功能有关。黄芩（黄色）的主要成分黄芩苷具有抗炎作用，对金黄色葡萄球菌、绿脓杆菌有体外抗菌作用。黄连（黄色）主要抑菌成分为黄连素（小檗碱），大黄主要抑菌成分为蒽醌衍生物，其中以大黄酸、大黄素、芦荟大黄素作用最好。若能将这些植物所特有的自然效能用于织物整理将有广阔的应用前景。

Deepti Gupta 等测试了 11 种天然染料对革兰氏阴性菌的抑菌能力，研究结果表明石榴、没食子等染料对大肠杆菌和尿素分解菌的抑制能力特别强，且抗菌能力持久。王莘等对几种植物药提取物进行体外抑菌实验，结果表明，用乙醇回流法提取的成分抑菌效果较明显，其抑菌效果依次为黄连>黄柏>黄芩>金银花>蒲公英>板蓝根。

Kim 等将纤维素织物用阴离子活性剂处理后再用黄连进行染色，织物染色后的抗菌活性明显，对葡萄球菌的抑制率达到了 99.5%。

Shinyoung Han 等研究了毛织物经姜黄染色后对革兰氏菌的抑制能力，并探讨了抗菌作用与上染率和染色深度 K/S 值之间的关系。当姜黄素的吸附量达到 0.2% 时，织物对大肠杆菌和葡萄球菌的抑制率高达 95% 以上，而且经一定的洗涤和光照后，仍有较高的抑菌作用。

中岛键一等研究表明在相同的染色条件下，黄柏染液及其染色织物对黄色葡萄球菌和肺炎杆菌的抵抗能力高于五倍子、石榴、苏木、诃子等，且抗菌活性都随染色浓度的增加而提高。另外，媒染剂会降低植物染料的抗菌力，因为染料和金属盐发生了螯合作用。

林明霞等将姜黄直接染色染得的羊毛织物试样根据织物抗菌性能实验方法进行抗菌性测试，结果表明对金黄色葡萄球菌和大肠杆菌有较强的抗菌作用。

虽然研究表明很多药用植物染料的抗菌活性很明显，比如石榴皮等天然染料由于富含单宁酸，指甲花、胡桃木等含有大量萘醌结构，从而表现出明显的抗菌能力，但许多抗菌实验都是利用植物提取液进行的，其中的活性成分结构鉴定工作尚不深入，而且作为天然染料，上染率较低，与提取液相比，染色后的纺织品其抗菌活性表现迥异。

除了抗菌作用，药用植物染色后的织物还具有许多其他保健防护功能。例如，日本以艾蒿染色的织物来加工制成特异反应性皮炎患者的睡衣裤。大黄染色的棉布和丝绸有很好的防紫外性能（UVA和UVB的透过率均在2%以下），茜草和靛青染色的棉织物也有很好的抗紫外功能。

三、天然染料在防紫外线纺织品中的应用

纺织品是人体屏蔽紫外线的重要工具，而其紫外线防护性能跟其组成、结构和颜色有直接关系。许多天然染料有良好的紫外线防护效果。

三种天然黄色染料，即大黄、栀子黄和姜黄素，应用于染蚕丝的同时也获得具有紫外线防护能力的蚕丝纺织品。从桉树叶中提取染料，应用于羊毛织物，观察到随着染料浓度的增加，羊毛织物的紫外线防护系数（UPF）值介于非常好和极好之间。另外，通过研究金银花水提取物主要成分绿原酸对羊毛的紫外线防护性能，发现用金银花提取物处理的羊毛在UVA和UVB范围内显示出良好的紫外线防护效果，因此金银花提取物可以开发为应用于羊毛整理的天然紫外线吸收剂。天然植物着色剂茜草和靛蓝以及昆虫来源的胭脂虫被施用于棉织物，通过测试紫外线防护能力，观察到靛蓝具有更高的UPF值。

四、天然染料在防蛀和驱虫纺织品中的应用

毛基材料由于含有蛋白质成分，容易受到飞蛾和其他昆虫的攻击。例如，布蛾（Tineola Bisselliella）、地毯甲虫（Anthrenus Verbasci）和飞蛾的幼虫以蛋白质纤维为食。Shakyawar等人筛选了藏红花废料、洋葱皮、指甲花、石榴皮、银橡树叶、茜草、核桃等作为天然染料来源用于防蛾整理，发现银橡树叶、核桃壳和石榴皮效果最佳。将天然染料胭脂虫、茜草、胡桃木（奎宁）、栗子、褐藻、靛蓝和原木（类黄酮）涂在羊毛上，并测试对黑地毯甲虫的防蛀性能，发现除靛蓝外，所有染料都增加了羊毛织物的抗虫性，但类黄酮染料在增强抗虫性方面并不那么有效。金属媒染剂对使用的所有天然染料的抗虫性没有显著影响，但是胭脂虫、茜草和核桃在内的蒽醌染料在保护羊毛织物免受地毯甲虫侵害方面非常有效。

五、天然染料在其他领域的应用

除了上述应用之外，天然染料还用于皮革、木材、纸浆和一些塑料的染色，用来增加化妆品的颜色；用来染发；赋予某些药物制剂颜色；以及用在组织学染色上。天然色素还被用作功能性健康食品、饮料、天然化妆品的添加剂，为人类的健康保驾护航。天然染料还可以用在pH指示剂、染料敏化太阳能电池、化学传感器等领域，如Kuswandi等人用姜

黄素天然染料作为检测挥发性物质的化学传感器，Singh等人证明了天然来源的朱砂和靛蓝染料在Cheiloscopy（唇印研究）中的潜在用途，可用于法医学领域。

天然染料具备廉价、可再生和可持续，对环境影响小等特质，从而吸引了各行各业的注意，将其用于各种传统和新发现的应用学科。

虽然天然染料可应用于多个方面，但天然染料在应用中还存在许多问题。比如来源问题，天然染料多源于动植物，难以进行标准化生产。再则天然染料普遍存在耐洗和耐光牢度差，色谱不全，以及色素稳定性较差等问题。

六、提高天然染料染色效果的方法

针对天然染料来源有限及难于标准化生产的问题，目前已利用生物工程的方法人工培育出紫草、茜草等多种植物，其色素含量比天然植物高。由于生物培养的方法可使细胞生长速度加快，使天然染料的生产可以不依赖于自然界的植物，且产量也可得到提高。这样，就使天然染料供应困难的问题有望得以解决。

针对天然染料上染率不高、色牢度差等问题，国内外研究者也进行了一系列研究，试图通过改进传统的染料制备方法、染色方式，或对纤维进行改性来改善染色效果。

天然染料的传统制备方法有水萃取、蒸馏、柱层析等，缺点是染料粒径大，色牢度不好。为提高色素萃取的效果，研究人员用乙醇代替水作溶剂，此法非常适用于难溶染料。另外，可以用超声波和微波来提取染液。例如，Li-Hsun Chang 等用超临界二氧化碳流体萃取姜黄色素，比较合适的萃取条件为：温度320K，压力至少为26MPa，所得姜黄素的纯净率为71%。

印度印染工程技术人员用一种印度植物“neem”的叶子作为天然染料，对棉织物进行超声波染色。结果表明，棉织物在超声波染色条件下用“neem”染料染色效果均匀，可赋予织物较好的上染率、日晒牢度和洗涤牢度。与染相同色泽的常规染色工艺相比，在超声波染色条件下染色，热能消耗少。M.M. Kamel等将超声波用于紫胶色素的提取并对毛织物进行染色，与常规方法相比，紫胶的萃取效率和上染率分别提高了41%和47%。

在使用微波和声波的条件下，V. Tiwari用紫草的提取液对棉织物进行媒染染色，紫草染液对棉纤维表现出很高的亲和力。

Pier等用超临界二氧化碳（CO_2SCF）提取类胡萝卜素类染料——番茄红素、金盏草（色素为番茄红素和玉红黄质的混合体），并在CO_2SCF中染棉织物，若棉织物经过聚乙二醇预处理，则可显著提高上染率。

棉纤维经过阳离子化也可以增加大黄染料的上染率，经阴离子化处理可提高小檗碱的上染效果。另外，也有研究用壳聚糖和酶处理来提高棉对天然染料的染色效果。

尽管媒染和某些后处理可提高染色牢度，但因为天然染料发色基团的固有的不稳定性，导致天然染料耐洗和耐光牢度低。Hironori Oda研究了单一态氧冷却池对改进纤维素醋酯膜中红花红素光牢度的影响，在羟基芳基磺酸镍存在的情况下，光褪色速度受到抑制，而增加UV吸收器可稍微降低褪色速度。J.J.Lee等用UV吸收后处理方法来提高蛋白质纤维天然染料染色的日晒牢度。Daniela Cristea等研究表明在茜草、木犀草和菘蓝的染液中加入一定量的没食子酸、维生素C、苯甲酮、维生素E等紫外线吸收剂和抗氧化剂，可提高染色织物的耐日晒牢度，其中维生素C和没食子酸的效果较好。

目前，这些改善上染效果和色光牢度的方法大多仍处在探索阶段，在提高植物染料上染率和保持稳定性方面还有大量工作要做。

第二章

天然染料黄连的染色应用

黄连，为毛茛科多年生草本植物，是自古著称的药物之一，具有清热、泻火、燥湿、解毒、清心除烦等多种用途。黄连根茎含有多种生物碱，其中主要为小檗碱，其次为黄连碱、巴马汀、药根碱、木兰碱等。干燥黄连见图2-1。

图2-1　干燥黄连（见文后彩图1）

第一节　黄连色素的提取及其稳定性

一、黄连染液的提取工艺

（一）常用方法

中药有效成分的提取方法有溶剂提取法、水蒸气蒸馏法、升华法和超临界提取法等，其中以溶剂提取法最为常见。

溶剂提取法是根据中药化学成分采用溶剂间的“极性相似相溶”的原理，依据各类成分溶解度的差异，选用对活性成分溶解度大，对不需要溶出成分溶解度小的溶剂，将所需物质溶解，再依据“浓度差”原理，将所提成分从药材中析出的方法。

用溶剂提取中草药成分，常用浸渍法、渗漉法、煎煮法、回流提取法及连续回流提取法等。

（1）浸渍法：是将药材粉末或碎块用适当的溶剂（如乙醇或水）在常温下浸泡，以溶出有效成分。该法简单易行，但浸出效果较差。

（2）渗漉法：是将中药粗粉装在渗漉器中，不断添加新溶剂使其渗透药材，造成上下层良好的浓度差，使浸出液不断从渗漉器下部流出的一种浸出方法。其浸出效果优于浸渍法。

（3）煎煮法：为我国最为传统的浸出方法。将中药粗粉或碎块装入陶器、砂罐或铜制、搪瓷器皿，用水加热煮沸，使其有效成分浸出。此法提取效率高，但含多糖多的成分过滤困难。

（4）回流提取法：以有机溶剂加热提取成分，为了防止溶剂挥发损失需采用回流加热装置。该法提取率高，但溶剂消耗量大。

（5）连续提取法：用索氏提取器回流提取。该法需用溶剂量较少，提取成分也较完全。但遇热不稳定易变化的成分不宜采用此法。

（二）提取方法选择

多数游离的生物碱是亲脂性化合物，与酸结合成盐后，能够离子化，加强了极性，就变为亲水的物质，这些生物碱可称为半极性化合物。所以，生物碱的盐类易溶于水，不溶或难溶于有机溶剂；而少数游离的生物碱不溶或难溶于水，易溶于亲脂性溶剂，一般在氯仿中溶解度最大。

黄连的主要有效成分为小檗碱等生物碱，目前对其成分的提取方法主要有：稀硫酸法、石灰乳法、有机溶剂法、液膜法、水提取法等。水为极性最大的溶剂，作为提取溶剂具有资源广、无环境污染等优点；而黄连的主要化学成分为生物碱类，其次含有少量的木脂素、黄酮和香豆素类，多糖含量极少，用水提取易于过滤；且考虑到中药汤剂最大限度地保留了药材的有效成分，在我国已有几千年的历史，故在此选择水煎煮法提取黄连染液，直接用于相关的染色处理。

（三）提取效率及稳定性评价方法

1.提取效率及影响因素

中药的提取效率常常会受到提取溶剂、提取时间、溶液pH等多种因素的影响，为筛选出最佳工艺条件，需合理选用统计学方法。目前在中药提取工艺的优化工艺条件中使用的方法有正交设计法、均匀设计法、人工神经网络系统、响应曲面法等，而正交设计法的应用最为广泛。因小檗碱易溶于水、乙醇，笔者直接利用水提取黄连中生物碱，以提取液的吸光度为指标，利用正交实验方案筛选出适宜的提取工艺，考察水的用量、预浸时间、提取时间和次数对小檗碱得率的影响。

2.提取效率及其稳定性的评价方法

目前黄连中盐酸小檗碱含量的测试方法主要有薄层扫描—荧光分析法、高效毛细管电泳法、高效液相色谱法（HPLC）、紫外分光光度计法（UV），其中UV法，因方法简单，结果可靠，具有较好的通用性。笔者则选用紫外—可见光分光光度计（UV-vis）法测定黄连提取液中小檗碱的含量。

中药的很多有效成分为天然色素的来源，而天然色素是当前食品领域及纺织品染色的应用热点之一。天然色素相比合成色素，其缺陷之一就是稳定性太差，在食品加工和染色加工过程中容易受到多种因素的影响。因此，非常有必要对其稳定性作出评价。目前大多数评价方法是通过观测有效成分在不同处理条件下的含量及颜色的变化来进行。笔者通过紫外—可见吸收光谱法和吸光度值来综合评价温度、光照、pH、金属离子等环境因素对黄连提取液稳定性的影响，为后面进一步的研究和应用提供参考。

对于同一物质，当它的浓度不同时，同一波长下的吸光度不同，但是最大吸收波长的位置和吸收曲线的形状不变。而对于不同物质，由于它们对不同波长的光的吸收具有选择性，因此它们的最大吸收波长（λ_{max}）的位置和吸收曲线的形状互不相同。可以据此进行物质的定性分析。而朗伯—比尔（Lambert-Beer）定律则是紫外—可见光分光法定量分析的基础。该定律表明，当一束单色光通过均匀、无散射现象的溶液时，在单色光强度、溶液温度等条件不改变的情况下，溶液对光的吸收度A与溶液浓度C及液层厚度d的乘积成正比。其数学表达式如式（2-1）所示：

$$A=\lg(T)=\varepsilon Cd \tag{2-1}$$

式中：A——吸光度；

T——透射比（透射光强度与入射光强度之比）；

ε——摩尔消光系数，$L \cdot mol^{-1} \cdot cm^{-1}$；

C——溶液的浓度，$g \cdot L^{-1}$；

d——液层厚度，即比色皿的光径长，cm。

对于一些常见的吸光物质，最大吸收波长λ_{max}下的消光系数 ε 值均可以从分析化学手册中查到。因此，从理论上讲，只要在λ_{max}下测得该物质的吸光度A，由朗伯—比尔定律即可求得其浓度。具体操作过程中，一般是先用已知含量的精制品配制一系列浓度的溶液，用浓度C对被测物的吸光度值A之比进行线性回归处理，得到标准曲线方程，再根据待测物的吸光度值来求得相应的浓度。

（四）黄连色素的提取正交实验

中药的水法提取过程就是通过溶剂的扩散、渗透作用将水送入中草药细胞内部，促使内部有效成分溶解到水中，即实现有效成分从固相到液相的转移。持续加入新的溶剂，就可通过药材植物细胞内外的浓度差使有效成分不断地溶出直至饱和。为提高提取率，在其提取过程中需考虑时间、次数、溶剂量等因素的影响，因此选定加水量、提取时间、提取次数和浸泡时间作为考察的四个因素，每个因素各取三个水平，制定因素水平表，如表2-1所示。以小檗碱的含量作为考察指标，选用$L_9(3)^4$正交表进行正交实验设计。

称取5g黄连，按上述正交实验条件进行处理，提取液过滤后用旋转蒸发仪蒸发浓缩定容至400mL，取1mL稀释至100mL，用分光光度测试仪测其在最大吸收波长处的吸光度值，以此作为评价指标，确定色素提取最佳工艺。

表2-1　黄连色素提取正交实验

水平	加水量/mL	提取时间/min	提取次数	浸泡时间/min
1	400	30	1	20
2	500	50	2	40
3	600	70	3	60

按正交提取实验得到的最佳工艺提取5g黄连，将提取液浓缩后于-80℃下保存，当黄连溶液完全冻结后，应用冻干机冷冻干燥得黄连提取物粗品。

1. 黄连提取液的光谱曲线

取黄连提取液，以蒸馏水为空白，在200～800nm波长范围扫描，结果如图2-2所示。由图可以看出黄连提取液在190～500nm波长间有4个吸收峰，分别是在225nm（Ⅰ峰）、262nm（Ⅱ峰）、344nm（Ⅲ峰）及423nm（Ⅳ峰）处，前面三个峰均有较强吸收，但225nm及262 nm处其他杂质峰比较多，而UV法测物质含量时要求辅料、有关物质或降解产物峰对主药峰应无干扰，因此最后确定Ⅲ峰为主要测量点。

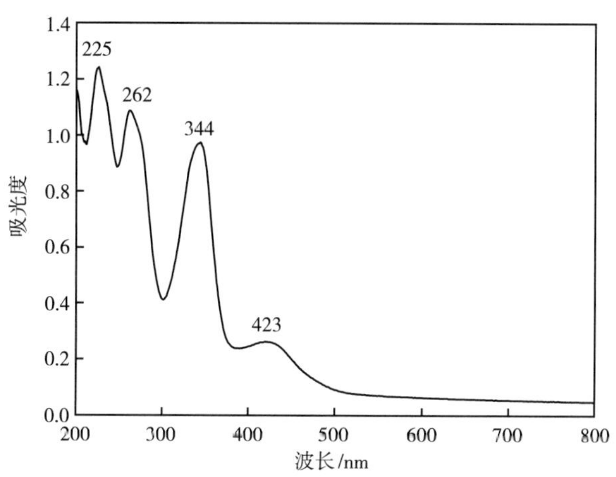

图2-2　黄连提取液的光谱曲线

2. 标准曲线的制作

精确称取高纯度的小檗碱0.2g，用水溶解并移置200mL量瓶中，定容，得浓度为$1g \cdot L^{-1}$的储备液，备用。精密吸取小檗碱储备液1mL、4mL、5mL、6mL、8mL、10mL于100mL量瓶中并定容，用蒸馏水作空白，在其最大吸收波长处分别测得吸光度，然后以染液浓度（C）为横坐标，吸光度（A）为纵坐标，制作通过原点的标准曲线。

配制不同浓度的小檗碱标准液在最大吸收波长λ=345nm处测得的吸光度值如图2-3所示。

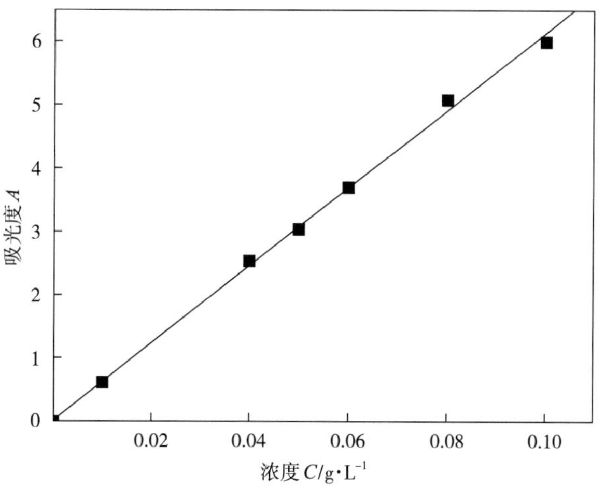

图2-3　小檗碱标准曲线

用最小二乘法作线性回归，得小檗碱浓度 C（$g\cdot L^{-1}$）与吸光度 A 的关系如式（2-2）所示：

$$A=61.432C,\ R^2=0.9969,\ S.D.=0.105 \tag{2-2}$$

以此方程计算黄连中小檗碱的浓度，并计算含量。

3. 水煎煮法提取工艺的确定

黄连水法提取的正交实验结果如表2-2所示。

表2-2 黄连水法提取的正交实验结果与直观分析

序号	加水量/mL	提取时间/min	提取次数	浸泡时间/min	吸光度值
1	1	1	1	1	0.303
2	1	2	2	2	0.554
3	1	3	3	3	0.784
4	2	1	2	3	0.575
5	2	2	3	1	0.716
6	2	3	1	2	0.529
7	3	1	3	2	0.571
8	3	2	1	3	0.548
9	3	3	2	1	0.712
$\overline{K_1}$	0.547	0.483	0.460	0.577	
$\overline{K_2}$	0.607	0.606	0.614	0.551	
$\overline{K_3}$	0.610	0.675	0.690	0.636	
R	0.063	0.192	0.230	0.085	

从直观分析的结果可以看出，影响黄连水提取的最大因素是提取次数，其次是提取时间。提取次数越多，提取时间越长，染液的吸光度值越大，浓度越高。浸泡时间和加水量对实验结果的影响相对较小。综合考虑成本、效率等因素，笔者选择黄连的提取工艺为：浸泡60min，提取2次，每次煎煮50min，加水量500mL（料液比1∶100），提取液合并后定容到400mL。

4. 精密度实验

在最佳提取条件下，对黄连提取液进行6次平行分析，从提取液中取1mL稀释200倍后测其吸光度值，结果如表2-3所示。

表2-3 精密度实验结果

吸光度	0.4196	0.4204	0.4087	0.4175	0.4188	0.4208
平均值	0.4176					
标准偏差	0.004533					
R.S.D值/%	1.085					

二、黄连提取物的色谱定性

（一）紫外—可见光光谱

取黄连粗提取物和盐酸小檗碱各10mg，加水定容到100mL，取4 mL稀释到20mL，在200 ~ 800nm波长范围内对其进行扫描，得到相应的紫外—可见光光谱图。

取一定量黄连粗提取物和盐酸小檗碱，分别配制成0.1g·L^{-1}的溶液，稀释相同倍数后，在200 ~ 800nm波长范围内对其进行扫描，得到相应的紫外—可见光光谱图如图2-4所示。由图可以看出，两者的波形基本一致。表2-4列出了两者的波峰位置及相应波长下的吸光度值。小檗碱的Ⅰ峰、Ⅱ峰、Ⅲ峰、Ⅳ峰的位置为226nm、262nm、345nm及421nm，黄连提取液的Ⅰ峰、Ⅱ峰、Ⅲ峰、Ⅳ峰的位置为225nm、262nm、344nm及423nm，两者峰位置基本重合，有1~2nm的偏移。但小檗碱的峰值均较黄连粗提取物的高，说明黄连粗提取物中小檗碱含量有限。

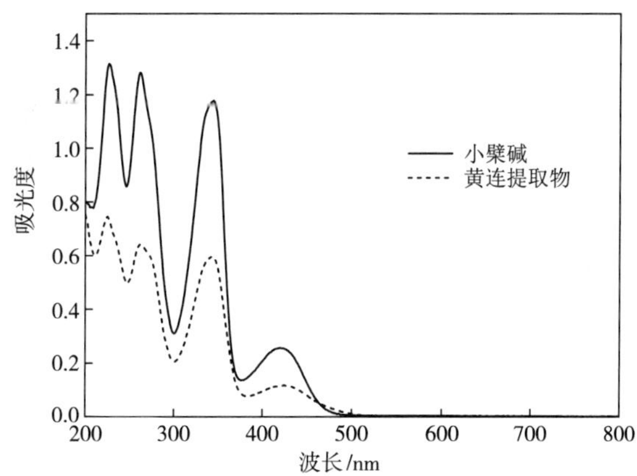

图2-4　黄连提取物和小檗碱的光谱曲线

以小檗碱峰位置为准，列出两者在对应波长下的吸光度值*A*，并计算黄连提取液和小檗碱的吸光度值的比值，结果如表2-5所示。根据两者的比值可推算出最佳提取条件得到的黄连粗提物中小檗碱的含量。峰位置不同，计算出的含量存在一定的差异，若以345nm处的峰值为标准，其粗提物中小檗碱含量为50.2%。

表2-4　小檗碱和黄连提取液各吸收峰的位置及吸光度值

吸收峰		Ⅰ峰	Ⅱ峰	Ⅲ峰	Ⅳ峰
小檗碱	峰位置/nm	226	262	345	421
	吸光度	1.314	1.281	1.178	0.255
黄连	峰位置/nm	225	262	344	423
	吸光度	0.745	0.643	0.595	0.116

表2-5　小檗碱和黄连提取液在同一波长λ_{max}=345nm下的吸光度值及其比例

吸收峰	Ⅰ峰	Ⅱ峰	Ⅲ峰	Ⅳ峰
$A_{小檗碱}$	1.314	1.281	1.178	0.255
$A_{黄连}$	0.739	0.643	0.591	0.116
$A_{黄连}/A_{小檗碱}$/%	56.24	50.20	50.17	45.49

（二）薄层色谱

取黄连提取液冷冻粉约20mg，置于50mL量瓶中，加热蒸馏水25mL溶解，放冷，加蒸馏水定容至刻度，摇匀，作为供试品溶液备用。取供试品溶液4μL点样于硅胶G薄层板上，并以盐酸小檗碱对照品溶液为阳性对照，以苯—乙酸乙酯—异丙醇—甲醇—水（6∶3∶1.5∶1.5∶0.5）为展开剂，加入等体积浓氨试液，预平衡15min，展开至8cm，取出晾干，置紫外光灯（366nm）下检视。

将黄连提取物与小檗碱在紫外光灯（366nm）下检视，可见两者在相应位置显示相同的黄色荧光斑点，两者的比移值R_f（0.37）（从基线至展开斑点中心的距离D_1与从基线至展开剂前沿的距离D_0的比值）如图2-5所示，该结果表明黄连提取物中小檗碱的存在。

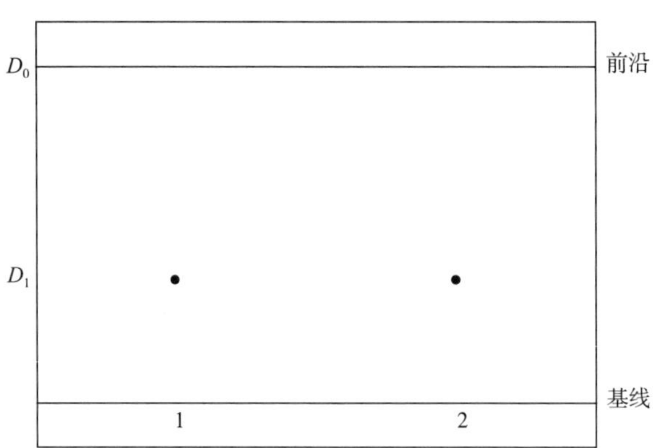

图2-5　盐酸小檗碱对照品及黄连提取物的薄层色谱
1—小檗碱　2—黄连提取物

三、黄连提取液的稳定性分析

以最佳提取工艺条件的提取液为研究对象，分别对其热稳定性、耐光性、金属离子等共存物的影响及pH的影响进行分析研究。通过对比黄连提取液在不同处理条件下的紫外—可见吸收光谱，观测其在最大吸收波长下的吸光度值，观察其颜色特征，对其稳定性给出综合评价。

（一）温度对黄连色素稳定性的影响

将黄连提取液在不同温度下恒温放置0.5h，放置至室温后测定其光谱，结果如图2-6

所示。从黄连提取液的全谱图可以看出，黄连色素在所测的温度范围内（20~100℃）吸收光谱基本一致。图2-7将Ⅰ峰、Ⅱ峰、Ⅲ峰和Ⅳ峰处的谱图单独列出，进行放大观察。由图可以看出，各峰处的谱图在不同温度下显现出相同的形态。各温度下的峰位置及对应的吸光度值如表2-6所示。

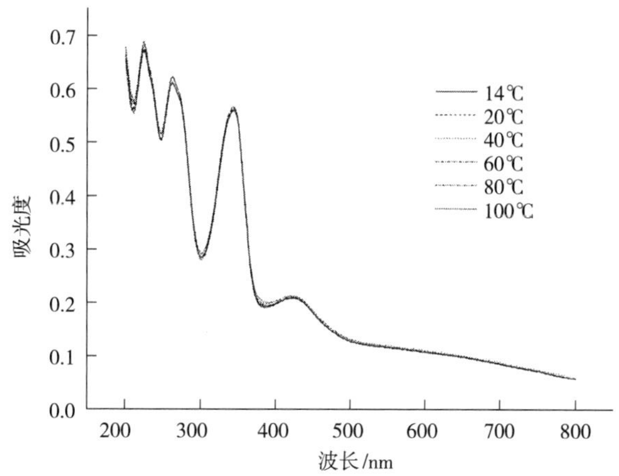

图2-6　黄连提取液经不同温度处理后的吸收光谱

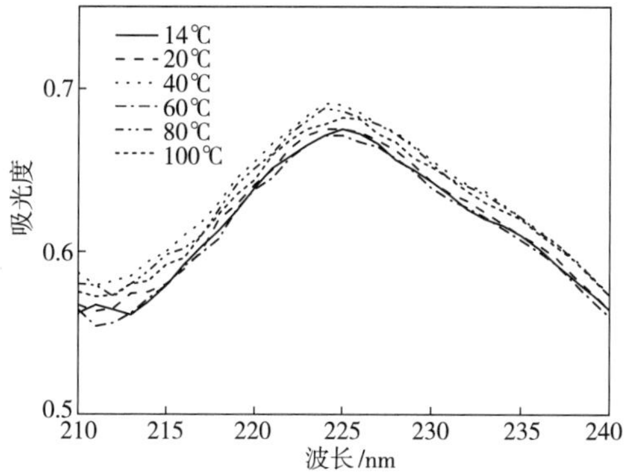

（a）吸收光谱Ⅰ峰

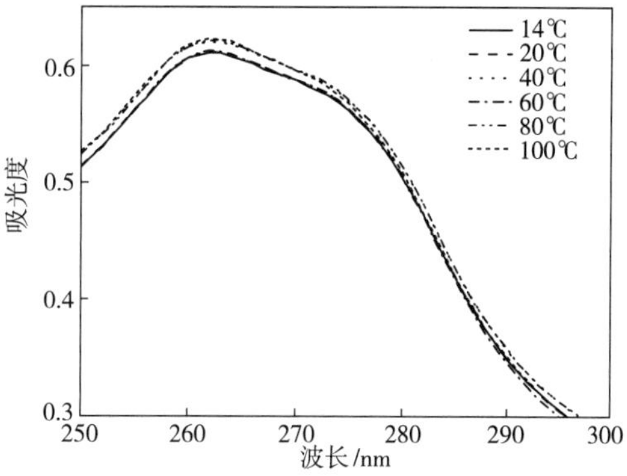

（b）吸收光谱Ⅱ峰

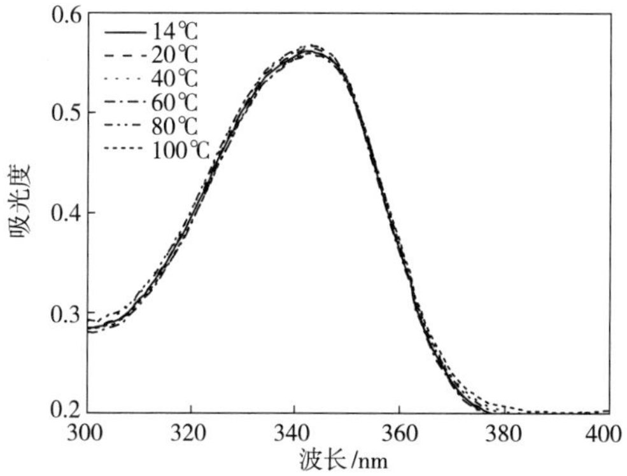

（c）吸收光谱Ⅲ峰

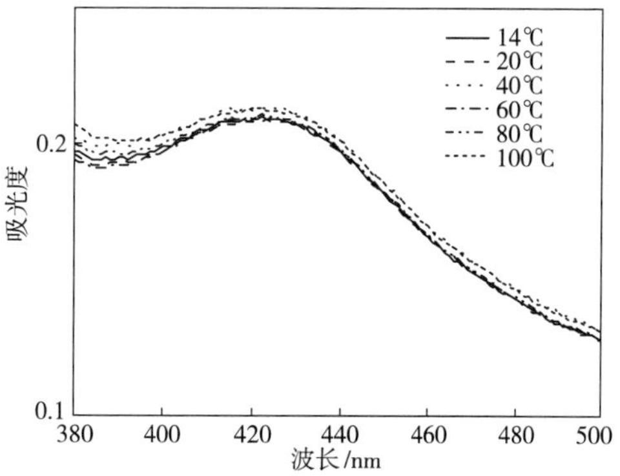

（d）吸收光谱Ⅳ峰

图2-7　黄连提取液经不同温度处理后的吸收峰

表2-6　温度对黄连提取液吸收光谱峰位置和吸光度的影响

温度/℃		14	20	40	60	80	100
Ⅰ峰	峰位置/nm	225	225	224	225	224	225
	吸光度	0.675	0.675	0.691	0.671	0.688	0.682
Ⅱ峰	峰位置/nm	262	262	262	262	263	262
	吸光度	0.611	0.612	0.620	0.613	0.622	0.623
Ⅲ峰	峰位置/nm	344	344	344	344	344	344
	吸光度	0.560	0.564	0.567	0.557	0.567	0.560
Ⅳ峰	峰位置/nm	422	423	423	423	423	423
	吸光度	0.210	0.209	0.213	0.210	0.210	0.212
颜色		浅黄色	浅黄色	浅黄色	浅黄色	浅黄色	浅黄色

由表2-6可以看出各吸收峰位置基本没变，且吸光度值，尤其是Ⅲ峰和Ⅳ峰对应的吸光度值较稳定，溶液的颜色保持不变。上述结果表明黄连色素在所测时间范围内对热的稳定性非常好。

（二）时间对黄连色素稳定性的影响

将一定浓度的黄连提取液分成7份，将其中6份在95℃恒温下放置10min、20min、40min、80min、160min和320min后取出，冷却至室温后测定其光谱，结果如图2-8和图2-9所示。

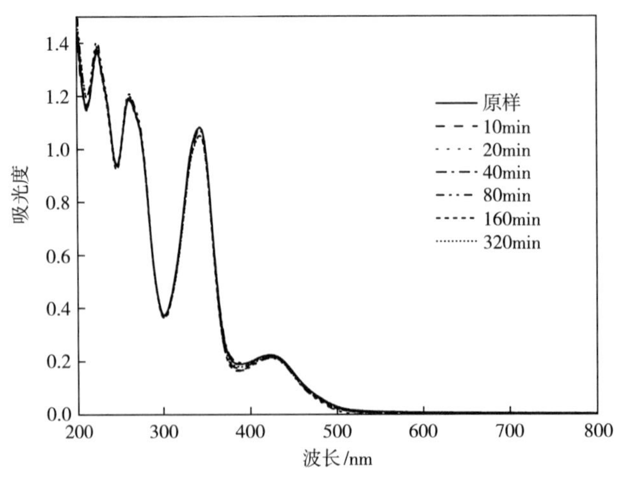

图2-8　黄连提取液在95℃下经不同时间处理后的吸收光谱

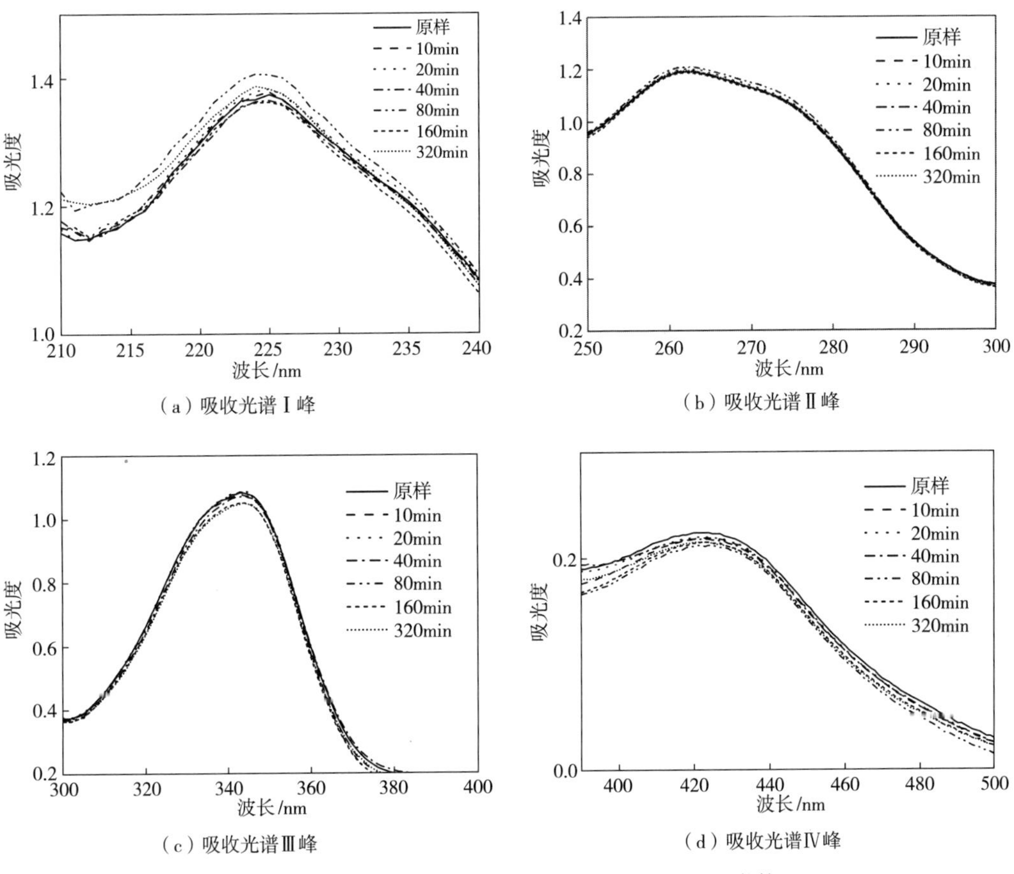

图2-9　黄连提取液在95℃下经不同时间处理后的吸收峰

从黄连提取液的全谱图（图2-8）和局部放大图谱（图2-9）可以看出，黄连提取液在95℃下经不同时间处理后的紫外可见吸收光谱的形态基本与原液的一致。将图2-8中各吸收峰位置对应的最大吸收波长和吸光度值分别标出，结果如表2-7所示。

表2-7　时间对黄连提取液吸收光谱峰位置的影响

时间/min		0	10	20	40	80	160	320
Ⅰ峰	峰位置/nm	225	225	225	225	224	225	224
	吸光度	1.374	1.378	1.383	1.365	1.406	1.362	1.387
Ⅱ峰	峰位置/nm	262	262	262	262	262	262	262
	吸光度	1.191	1.191	1.201	1.192	1.208	1.187	1.195
Ⅲ峰	峰位置/nm	344	343	344	344	343	344	344
	吸光度	1.082	1.079	1.078	1.074	1.086	1.051	1.052
Ⅳ峰	峰位置/nm	423	423	423	423	423	423	423
	吸光度	0.224	0.219	0.220	0.218	0.212	0.215	0.215
颜色		黄色	黄色	黄色	黄色	黄色	黄色	黄色

由表2-7可以看出，各吸收峰的最大吸收波长基本不变，部分有1nm的偏移。Ⅰ峰和Ⅱ峰对应的吸光度值基本稳定，均在原值上下波动，Ⅲ峰和Ⅳ峰对应的吸光度值有降低趋势。例如，在95℃下放置时间超过160min时，在345nm波长处的吸光度值由原来的1.082下降为1.052，下降了2.8%，该结果说明黄连提取液在高温环境中的时间不宜过长。

（三）光照对黄连色素稳定性的影响

将一定浓度的黄连提取液置于室内自然光下及室内阴暗处，每隔一定时间取样分析，测定其吸收光谱和345nm处的吸光度值，结果如表2-8所示。在所观测的时间范围内，不管是避光保存，还是在室内自然光的照射下，黄连色素的吸光度值和颜色均未发生变化。该结果说明，该色素对于一般自然光的稳定性较好，一定时间的室内保存不会导致色素的分解或氧化脱色。

表2-8　光照对黄连提取液吸光度的影响

时间/h	0	1.5	3	4.5	6	7.5
室内自然光	0.538	0.538	0.539	0.54	0.539	0.539
室内阴暗处	0.538	0.541	0.539	0.536	0.538	0.535
颜色	浅黄色	浅黄色	浅黄色	浅黄色	浅黄色	浅黄色

（四）常见金属离子对黄连色素稳定性的影响

取黄连提取液若干份，分别加入不同浓度的$FeSO_4$、$KAl(SO_4)_2 \cdot 12H_2O$、$CaCl_2$、$CuSO_4$、NaCl、KCl和MgCl溶液，测定添加离子前、后的吸收光谱，如图2-10所示。各溶液在345nm处的吸光度值如表2-9所示。

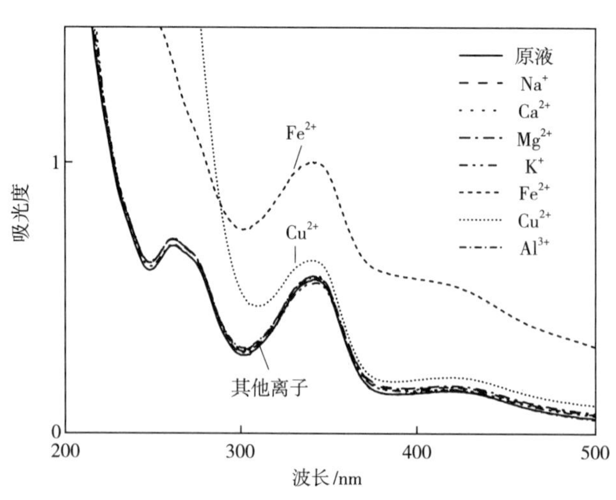

图2-10　黄连提取液在不同离子环境中的吸收光谱

表2-9 金属离子对黄连提取液吸光度的影响

溶液	原液	Na^+	Ca^{2+}	Mg^{2+}	K^+	Cu^{2+}	Fe^{2+}	Al^{3+}
吸光度	0.564	0.575	0.577	0.580	0.553	0.996	0.630	0.567
颜色	浅黄色	浅黄色	浅黄色	浅黄色	浅黄色	橙色	黄绿色	浅黄色

从图2-10可以看出，金属离子的加入对黄连色素最大吸收波长的位置影响不大，但Cu^{2+}、Fe^{2+}使其在紫外区有较大的变化，且整个光谱范围内的吸光度值增加。表2-9表明，从溶液色泽看，加入Na^+、Ca^{2+}、K^+、Mg^{2+}等离子，溶液颜色基本稳定，加入Cu^{2+}、Fe^{2+}使溶液颜色发生较明显的变化，对色素影响最大。因此，在黄连色素染色中，要注意Cu^{2+}和Fe^{2+}的存在和含量。铁和铜等有色金属离子与发色基团的配合反应，会不同程度改变天然染料发色体系电子跃迁的能级间隔，从而改变染料的色光。

（五）pH对黄连色素稳定性的影响

将黄连提取液稀释一定倍数后，用氢氧化钠和盐酸调节pH，放置一段时间（30min）后测其吸光度值，结果如图2-11和图2-12所示。

从黄连提取液的全谱图（图2-11）和局部放大图谱（图2-12）可以看出，黄连提取液在酸性和中性环境（原样，pH为7）中的吸收光谱的形态基本一致，最大吸收峰的位置也基本没有变化，即质子化对分子的吸光能级跃迁（基态→激发态）影响不大。且由图可知262nm和345nm处的吸收峰在所有酸碱溶液中的形态均较稳定，但在碱性溶液中，第Ⅳ峰有被异化的趋势，且随溶液碱性的增强，第Ⅰ峰消失。将Ⅰ峰、Ⅱ峰、Ⅲ峰和Ⅳ峰对应的最大吸收波长和吸光度值分别标出，结果如表2-10所示。

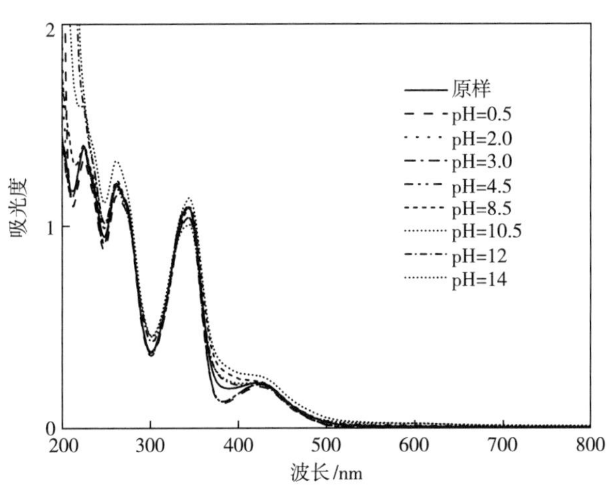

图2-11 黄连提取液在不同pH条件下的吸收光谱

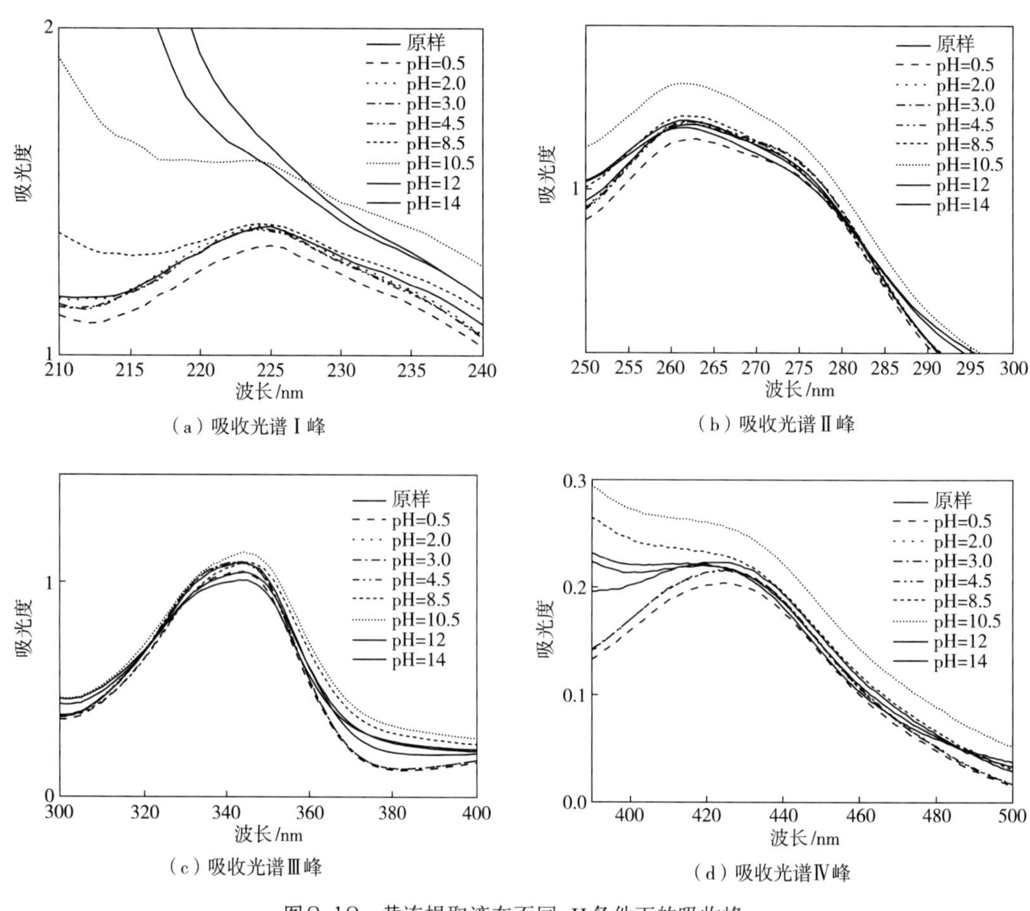

（a）吸收光谱Ⅰ峰

（b）吸收光谱Ⅱ峰

（c）吸收光谱Ⅲ峰

（d）吸收光谱Ⅳ峰

图2-12　黄连提取液在不同pH条件下的吸收峰

表2-10　pH对黄连提取液吸收光谱峰位置和吸光度值的影响

pH		原样	0.5	2.0	3.0	4.5	8.5	10.5	12	14
Ⅰ峰	峰位置/nm	225	225	224	224	224	224	—	—	—
	吸光度	1.395	1.336	1.396	1.388	1.385	1.402	—	—	—
Ⅱ峰	峰位置/nm	262	263	263	262	262	261	261	262	262
	吸光度	1.199	1.155	1.210	1.208	1.200	1.225	1.324	1.212	1.190
Ⅲ峰	峰位置/nm	343	343	343	343	343	343	343	343	343
	吸光度	1.090	1.046	1.094	1.095	1.093	1.085	1.134	1.0415	1.009
Ⅳ峰	峰位置/nm	424	424	424	424	423	—	—	—	—
	吸光度	0.223	0.204	0.215	0.215	0.216	—	—	—	—
颜色		浅黄	浅黄	浅黄	浅黄	浅黄	浅黄	浅黄	浅黄	浅黄

由表2-10可以看出，除消失的峰，其余各吸收峰对应的最大吸收波长基本一致，部分有1~2nm的偏移。另外，从表中的数据也可以看出黄连提取液在强酸、强碱性条件下，其

吸光度值出现了一些变化。如以形态最稳定的Ⅲ峰为准，可以看出，最大吸收波长343nm对应的吸光度值在中性环境时为1.090，在强酸强碱环境中则均有所下降，pH为0.5时对应的吸光度值为1.046 ，pH为14时对应的吸光度值为1.009，分别下降了4%和7%。当盐酸浓度过高时，小檗碱转化为盐酸盐，降低了其在水中的溶解度，导致吸光度下降，而碱性过强则可能导致游离生物碱的析出。这些均导致Ⅲ峰处的吸收值下降。

黄连提取物在不同的酸碱环境中的光谱行为与其质子化作用和共轭程度有关。黄连的主要活性成分为异喹啉类小檗碱型生物碱，其共轭系统只是生物碱的部分结构，因此其共轭系统的组成、共轭系统的大小，以及共轭系统中助色团的种类、位置和数量将对UV光谱产生影响。随着介质环境pH的改变，生物碱中的羟基质子发生电离，当发生型体变化时，会使n-π*共轭效应增强或减弱，从而引起相应的吸收光谱的变化。

另外，取6份一定量的黄连提取液，分成两组，经调节pH后，每一组由原液、酸性液（pH=5）、碱性液（pH=8.5）组成，将其中一组置于5℃冰箱保存，另一组常温（25~35℃）避光放置，每隔一定时间取液测其吸光度值的变化，结果如表2-11所示。在所测试的时间范围内，黄连提取液对温度以及弱酸和弱碱的稳定性较好。

表2-11　时间对黄连提取液在不同酸碱环境下吸光度的影响

时间/天		0	10	20	30	40
常温	原样	0.506	0.491	0.524	0.499	0.52
	pH=5	0.5	0.508	0.482	0.454	0.472
	pH=8.5	0.49	0.517	0.534	0.515	0.53
5℃	原样	0.499	0.503	0.525	0.491	0.526
	pH=5	0.492	0.492	0.52	0.505	0.513
	pH=8.5	0.507	0.494	0.508	0.504	0.49

综上所述，黄连提取液的光谱曲线与盐酸小檗碱的基本一致，在190~500nm有四处吸收峰：Ⅰ峰（225nm ± 1nm）、Ⅱ峰（262nm ± 1nm）、Ⅲ峰（344nm ± 1nm）及Ⅳ峰（424nm ± 1nm）。其中Ⅰ峰、Ⅱ峰和Ⅲ峰有较强的吸收，确定Ⅲ峰为主要测量点。薄层色谱分析表明黄连提取物和盐酸小檗碱在相同位置显现出相同的黄色荧光斑点。

在黄连的水提取工艺中，提取次数是最大的影响因素，其次是提取时间、浸泡时间和加水量。最佳条件为：浸泡60min，提取2次，每次煎煮50min，料液比为1:100。提取率为50.2%，*R.S.D*值为1.086%。

黄连水提取液对一般温度的稳定性较好，四个吸收峰的位置基本不变，但在95℃下放置时间超过160min时吸光度值下降了2.8%；黄连提取液对室内自然光照，Na^+、K^+、Ca^{2+}、Mg^{2+}等金属离子的稳定性较好，Fe^{2+}和Cu^{2+}的加入使整个光谱范围内的吸光度值增加，但第Ⅲ吸收峰的位置不变；黄连提取液在弱酸和弱碱中吸收峰位置和吸光度值均较稳定，但盐酸加入量过大时会导致盐酸小檗碱的析出，从而引起吸光度的下降；而介质环境碱性的增强则会导致某些型体的变化，引起共轭系统的变化，从而导致提取物溶液吸收光谱的改变。

第二节 天然染料黄连对蚕丝织物的染色

一、黄连染蚕丝织物的染色工艺

（一）实验材料与仪器

电力纺真丝（75g/m^2）。

药品：黄连（市购）、硫酸氢钠、醋酸、硫酸铜、硫酸亚铁、明矾，均为分析纯试剂。

DJKW-5型电热恒温水浴锅，岛津UV-2550型紫外可见光分光光度计（带积分球和色彩软件），SW-8A耐洗色牢度试验机，Y571耐摩擦牢度测试仪。

（二）直接染色

1.染色工艺的确定

按正交实验表2-12对丝绸进行染色，染色织物的色差如表2-12所示。

表2-12 蚕丝织物直接染正交实验结果与直观分析

序号	温度/℃	pH	浓度	时间/min	色差 ΔE
1	1	1	1	1	35.83
2	1	2	2	2	49.06
3	1	3	3	3	49.39
4	2	1	2	3	29.89
5	2	2	3	1	47.32
6	2	3	1	2	59.10
7	3	1	3	2	19.73
8	3	2	1	3	55.65
9	3	3	2	1	54.83
$\overline{K_1}$	44.760	28.483	50.193	45.993	
$\overline{K_2}$	45.437	50.677	44.593	42.630	

续表

序号	温度/℃	pH	浓度	时间/min	色差 ΔE
$\overline{K_3}$	43.403	54.440	38.813	44.977	
R	2.034	25.957	11.380	3.363	

从表2-12色差的直观分析可以看出，染液pH是影响色差最显著的因素，其次是染液浓度。黄连色素为季铵盐型阳离子染料，在染浴中可与带负电荷的纤维形成盐式键结合，随着染液酸性减弱，蚕丝织物表面的负电性增加，从而能吸附更多的染料，导致织物的颜色深度增加。但考虑到蛋白质纤维的化学稳定性，染液的碱性不能太高，pH为7较合适，则染液不需调节pH。随着色素浓度的增加，染料在纤维内外的浓度梯度增大，使染料更好地上染到纤维表面，从而使织物的鲜艳度值和色差增加。时间和温度对织物染色的影响相对较小。染色机理的分析结果表明黄连上染蚕丝为放热过程，温度过高不利于吸附量的增加，但适当提高温度可利于色素的扩散及缩短半染时间。因此，经综合考虑，黄连直接染蚕丝的工艺选定为：70℃，pH为7，浓度X，时间30min，浴比1:200。做验证实验得染色织物的色差为57.03，相比正交实验表中的数据，该值较理想。

2.上染率与颜色特征值

取标准提取液，通过稀释或浓缩配制成不同浓度的黄连染液，其他按上述最佳染色条件对蚕丝进行染色，测各染色样品的上染率和颜色特征值，分析上染量、色差、K/S值间的关系，结果如图2-13和图2-14所示。

由图2-13可以看出，织物上黄连的吸附量越多，相应波长下的光吸收越强烈，反射的光则越少，表现为染色织物表观深度K/S值呈线性增加。图2-14则表明染色织物的色差随表观深度K/S值的增加而逐渐增加，但是增加的速率随黄连吸附量的增加而减缓。上染量、K/S值和色差ΔE间的关系说明，在一定浓度范围内染色时，可用色差ΔE来选择上染量较合适的染色工艺。

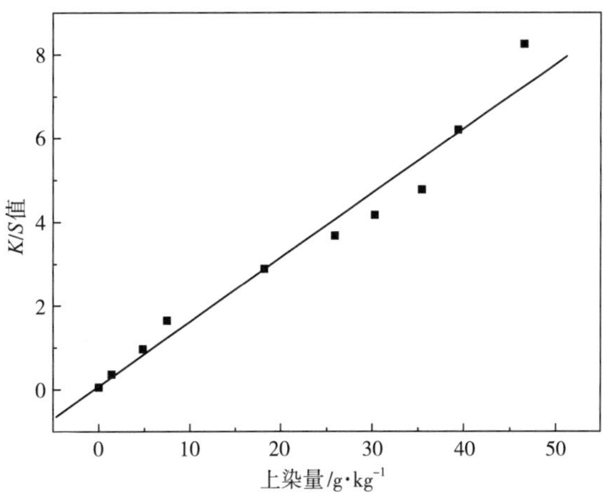

图2-13　上染量与K/S值间的关系曲线

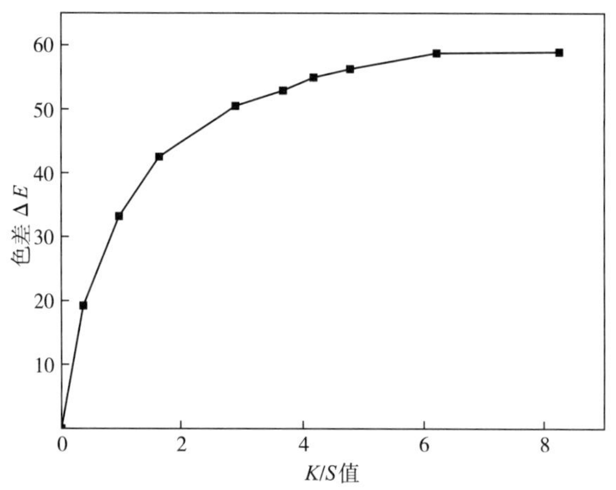

图2-14　*K/S*值与色差间的关系曲线

（三）预媒染染色工艺的确定

分别以硫酸亚铁（铁盐）、硫酸铝钾（铝盐）、硫酸铜（铜盐）为媒染剂，对蚕丝织物进行预媒染染色，各媒染剂预媒处理的正交实验方案如表2-13所示，其他染色条件同优选出的直接染色。o.w.f是指对织物重的意思，即 on weight of fabric的缩写，用于染色时表示染料的百分比含量，指的是染料的用量和面料重量的比。

表2-13　蚕丝织物预媒处理正交实验表

因子水平	温度/℃	时间/min	媒染剂用量/%(o.w.f)
1	50	30	3
2	70	50	6
3	90	70	9

所得色差如表2-14所示。

表2-14　蚕丝织物预媒处理正交实验结果直观分析

序号	温度/℃	时间/min	媒染剂用量/%(o.w.f)	色差 ΔE		
				铁盐	铝盐	铜盐
1	1	1	1	56.55	56.59	61.83
2	1	2	2	56.44	56.19	61.30
3	1	3	3	55.57	56.66	59.53
4	2	1	2	56.11	56.38	58.41
5	2	2	3	55.68	56.54	57.66
6	2	3	1	57.00	56.92	57.93

续表

序号		温度 /℃	时间 /min	媒染剂用量 / % (o.w.f)	色差 ΔE		
					铁盐	铝盐	铜盐
7		3	1	3	56.09	56.63	58.09
8		3	2	1	56.05	57.26	58.20
9		3	3	2	55.86	57.20	57.92
铁盐	$\overline{K_1}$	56.187	56.250	56.533			
	$\overline{K_2}$	56.263	56.057	56.137			
	$\overline{K_3}$	56.000	56.143	55.780			
	R	0.263	0.193	0.753			
明矾	$\overline{K_1}$	56.480	56.533	56.923			
	$\overline{K_2}$	56.613	56.663	56.590			
	$\overline{K_3}$	57.030	56.927	56.610			
	R	0.550	0.394	0.333			
铜盐	$\overline{K_1}$	60.887	59.443	59.320			
	$\overline{K_2}$	58.000	59.053	59.210			
	$\overline{K_3}$	58.070	58.460	58.427			
	R	2.887	0.983	0.893			

由表2-14可以看出蚕丝织物经预媒处理后再染色，所得色差均高于直接染色的织物，其原因在于金属离子和黄连色素发生络合反应形成络合物，产生深色效应，提高了上染率，从而使织物表面深度增大。由表中的直观分析结果可知铁盐预媒处理时媒染剂用量的影响最显著，而铝盐（即明矾）和铜盐则是处理温度的影响最显著。根据直观分析的结果确定铁盐预媒处理的最佳工艺为：60℃，30min，$FeSO_4$ 3%（o.w.f）；明矾工艺：80℃，60min，$KAl(SO_4)_2 \cdot 12H_2O$ 3%（o.w.f）；铜盐工艺：40℃，30min，$CuSO_4$ 3%（o.w.f）。

（四）同浴媒染染色工艺的确定

同浴媒染染色织物的色差及相应的分析结果如表2-15所示。

表2-15　蚕丝织物同浴媒染正交实验结果直观分析

序号	温度 /℃	时间 /min	pH	媒染剂用量 / % (o.w.f)	色差 ΔE		
					铁盐	铝盐	铜盐
1	1	1	1	1	31.87	34.1	32.28
2	1	2	2	2	55.12	57.88	48.73
3	1	3	3	3	57.2	58.39	59.72

续表

序号		温度 /℃	时间 /min	pH	媒染剂用量 / % (o.w.f)	色差 ΔE		
						铁盐	铝盐	铜盐
4		2	1	2	3	41.42	38.04	58.1
5		2	2	3	1	58.23	58.87	58.52
6		2	3	1	2	30.99	28.42	32.45
7		3	1	3	2	55.84	55.71	55.57
8		3	2	1	3	27.79	29.1	35.9
9		3	3	2	1	49.71	51.96	50.31
铁盐	$\overline{K_1}$	48.063	43.043	30.217	46.603			
	$\overline{K_2}$	43.547	47.047	48.750	47.317			
	$\overline{K_3}$	44.447	45.967	57.090	42.137			
	R	4.516	4.004	26.873	5.180			
明矾	$\overline{K_1}$	50.123	42.617	30.540	48.310			
	$\overline{K_2}$	41.777	48.617	49.293	47.337			
	$\overline{K_3}$	45.590	46.257	57.657	41.843			
	R	8.346	6.000	27.117	6.467			
铜盐	$\overline{K_1}$	46.910	48.650	33.543	47.037			
	$\overline{K_2}$	49.690	47.717	52.380	45.583			
	$\overline{K_3}$	47.260	47.493	57.937	51.240			
	R	2.780	1.157	24.394	5.657			

由表2-15可知在同浴媒染中，染液pH的大小影响最显著，其次是媒染剂用量（铜盐、铁盐）和温度（铝盐）。铁盐同浴媒染的最佳工艺为：60℃，45min，pH=8，$FeSO_4$ 6%（o.w.f）；明矾工艺：60℃，45min，pH=8，KAl（SO_4）$_2$·12H_2O 3%（o.w.f）；铜盐工艺：70℃，30min，pH=8，$CuSO_4$ 9%（o.w.f）。

（五）后浴媒染染色工艺的确定

后浴媒染染色织物的色差及分析结果如表2-16所示。由极差值可知在后媒处理中，处理温度和媒染剂用量对色差的影响较显著，而媒染剂的增深作用不如预媒染。铁盐后媒处理的最佳工艺为：40℃，60min，$FeSO_4$ 3%（o.w.f）；明矾工艺：40℃，60min，$KAl(SO_4)_2$·12H_2O 3%（o.w.f）；铜盐工艺：40℃，60min，$CuSO_4$ 3%（o.w.f）。

表2-16　蚕丝织物后媒处理正交实验结果分析

序号		温度 /℃	时间 /min	媒染剂用量 / % (o.w.f)	色差 ΔE		
					铁盐	铝盐	铜盐
1		1	1	1	50.3	51.71	52.19
2		1	2	2	48.93	51.75	50.15
3		1	3	3	46.91	48.61	45.8
4		2	1	2	46.83	48.36	45.64
5		2	2	3	41.86	44.14	40.00
6		2	3	1	48.52	49.24	47.75
7		3	1	3	38.47	31.69	37.12
8		3	2	1	45.22	45.34	45.42
9		3	3	2	43.39	43.56	44.62
铁盐	$\overline{K_1}$	48.713	45.200	48.013			
	$\overline{K_2}$	45.737	45.337	46.383			
	$\overline{K_3}$	42.360	46.273	42.413			
	R	6.353	1.073	5.600			
明矾	$\overline{K_1}$	50.690	43.920	48.763			
	$\overline{K_2}$	47.247	47.077	47.890			
	$\overline{K_3}$	40.197	47.137	41.480			
	R	10.493	3.217	7.283			
铜盐	$\overline{K_1}$	49.380	44.983	48.453			
	$\overline{K_2}$	44.463	45.190	46.803			
	$\overline{K_3}$	42.387	46.057	40.973			
	R	6.993	1.074	7.480			

二、黄连染蚕丝织物的吸附等温线

染料从染液转移到纤维上的原因，在于染料在溶液中的化学位高于染料在纤维上的化学位，即染料的转移伴随着化学位的变化。当上染达到平衡时，染料在溶液中及在纤维上的化学位相等，此时有式（2–3）：

$$-(\mu_f^\circ-\mu_s^\circ)=-\Delta\mu^\circ=RT\ln(a_f/a_s) \quad (2-3)$$

式中：μ_s°——染料在溶液中的标准化学位；

μ_f°——染料在纤维上的标准化学位；

a_s——染料在溶液上的活度；

a_f——染料在纤维上的活度；

R——气体常数，8.314 $J\cdot mol^{-1}\cdot K^{-1}$；

T——染色绝对温度，K；

$\Delta\mu^\circ$——染料对纤维的染色标准亲和力，$kJ\cdot mol^{-1}$。

亲和力说明了在规定温度和压力条件下染料对纤维的上染倾向和所能达到的上染限度，亲和力越大，染料从溶液转移到纤维的趋势（即推动力）越大。某一温度下的亲和力可由在该温度下上染达到平衡时纤维上的染料活度与染液中的染料活度的关系求出。由于染料的活度较难求得，一般采用染料在纤维上及在溶液中的浓度近似求得。

上染平衡时染料在纤维上和在溶液中的分配关系很重要，但在实际染色中上染达到平衡所需要的时间较长，因此，染色速率是染色中的一个重要问题。影响上染速率的因素很多，但主要因素是染料在纤维内的扩散速率，因此，研究染色动力学主要是研究染料在纤维内的扩散速率。染料在纤维内扩散缓慢的原因在于，在扩散过程中染料除受到纤维大分子的引力的同时，还会遇到纤维结构等因素的影响。一般情况下，当染料的分子尺寸小，与纤维的亲和力不高，且纤维的结晶度较低，结构又比较疏松时，染料的扩散较容易。另外，染料的浓度、染色时的搅拌、加入的助剂等也会对染料的扩散产生影响。一切扩散现象均可用菲克定律表示。高分子物质中的扩散，如染料在纤维内的扩散可近似地用菲克公式表示，如式（2-4）所示：

$$\mathrm{d}s / \mathrm{d}t = -D \cdot \mathrm{d}c / \mathrm{d}x \tag{2-4}$$

式中：$\mathrm{d}s/\mathrm{d}t$——扩散速率，在单位时间内通过单位面积的染料量，$\mathrm{g \cdot s^{-1} \cdot cm^{-2}}$；

$\mathrm{d}c/\mathrm{d}x$——浓度梯度，沿扩散方向单位距离内的浓度变化，$\mathrm{g \cdot cm^{-4}}$；

D——扩散系数，在单位时间内浓度梯度为$1\mathrm{g \cdot cm^{-4}}$时扩散经过单位面积的染料量，$\mathrm{cm^2 \cdot s^{-1}}$。

式中负号表示染料向浓度降低的方向扩散。

染料的扩散性能一般用扩散系数表示。实测扩散系数往往比较困难，一般是先测得在不同时间内纤维上的染料量及染色平衡时纤维上的染料量，然后根据经验公式计算出扩散系数的平均值。

以小檗碱对蚕丝进行染色吸附平衡实验，对其热力学数据（如染色亲和力和染色热）及扩散系数和半染时间等进行了估算，以进一步弄清黄连的上染机理。

由染色实验达到平衡时的计算结果，作出不同温度下的吸附等温线，如图2-15所示，由图可知蚕丝的吸附等温线属于Langmuir型。可以看出，小檗碱的吸附量（$[D]_\mathrm{f}$）随染液浓度的增加而上升直至达到饱和。在达到吸附饱和点之前，染液中的染料浓度（$[D]_\mathrm{s}$）和纤维上的染料浓度（$[D]_\mathrm{f}$）可看作线性关系，对于图2-15，可将起始点到第八个测量点间的这一段吸附等温线当作线性，这段拟合直线的斜率表示为$[D]_\mathrm{s}$和$[D]_\mathrm{f}$间的分配系数K_T，理论拟合曲线的起始斜率则表示为分配系数K_m，相应的染料和纤维间的标准亲和力（$-\Delta\mu_\mathrm{T}^\circ$和$-\Delta\mu_\mathrm{m}^\circ$）可用式（2-5）计算：

$$-\Delta\mu^\circ = RT\ln\frac{[D]_\mathrm{f}}{[D]_\mathrm{s}} = RT\ln K \tag{2-5}$$

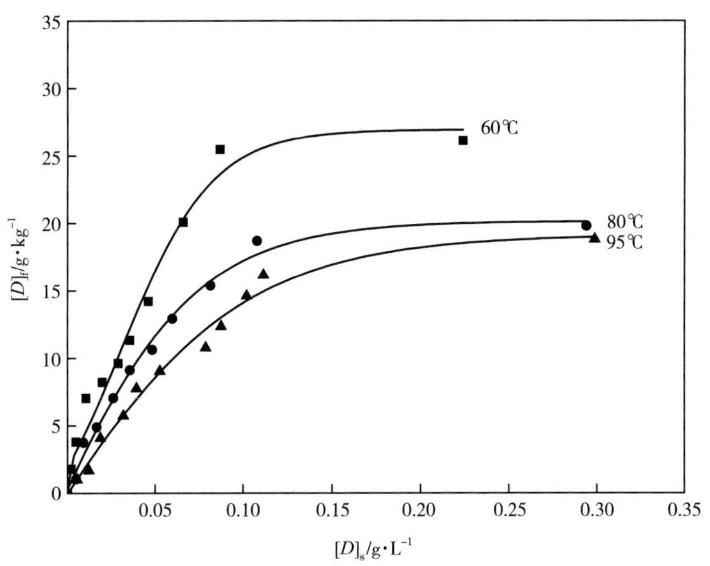

图2-15　黄连染蚕丝织物的吸附等温线

不同温度下的分配系数K_T和K_m以及相应的标准亲和力如表2-17所示。

表2-17　黄连染蚕丝的分配系数（K）和标准亲和力（$-\Delta\mu°$）

温度/℃	K_T	K_m	$-\Delta\mu_T°$/kJ·mol^{-1}	$-\Delta\mu_m°$/kJ·mol^{-1}
60	265.4	449.1	15.45	16.91
80	188.4	265.5	15.37	16.38
95	140.7	190.3	15.13	16.06

可以看出由两种不同方法计算出的分配系数和标准亲和力的变化趋势一致，且均随温度的增加有所下降，而且，从图中可以看到温度越低，饱和吸附值越高。以$1/T$为横坐标，$\ln K$为纵坐标作图如图2-16所示，由其拟合直线的斜率，根据式（2-6）计算染色热（$-\Delta H°$）。

$$\ln K_2 - \ln K_1 = \frac{-\Delta H°}{R}\left(\frac{1}{T_2}-\frac{1}{T_1}\right) \tag{2-6}$$

以标准亲和力$-\Delta\mu°$对温度T作图，如图2-17所示。根据拟合直线方程式（2-7）（Gibbs方程），计算染色熵（$\Delta S°$）。

$$\Delta\mu° = \Delta H° - T\Delta S° \tag{2-7}$$

计算出的蚕丝的染色热$\Delta H_T°$和$\Delta H_m°$分别为-18.34kJ/mol和-25.05kJ/mol，染色热$\Delta H°$意味着染料分子被纤维大分子链吸附时的热量交换。负值绝对值越大，染料分子越紧密地植入到纤维中。计算出的染色熵$\Delta S_T°$和$\Delta S_m°$分别为-0.0086kJ/(mol·K)和-0.024kJ/(mol·K)。大多数染色过程的染色熵（$\Delta S°$）为负值，因染料分子被纤维吸附后，相比在染液中，其

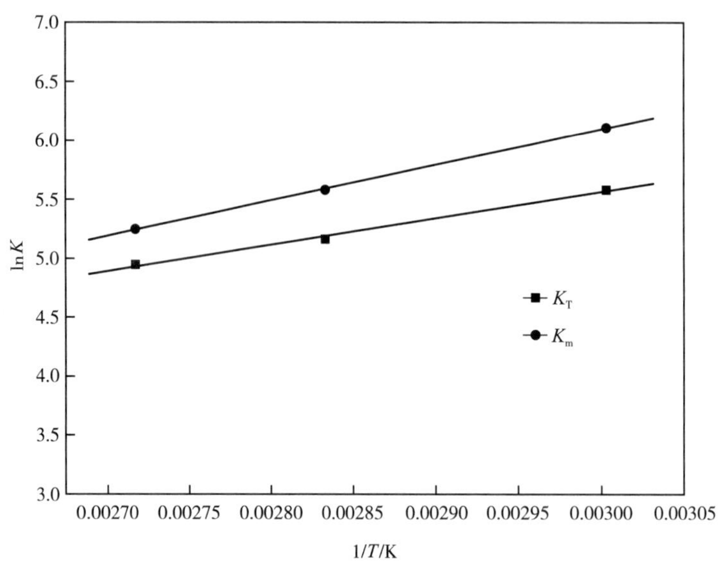

图2-16　黄连染蚕丝 $\ln K$ 和 $1/T$ 间的关系

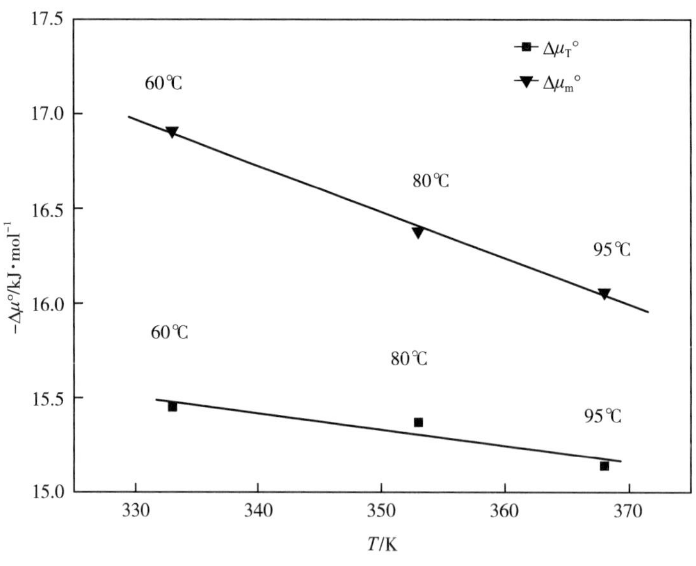

图2-17　黄连染蚕丝标准亲和力和温度间的关系

可移动性大为下降。因此，染色熵可用来衡量染料分子在纤维内的牢固程度。染色热和染色熵的结果表明小檗碱对丝绸的染色是一个放热过程，升高温度将导致亲和力下降，达到平衡时，将有较少的染料被吸附。

三、黄连染蚕丝织物的动力学分析

不同温度下黄连上染蚕丝的上染率曲线如图2-18所示。

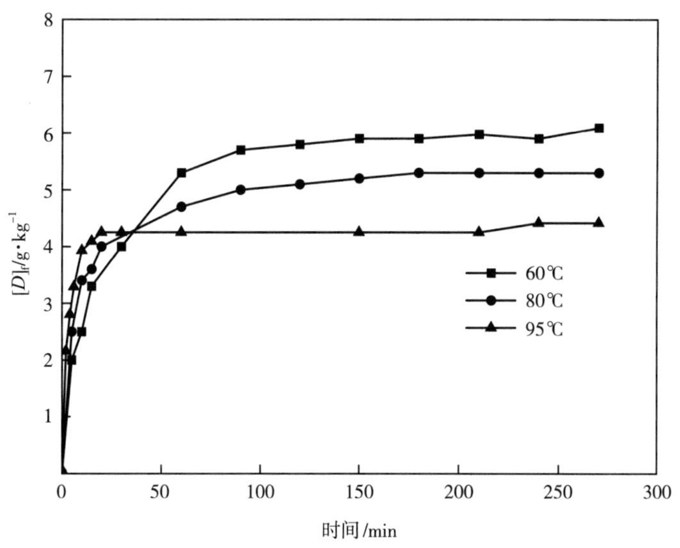

图2-18 不同温度下的上染率

由图2-18可以看出，尽管较高温度下的平衡吸附值较低，但其达到平衡的速度较快，即在染色开始阶段染料的吸附量大于后阶段。因此，在充分长的染色时间内，高温染色可加快染色速度，但最终的上染率会下降。该结果与热力学的分析是一致的。

影响小檗碱染色速率的因素很多，但主要因素是小檗碱在蚕丝内的扩散速率。以C_t表示某一时刻（t）纤维上的染料量（g/kg），C_∞为达到染色平衡时纤维上的染料量，作出C_t/C_∞对$t^{1/2}$的拟合直线，如图2-19所示，根据式（2-8）计算出某一绝对温度下的扩散系数D_T（cm^2/min），计算结果如表2-18所示。

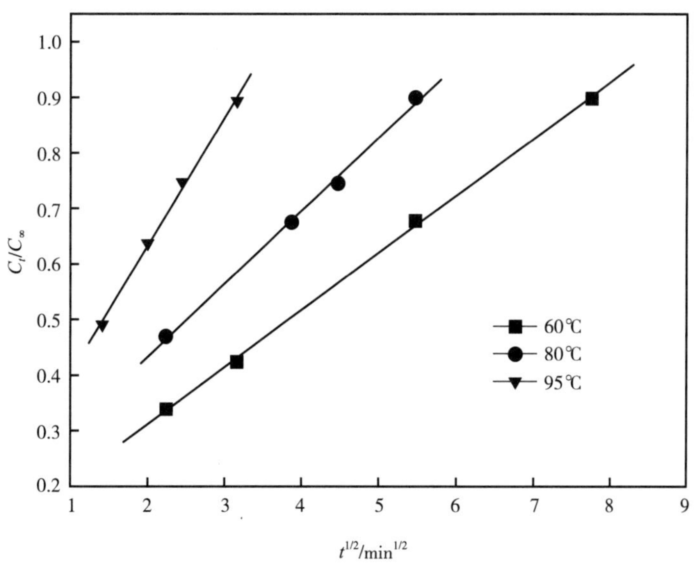

图2-19 C_t/C_∞和$t^{1/2}$间的关系

$$\frac{C_t}{C_\infty}=4\sqrt{\frac{D_T t}{\pi r^2}} \tag{2-8}$$

式中：t——染色时间，min；

r——纤维半径，cm。

这里蚕丝的半径取值为0.0015cm。

表2-18　黄连染丝绸的扩散系数

温度/℃	60	80	95
D_T/cm²·min⁻¹	4.669×10^{-9}	7.616×10^{-9}	2.353×10^{-8}

从表2-18可以看出随温度升高，扩散系数明显增加，这意味着随温度增加，丝素大分子链段运动加剧，小檗碱更易于扩散到纤维内部。一般来说，扩散速率高，上染小分子的扩散性能好，不但可缩短染色时间，而且可以达到匀染的效果。

染料扩散时克服阻力所需要的能量称为扩散活化能，该参数可用来描述扩散系数和染色温度之间的关系。以$\ln D_T$为纵坐标，$1/T$为横坐标作图，得一直线如图2-20所示，该直线方程如式（2-9）所示：

$$\ln D_T=\ln D_0-E/RT \tag{2-9}$$

式中：D_T——绝对温度为T时的扩散系数，$cm^2\cdot min^{-1}$；

D_0——常数；

E——活化能，J·mol。

根据该直线的斜率计算出小檗碱对蚕丝的扩散活化能为45344J·mol。

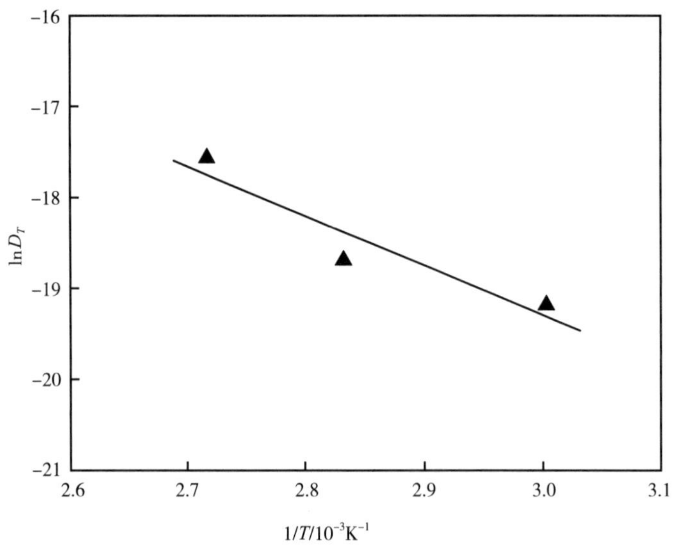

图2-20　$\ln D_T$和$1/T$间的关系

四、色牢度评定

在直接染和媒染最佳工艺条件下对蚕丝织物进行染色并比较各织物的色牢度，结果如表2-19所示。由表2-19可知，黄连直接染色和各种媒染染色真丝织物的耐摩擦色牢度普遍较高，而皂洗牢度普遍较差。媒染剂硫酸铜能略微提高蚕丝的干、湿摩擦的变色牢度。这与黄连和纤维的结合情况，染色织物上浮色的多少，以及染料渗透的均匀程度有关。

表2-19　染色蚕丝织物的色牢度

染色类型		皂洗牢度			干摩擦		湿摩擦	
		变色	丝沾	棉沾	沾色	变色	沾色	变色
直接染		1	3	4	4～5	4～5	4	3
预媒染	铁盐	1	3	4～5	4～5	4～5	3～4	3
	明矾	1	2～3	4～5	4	4	4	3
	铜盐	1	2	4～5	5	5	3～4	4
同浴媒染	铁盐	1	2～3	4	4～5	5	3	3～4
	明矾	1	2	4～5	3～4	3～4	3～4	3
	铜盐	1	2	4	5	5	4	3～4
后媒染	铁盐	1	3	4～5	3～4	4	3	3～4
	明矾	1	2	4	4～5	4～5	4	3
	铜盐	1	2	4～5	5	5	4	3～4

第三节　天然染料黄连对羊毛织物的染色

一、黄连染羊毛织物的染色工艺

（一）实验材料

羊毛织物（斜纹，200g·m^2）。

药品：黄连（市购）、硫酸氢钠、醋酸、硫酸铜、硫酸亚铁、明矾，均为分析纯试剂。

（二）染色工艺

1. 直接染色正交实验

以第一节优选提取工艺的提取液为染液，按表2-20所示的正交实验方案进行直接染色实验，浴比为1:200，根据染色织物的色差选取直接染色的最佳工艺。

表2-20 毛织物直接染色正交实验表

水平	温度/℃	pH	浓度	染色时间/min
1	50	5	X	30
2	70	6	2/3 X	50
3	90	7	1/3 X	70

2. 直接染色单因素实验

采用直接染色法对羊毛织物染色，考察染色中各因素对黄连染色毛织物颜色特征值的影响，具体实验方案如表2-21所示。

表2-21 毛织物直接染色单因素实验设计

时间/min	10	20	30	40	50	60	其他染色条件：pH为7，温度70℃，浓度X，浴比1:200
pH	2	4	6.5	8	10	—	其他染色条件：时间30min，温度70℃，浓度X，浴比1:200
温度/℃	40	50	60	70	80	90	其他染色条件：pH为7，时间30min，浓度X，浴比1:200
浓度	1/6X	1/3X	1/2X	2/3X	5/6X	X	其他染色条件：pH为7，温度70℃，时间30min，浴比1:200

直接染色单因素分析：

（1）pH对颜色特征值的影响：上述正交实验分析表明，pH对染色的影响最大，对其作单因素分析，在不同pH条件下对羊毛织物进行染色，其他染色条件为：染液浓度X，温度70℃，时间30min，浴比1:200。染色织物的颜色特征值如表2-22所示。

表2-22 pH对羊毛织物颜色特征值的影响

pH	ΔE	L^*	a^*	b^*	c^*	h^*
2	17.81	72.5	4.21	24.13	24.49	80.09
4	17.42	72.58	3.71	23.83	24.11	81.15

续表

pH	ΔE	L^*	a^*	b^*	c^*	h^*
6.5	40.94	69.76	7.99	48.63	49.29	80.66
8	42.47	69.07	9.63	49.65	50.58	79.01
10	39.84	69.65	8.51	47.27	48.03	79.78

由表2-22可以看出，pH对染色织物的颜色特征值影响非常显著。随着pH的增加，亮度（L^*）下降，红绿值（a^*），颜色饱和值（c^*）和色差 ΔE（图2-21）呈增加趋势。pH的影响可归结为小檗碱结构和羊毛纤维间的关系。由于小檗碱是可溶于水的阳离子季铵盐型染料，在碱性环境下，通过离子交换，它与羊毛纤维的羧基进行结合；同时，在碱性条件下，酸性基团离子化率提高，羊毛纤维上可获得的阴离子基团相对较多。因此，碱性条件更有利于黄连对毛织物的上染，但考虑到蛋白质纤维的耐碱性差，染液的pH不宜过高。

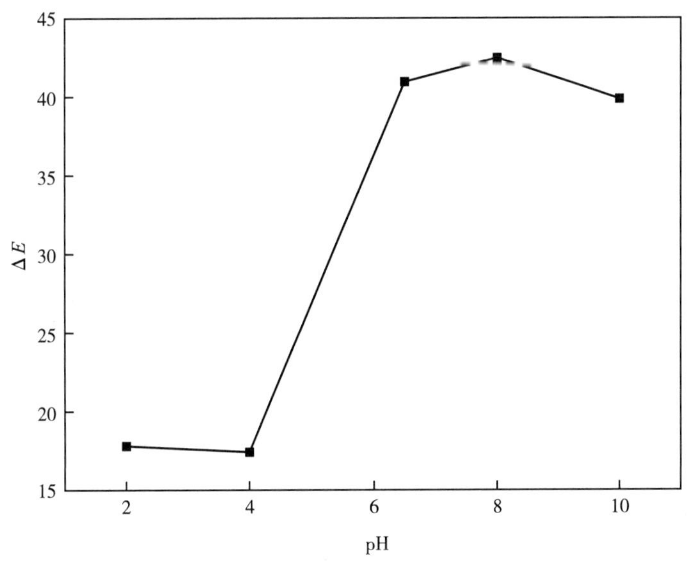

图2-21　pH对黄连染色毛织物色差的影响

（2）染色时间对颜色特征值的影响：染色时间对黄连染色毛织物的颜色特征值的影响如表2-23和图2-22所示。

表2-23　染色时间对羊毛织物颜色特征值的影响

染色时间 /min	ΔE	L^*	a^*	b^*	c^*	h^*
10	39.23	73.43	5.69	48.43	48.76	83.29

续表

染色时间 /min	ΔE	L^*	a^*	b^*	c^*	h^*
20	40.74	71.39	7.50	49.09	49.66	81.31
30	41.42	70.34	7.97	49.37	50.00	80.82
40	41.30	69.69	8.43	48.90	49.62	80.21
50	41.44	69.03	8.77	48.72	49.50	79.79
60	41.14	68.26	8.83	48.07	48.87	79.58

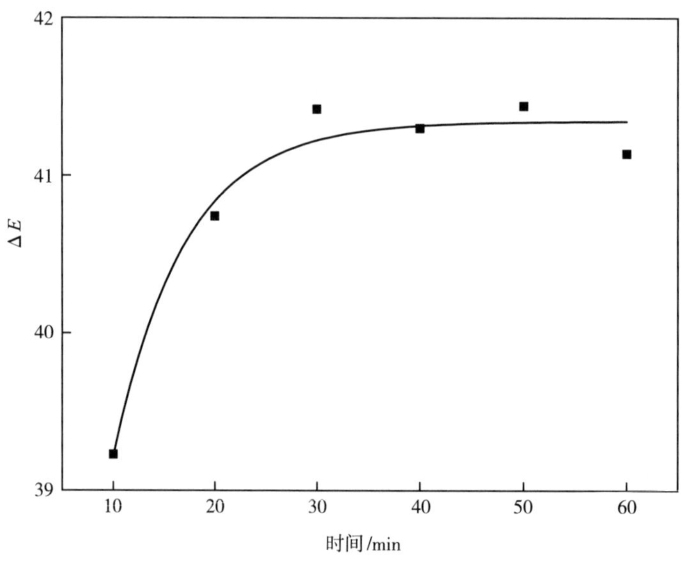

图2-22 染色时间对黄连染色毛织物色差的影响

从图2-22可以看出在开始30min内，色差变化较大，随后则趋向于平稳。在浓溶液中染色织物的色差随时间变化的趋势说明黄连对毛织物的直接性较好，上染较快。

（3）染色温度对颜色特征值的影响：不同染色温度对染色也有相当的影响，测试结果如表2-24和图2-23所示。

表2-24 染色温度对羊毛织物颜色特征值的影响

温度 /℃	ΔE	L^*	a^*	b^*	c^*	h^*
40	41.85	71.8	7.91	50.32	50.93	81.06
50	40.68	72.94	6.85	49.62	50.09	82.13

续表

温度/℃	ΔE	L^*	a^*	b^*	c^*	h^*
60	42.41	71.16	8.06	50.68	51.32	80.95
70	41.19	69.69	7.92	48.9	49.53	80.79
80	39.32	70.07	7.56	47.08	47.68	80.87
90	34.34	72.97	4.66	43.29	43.54	83.85

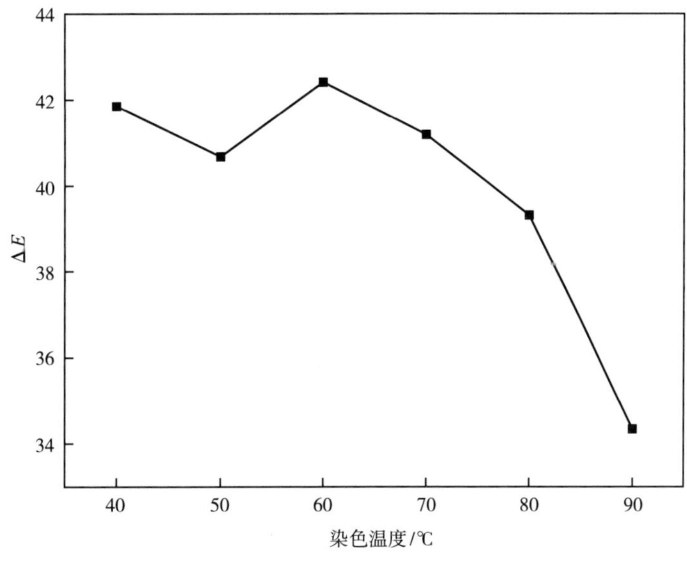

图2-23　染色温度对黄连染色毛织物色差的影响

很明显，在较高温度下染色时，羊毛织物的颜色更鲜艳。随温度上升，染料分子的聚集度下降，小檗碱在纤维内的扩散变得更容易，由此会带来染色织物亮度、色彩饱和度和色差的差异。黄连染色毛织物的色差随温度增加逐渐降低。因此，考虑到黄连有效活性成分需尽可能多地吸附，染色可选在较低的温度下进行。

（4）染液浓度对色差的影响：不同染液浓度下的颜色特征值如表2-25和图2-24所示。

由表2-25可以明显看到随染液浓度增加，染色织物的亮度和色相值下降，色差（图2-24）、红绿值、黄蓝值和彩度值都随之增加。染料分子从一个相进入另一个相（从染液到纤维或从纤维到染液）的驱动力来源于染料在两相中的浓度梯度。随染液浓度的增加，更多的染料进入织物相，染色织物的颜色表观深度随之增加。

根据正交实验及单因素实验的结果，直接染色的适宜方案为：pH=7；时间50min；温度70℃；浓度为X。

表2-25　染液浓度对羊毛织物颜色特征值的影响

浓度	ΔE	L^*	a^*	b^*	c^*	h^*
1/6*X*	21.35	78.27	1.04	31.65	31.66	88.11
1/3*X*	27.15	77.34	1.32	37.39	37.41	87.97
1/2*X*	31.58	75.07	2.92	41.25	41.35	85.94
2/3*X*	34.19	74.64	3.89	43.74	43.91	84.91
5/6*X*	36.58	73.42	4.93	45.76	46.03	83.85
X	41.14	69.73	8.13	48.81	49.48	80.54

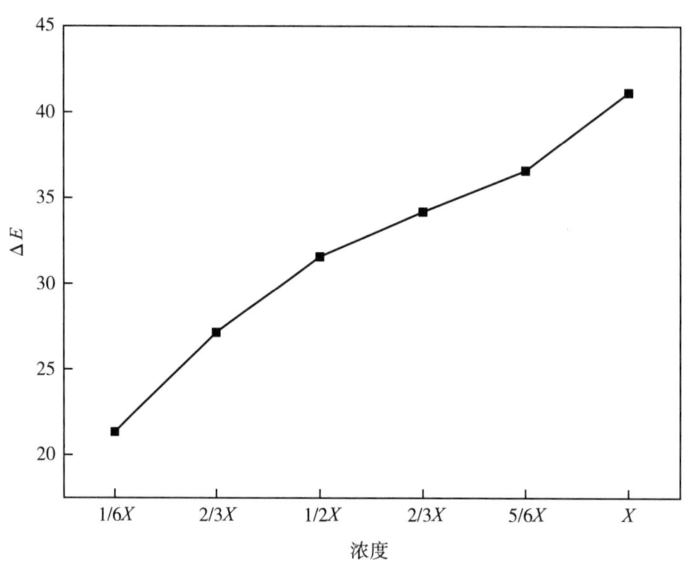

图2-24　染液浓度对黄连染色毛织物色差的影响

3.预媒染正交实验

直接染色工艺的选定：黄连对毛织物直接染色的正交实验结果如表2-26所示。直观分析结果表明，在直接染色实验中，pH的影响最显著，而染色时间、温度和浓度的影响则差异不大。

表2-26　羊毛织物直接染色结果直观分析

序号	温度	pH	浓度	染色时间	色差 ΔE
1	1	1	1	1	16.1
2	1	2	2	2	22.31
3	1	3	3	3	31.15
4	2	1	2	3	19.46
5	2	2	3	1	19.44

续表

序号	温度	pH	浓度	染色时间	色差 ΔE
6	2	3	1	2	42.68
7	3	1	3	2	20.26
8	3	2	1	3	22.41
9	3	3	2	1	36.61
$\overline{K_1}$	23.187	18.607	27.063	24.050	
$\overline{K_2}$	27.193	21.387	26.127	28.417	
$\overline{K_3}$	26.427	36.813	23.617	24.340	
R	4.006	18.206	3.446	4.367	

4.预媒染染色工艺的选定

预媒染正交实验结果及其直观分析如表2-27所示。

表2-27　羊毛织物预媒染染色结果直观分析

序号		温度 /℃	时间 /min	媒染剂用量 / % (o.w.f)	色差 ΔE		
					铁盐	铝盐	铜盐
1		1	1	1	43.33	39.38	40.93
2		1	2	2	43.57	39.87	40.80
3		1	3	3	44.01	40.42	41.06
4		2	1	2	39.22	41.10	42.01
5		2	2	3	34.56	40.96	40.87
6		2	3	1	38.92	40.96	42.39
7		3	1	3	39.69	40.4	41.90
8		3	2	1	40.12	40.53	43.17
9		3	3	2	40.33	40.80	43.18
铁盐	$\overline{K_1}$	43.637	40.747	40.790			
	$\overline{K_2}$	37.567	39.417	41.040			
	$\overline{K_3}$	40.047	41.087	39.420			
	R	6.070	1.670	1.620			
铝盐	$\overline{K_1}$	39.890	40.293	40.290			
	$\overline{K_2}$	41.007	40.453	40.590			
	$\overline{K_3}$	40.577	40.727	40.593			
	R	1.117	0.434	0.303			

续表

序号		温度 /℃	时间 /min	媒染剂用量 / % (o.w.f)	色差 ΔE		
					铁盐	铝盐	铜盐
铜盐	$\overline{K_1}$	40.930	41.613	42.163			
	$\overline{K_2}$	41.757	41.613	41.997			
	$\overline{K_3}$	42.750	42.210	41.277			
	R	1.820	0.597	0.886			

从表2-27中的结果可以看出，温度是影响三种媒染剂预媒染效果的最显著因素，预媒处理时间和媒染剂用量次之。对于铁盐和铝盐，媒染时间较媒染剂用量的影响显著，铜盐则反之。相对铝盐和铜盐而言，铁盐的增深效果较明显。铁盐预媒染染色的最佳工艺条件为：50℃，70min，6%$FeSO_4$（o.w.f）；铝盐为：70℃，70min，9%$KAl(SO_4)_2 \cdot 12H_2O$（o.w.f）；铜盐为：90℃，70min，3%$CuSO_4$（o.w.f）。

5.染色方法对颜色特征值的影响

比较最佳方案下染色样品的颜色特征值，结果如表2-28所示。

表2-28　直接染色与预媒染染色毛织物的颜色特征值

染色方式		L^*	a^*	b^*	ΔE	c^*	h^*
直接染		59.76	11.67	44.01	42.58	45.53	75.14
预媒染	铁盐	63.60	11.29	48.43	44.01	49.73	76.87
	铝盐	68.35	8.50	48.14	41.10	48.88	79.98
	铜盐	60.06	6.37	45.57	42.39	46.02	82.04

表2-28中的结果表明媒染剂对黄连染毛织物有明显的增深效果（色差ΔE明显增加）。各预媒染织物的偏红值a^*均增大，尤其是铁盐媒染织物。另外，经过预媒处理后，彩度值c^*，偏黄值b^*都有所增加，而明度值L^*和色相角h^*呈减小趋势。

二、黄连染羊毛纤维的吸附等温线

（一）吸附等温线测定

羊毛用去离子水清洗后晾干备用，采用稀释法制备一系列浓度的黄连染液，分别在不同染色温度染色5h，浴比1∶200。用分光光度计测残液的吸光度值，然后根据标准曲线及朗伯—比尔定律计算得到残液中小檗碱的浓度$[D]_s$（$g \cdot L^{-1}$），从而求得纤维上的染料浓度$[D]_f$（g/kg）。

将一定量的纤维在一定浓度的染液中于不同温度分别进行染色，浴比保持在1:200。使用分光光度计在不同时间间隔测试染液在最大吸收波长λ_{max}（345nm）处的吸光度值，通过式（2-10）计算衰减值求出上染率。

$$上染率（\%）=（1-C_t/C_0）\times 100\% \tag{2-10}$$

式中：C_t——染色残液的吸光度；

C_0——染色原液的吸光度。

（二）黄连染羊毛织物的吸附等温线分析

将不同吸附等温线纤维上的染料浓度$[D]_f$和染液浓度$[D]_s$，其倒数$1/[D]_f$和$1/[D]_s$，其对数$\ln[D]_f$和$\ln[D]_s$，分别做直线拟合处理，结果如图2-25和表2-29所示。

由表2-29可以看出，羊毛纤维在60℃和80℃时，$[D]_f$和$[D]_s$的相关系数（拟合度）均最高，分别为0.9915和0.9860，可以判定，在较低浓度染色时，黄连染羊毛纤维的吸附等温线类型较符合Nernst型，羊毛纤维吸附等温线起始段的斜率和平衡吸附量随温度升高而降低。一般来说，纤维吸附染料是自发的可逆放热过程。因此，按照里·查德里原则，随着温度升高平衡吸附量减小（吸附移向吸热的解吸），亲和力相应降低。

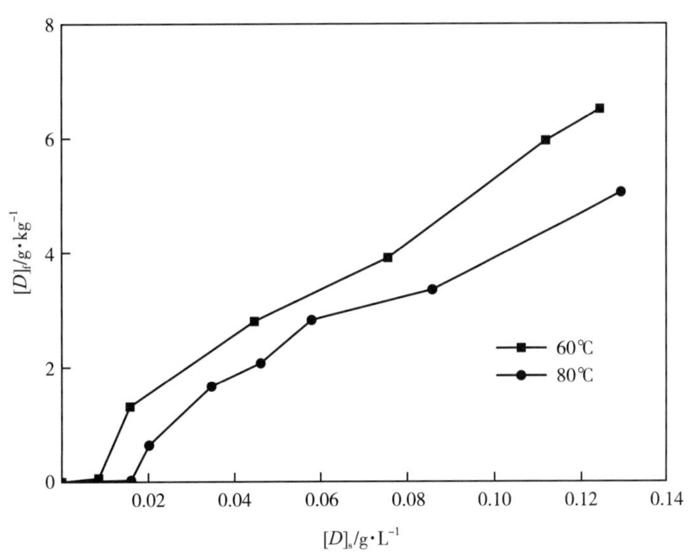

图2-25　黄连染羊毛纤维的吸附等温线

表2-29　羊毛纤维吸附等温线的拟合度

纤维	羊毛纤维	
	60℃	80℃
直接	0.9915	0.9766
倒数	0.8961	0.7574
对数	0.9115	0.8520

采用黄连染蚕丝时热力学的分析方法，根据式（2-5）计算出羊毛纤维与黄连在不同温度下的分配系数和标准亲和力，如表2-30所示。

表2-30　黄连染羊毛纤维的分配系数（K）和标准亲和力（$-\Delta\mu^{\circ}$）

温度/℃	K	$-\Delta\mu^{\circ}$/kJ·mol^{-1}
60	51.79004	10.928
80	41.25077	10.916

三、黄连染羊毛纤维的动力学分析

（一）上染速率曲线

上染速率曲线是研究染色动力学的重要手段。通过它可以直观地了解到黄连的染色特性。图2-26的上染速率曲线，提供了在所用的染色条件下染料吸附速率的完整描述。曲线的斜率反映了小檗碱在纤维上的上染速度。

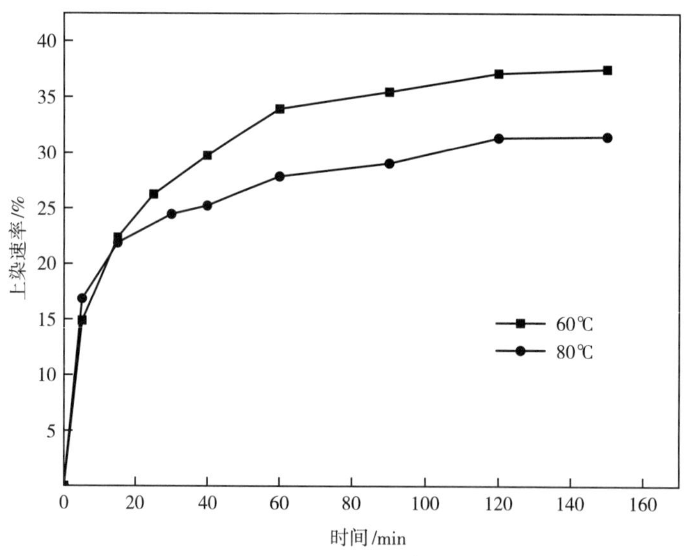

图2-26　黄连在羊毛纤维上的上染速率曲线

从图2-26可以看出，黄连对羊毛纤维染色的初始阶段上染迅速，即初染率较高，且平衡上染率随温度升高而降低，该结果与热力学曲线一致。羊毛纤维的染色为放热过程，温度升高会导致亲和力下降。

（二）上染扩散系数D

扩散是一种分子运动。在上染过程中，染料随着染液的流动到达扩散边界层以后，就依靠该分子运动通过扩散边界层，在纤维表面发生吸附，并进而向纤维内部扩散。染料在染液中的扩散比较迅速，在纤维中的扩散比较缓慢，染色过程的快、慢取决于染料在纤维内的扩散速率。染料在纤维中的扩散性能是由染料和纤维的性质决定的，并随浓度、温度、pH等外界条件而变化。所以，通过扩散动力学的研究，可以判断各纤维的染色性能。

本节利用适用于染料从无限染浴向两端无限长的圆柱状纤维中扩散的希尔公式［式（2-11）］，来测定黄连在各种纤维上的扩散系数。

$$\frac{M_t}{M_\infty}=1-4\sum_{n-1}^{\infty}\frac{e^{-V_n^2Dt/r^2}}{V_n^2}$$
$$=1-4\left\{\frac{1}{5.785}e^{-5.785Dt/r^2}+\frac{1}{30.47}e^{-30.47Dt/r^2}+\frac{1}{74.89}e^{-74.89Dt/r^2}+\frac{1}{139.0}e^{-139.0Dt/r^2}+\cdots\right\} \tag{2-11}$$

式中：M——纤维上吸附的染料量，$g \cdot kg^{-1}$；

D——扩散系数，$cm^2 \cdot min^{-1}$；

t——染色时间，min；

V——平衡上染率的函数；

r——纤维半径，cm。

上式所得结果为一无穷级数，使用时一般通过直接查表（表2-31）求得M_t/M_∞对应的Dt/r^2的值。

表2-31　M_t/M_∞与Dt/r^2的关系表

$M_t/M_\infty \times 10^2$	$Dt/r^2 \times 10^4$	$M_t/M_\infty \times 10^2$	$Dt/r^2 \times 10^4$	$M_t/M_\infty \times 10^2$	$Dt/r^2 \times 10^2$	$M_t/M_\infty \times 10^2$	$Dt/r^2 \times 10^2$
0	0.0000	13	35.01	25	1.367	38	3.385
1	0.1975	14	40.79	26	1.486	39	3.385
2	0.7916	15	47.03	27	1.611	40	3.793
3	1.788	16	53.73	28	1.742	41	4.008
4	3.192	17	60.93	29	1.878	42	4.231
5	5.008	18	68.63	30	2.020	43	4.460
6	7.241	19	76.82	31	2.168	44	4.698
7	9.897	20	85.51	32	2.332	45	4.943
8	12.98	21	94.71	33	2.483	46	5.197
9	16.50	22	104.4	34	2.650	47	5.458
10	20.45	23	114.7	35	2.823	48	5.727
11	24.89	24	125.4	36	3.004	49	6.005
12	29.71	—	—	37	3.190	50	6.292

续表

$M_t/M_\infty \times 10^2$	$Dt/r^2 \times 10^4$	$M_t/M_\infty \times 10^2$	$Dt/r^2 \times 10^4$	$M_t/M_\infty \times 10^2$	$Dt/r^2 \times 10^2$	$M_t/M_\infty \times 10^2$	$Dt/r^2 \times 10^2$
51	6.592	64	11.48	77	19.07	90	33.44
52	6.902	65	11.95	78	19.83	91	35.26
53	7.222	66	12.43	79	20.63	92	37.30
54	7.553	67	12.93	80	21.47	93	39.61
55	7.894	68	13.44	81	22.35	94	42.27
56	8.245	69	13.98	82	23.28	95	45.03
57	8.608	70	14.53	83	24.27	96	49.28
58	8.981	71	15.13	84	25.23	97	54.28
59	9.365	72	15.70	85	26.43	98	61.27
60	9.763	73	16.32	86	27.62	99	73.25
61	10.17	74	16.97	87	28.91	99.5	85.24
62	10.59	75	17.64	88	30.29	99.9	113.1
63	11.03	76	18.34	89	31.79	—	—

由于M_t和M_∞实际上是相同质量纤维上的染着量，所以可以认为$M_t/M_\infty=C_t/C_\infty$（$C_t$为某时刻纤维上染料的浓度，$C_\infty$为达到上染平衡时纤维上染料的浓度）。因此，若能通过上染率曲线求得C_t/C_∞，就可从表中查得对应的Dt/r^2值；因t为已知，纤维的半径r可通过给定特数计算，因此，将已知量代入Dt/r^2中，就可求得扩散系数D之后取各组D的平均值即为扩散系数$D_{平均}$。

纤维的半径r可通过式（2-12）计算得到：

$$Tt=\pi r^2\delta\times10^5 \tag{2-12}$$

式中：Tt——纤维的线密度，tex；

δ——纤维的体积密度，$g\cdot cm^{-3}$。

羊毛的半径见表2-32，在不同温度和染色时间下羊毛纤维用黄连染色所测得的扩散系数见表2-33。

表2-32　羊毛纤维的半径

纤维	δ/g·cm^{-3}	线密度Tt/tex	半径r/cm
羊毛	1.310	2.163	2.293×10^{-3}

表2-33 在不同温度和染色时间下羊毛纤维用黄连染色所测得的扩散系数

时间 /min	扩散系数 D/cm^2·min^{-1}	
	羊毛纤维（$\times10^{-8}$）	
	60℃	80℃
5	3.77	7.60
10	—	—
15	3.28	4.71
20	—	—
25	2.94	3.21
30	—	—
40	2.61	2.71
60	2.79	2.53
90	2.31	2.06
120	2.68	2.68
150	2.57	2.57
$D_{平均}$	2.87	3.51

（三）半染时间$t_{1/2}$

染料上染达到平衡吸附量一半所需要的时间称为半染时间$t_{1/2}$，它标志着上染趋向于平衡的速率。由M_t/M_∞与Dt/r^2关系表可查得M_t/M_∞=0.50时，对应的Dt/r^2=0.06292，由表2-32的纤维半径和表2-33的平均扩散系数，可得不同温度下黄连染羊毛的半染时间，具体如表2-34所示。

表2-34 在不同温度下羊毛纤维的半染时间

纤维	羊毛纤维	
	60℃	80℃
$t_{1/2}$/min	11.53	9.43

羊毛纤维高温时的半染时间要小于60℃的，说明其在高温下的初染率高，且高温下黄连的扩散速度要远高于低温状态，从而可减少达到平衡所需的时间。

（四）比染色速率常数K'

对于不同的纤维，需综合考虑半染时间、平衡上染率，以及纤维半径对染色速率的影响，可引入比染色速率常数K'，K'可按与染色速率曲线相吻合的经验式（2-13）推算：

$$K' = 0.5C_{\infty}(d / t_{1/2})^{1/2} \quad (2-13)$$

式中：C_{∞}——平衡上染率，%；

d——纤维直径，mm；

$t_{1/2}$——半染时间，s。

由表2-35可知，羊毛纤维的比染色速率常数值随温度升高而降低，其平衡上染量也随温度升高而降低，平衡上染率在此起了决定性作用。

表2-35　在不同温度下羊毛纤维的比染色速率常数K'

纤维	羊毛纤维	
	60℃	80℃
K'（$\times 10^3$）/（mm/s）$^{1/2}$	1.547	1.441

四、色牢度评定

在直接染和媒染最佳工艺条件下对毛织物进行染色，并分别比较各织物的色牢度，结果如表2-36所示。由表2-36可知，黄连直接染色和各种媒染染色羊毛织物的耐摩擦色牢度普遍较高，而皂洗牢度普遍较差。媒染剂硫酸铜能略微提高干、湿摩擦的变色牢度。

表2-36　黄连染色毛织物的色牢度

染色类型		皂洗牢度		干摩擦		湿摩擦	
		变色	沾色	沾色	变色	沾色	变色
直接染		1~2	2	4	4	4~5	3
预媒染	铁盐	1~2	2~3	4	4	4~5	3
	铝盐	1~2	2	4	3~4	3~4	3
	铜盐	2	2	4~5	4	4~5	4

第四节　天然染料黄连对棉纤维的染色

一、黄连染棉纤维的吸附等温线

纤维准备：称取一定量棉纤维，用18g·L^{-1}的氢氧化钠在温度100℃下处理60min，浴比为1∶30，然后用蒸馏水洗净，挤干，再放入烘箱内烘干。

以稀释法制备一系列浓度的黄连染液，分别在不同染色温度染色5h，浴比1∶200。图2-27是黄连染料对棉纤维在不同温度下染色时的吸附等温线。棉纤维吸附等温线的拟合度结果如表2-37所示。

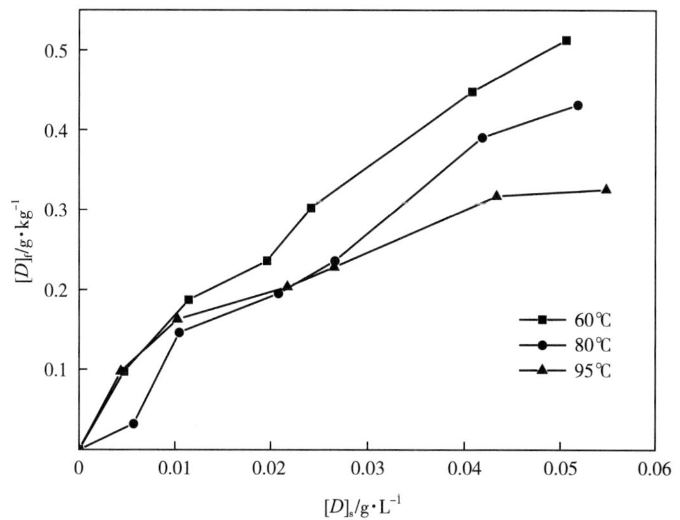

图2-27 黄连染料在棉纤维上的吸附等温线

表2-37 棉纤维吸附等温线的拟合度

纤维	棉纤维		
	60℃	80℃	95℃
直接	0.9959	0.9835	0.9769
倒数	0.9931	0.9461	0.9889
对数	0.9964	0.9540	0.9925

从表2-37的拟合结果来看，棉纤维在60℃和95℃时对数的拟合度最高，分别为0.9964和0.9925，而80℃时各拟合度均不是很高，考虑到吸附等温线类型与温度的关联不大，所以最终判定黄连染棉纤维的吸附等温线类型为Freundlich型，即棉纤维和黄连之间主要为物理吸附。另外，棉纤维的吸附等温线随温度变化的趋势与蚕丝的一样，平衡吸附量均随温度的升高而降低。

二、黄连染棉纤维的动力学分析

（一）上染速率曲线

上染速率曲线是研究染色动力学的重要手段。通过它可以直观地了解黄连的染色特性。图2-28的上染速率曲线，提供了在所用的染色条件下染料吸附速率的完整的描述。曲线的斜率反映了小檗碱在纤维上的上染速度。

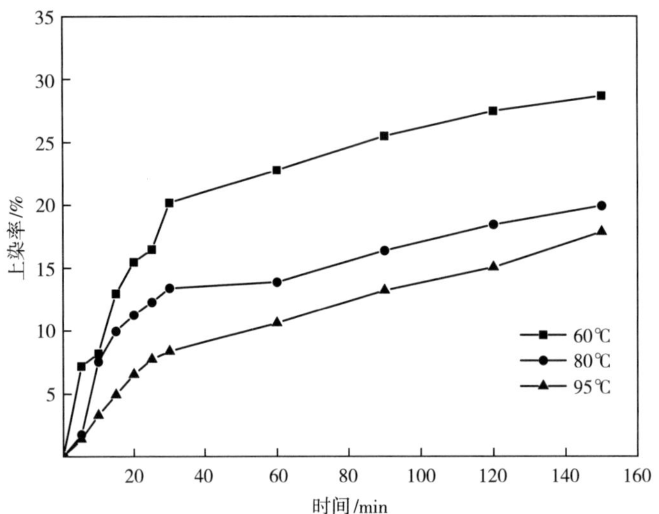

图2-28 黄连在棉纤维上的上染速率曲线

同黄连染蚕丝一样，羊毛纤维和棉纤维的染色为放热过程，温度升高会导致亲和力下降。

（二）上染扩散系数*D*

设定棉纤维的密度为1.545g·cm^{-3}，线密度为0.200tex，半径*r*为6.413×10^{-4}cm，计算不同染色温度和染色时间下的扩散系数，结果如表2-38所示。

表2-38 在不同温度和染色时间下棉纤维用黄连染色所测得的扩散系数

时间/min	扩散系数 D/cm^2·min^{-1}		
	棉纤维（×10^{-9}）		
	60℃	80℃	95℃
5	1.13	0.14	0.136
10	0.72	1.40	0.390
15	1.36	1.73	0.596
20	1.49	1.70	0.826
25	1.42	1.68	0.944
30	1.99	1.78	0.949
40	—	—	—
60	1.42	0.96	0.854

续表

时间 /min	扩散系数 D/cm^2 · min^{-1}		
	棉纤维（$\times10^{-9}$）		
	60℃	80℃	95℃
90	1.38	1.07	1.11
120	1.55	1.28	1.45
150	1.55	2.34	3.11
$D_{平均}$	1.38	1.41	1.04

由表2-38可以看出，棉纤维的平均扩散系数在80℃时最大。

（三）半染时间$t_{1/2}$

由棉纤维半径和表2-38的平均扩散系数，可得不同温度下黄连染棉纤维的半染时间，具体如表2-39所示。

表2-39 在不同温度下棉纤维的半染时间

纤维	棉纤维		
	60℃	80℃	95℃
$t_{1/2}$/min	18.74	18.44	32.16

棉纤维在95℃的半染时间高于60℃和80℃的，该结果与扩散系数的计算结果一致。但需注意的是，平衡上染率不同时，半染时间有时也可能会相同，因此单纯的半染时间较难判断上染速率的大小，还必须同时考虑平衡上染率等其他的物理量。

（四）比染色速率常数K'

对于不同的纤维，需综合考虑半染时间、平衡上染率，以及纤维半径对染色速率的影响，可引入比染色速率常数K'，K'可按与染色速率曲线相吻合的经验式（2-13）推算，结果如表2-40所示。

表2-40 在不同温度下棉纤维的比染色速率常数K'

纤维	棉纤维		
	60℃	80℃	95℃
K'（$\times10^3$）/（mm/s）$^{1/2}$	0.456	0. 341	0.206

由表2-40可知，棉纤维比染色速率常数值随温度升高而降低，因其纤维的平均扩散系数差异不大，且平衡上染量均随温度升高而降低，导致此时平衡上染率起了决定性作用。

第五节　天然染料黄连对腈纶的染色

一、黄连染腈纶的染色工艺

（一）直接染色

取一定浓度Y（0.05g·L^{-1}）的黄连提取液，按表2-41进行染色，浴比为1∶100，根据染色纤维的色差选取最佳染色工艺。

表2-41　腈纶纤维直接染色正交实验表

水平	温度/℃	pH	染液浓度	时间/min
1	70	4	Y	30
2	80	6	(1/2)Y	45
3	90	8	(1/4)Y	60

按正交实验表2-41对腈纶纤维进行染色，染色纤维的颜色特征值如表2-42所示，其分析结果如表2-43所示。

表2-42　腈纶纤维直接染色正交实验结果

实验号	L^*	a^*	b^*	ΔE	c^*	h^*
1	93.91	−2.52	23.09	20.28	23.22	96.25
2	91.75	−1.24	19.24	16.61	19.28	93.70
3	90.47	−0.54	17.82	15.51	17.83	91.73
4	90.80	0.23	30.42	27.80	30.43	89.56
5	87.52	−0.33	27.48	25.61	27.49	90.71
6	88.61	1.97	33.88	31.66	33.94	86.65
7	86.08	2.51	26.26	25.09	26.38	84.54
8	89.59	1.93	41.24	38.74	41.28	87.32
9	88.62	3.49	34.17	32.10	34.35	84.16

表2-43　腈纶纤维直接染色正交实验结果分析

影响因素		温度/℃	染液 pH	染液浓度	时间/min
L^*	$\overline{K_1}$	92.04	90.26	90.70	90.02
	$\overline{K_2}$	88.98	89.62	90.39	88.81
	$\overline{K_3}$	88.10	89.23	88.02	90.29
	R	3.94	1.03	2.68	1.48
a^*	$\overline{K_1}$	−1.43	0.07	0.46	0.21
	$\overline{K_2}$	0.62	0.12	0.83	1.08
	$\overline{K_3}$	2.64	1.64	0.55	0.54
	R	4.08	1.57	0.37	0.87
b^*	$\overline{K_1}$	20.05	26.59	32.74	28.25
	$\overline{K_2}$	30.59	29.32	27.94	26.46
	$\overline{K_3}$	33.89	28.62	23.85	29.83
	R	13.84	2.73	4.8	3.37
c^*	$\overline{K_1}$	20.11	26.68	32.81	28.35
	$\overline{K_2}$	30.62	29.35	28.02	26.53
	$\overline{K_3}$	34.00	28.71	23.90	29.85
	R	13.89	2.67	8.91	3.32
ΔE	$\overline{K_1}$	17.47	24.39	30.23	26.00
	$\overline{K_2}$	28.36	26.99	25.50	24.45
	$\overline{K_3}$	31.98	26.42	22.07	27.35
	R	14.51	2.60	8.16	2.9
h^*	$\overline{K_1}$	93.89	90.12	90.07	90.37
	$\overline{K_2}$	88.97	90.58	89.14	88.30
	$\overline{K_3}$	85.34	87.51	88.99	89.54
	R	8.55	3.07	0.93	2.07

从上表可以看出，染液温度和染液浓度对染色的影响最大，尤其是染液温度的影响更大。随着温度的增大，鲜艳度值增大，色差值也增大，明度值变小，说明腈纶表面颜色变深浓了，即黄连色素吸附量的增加。黄蓝差值b^*和红绿差值a^*也增大，但b^*上升的幅度比a^*的大，且均为正值，b^*大于a^*，纤维表面以黄色色调为主。浓度对纤维染色也有较大影响，随着浓度的增加，鲜艳度值增大，色差值也变大，明度值则减小。时间和pH对颜色特征值的影响相对较小。pH在6左右时，染色纤维有较高的色差值和鲜艳度值。以ΔE为依据，黄连提取液对腈纶纤维直接染色的最优工艺组合为：温度90℃，pH=6，染液浓度为Y，时间为60min，浴比为1∶100。该组合为正交实验表中的第8组实验，该组的色差值38.74为9组实验中的最大值，即验证了该工艺组合的合理性。

（二）预媒染

预媒处理的正交实验方案如表2-44所示，浴比为1∶100。将预媒处理后的腈纶按最佳直接染色工艺进行染色，实验结果如表2-44所示，根据染色纤维的色差选择预媒处理工艺。

表2-44　腈纶纤维预媒染正交实验结果及直观分析

序号		温度/℃	时间/min	媒染剂用量/%(o.w.f)	色差 ΔE	
					铁盐	铜盐
1		1	1	1	42.08	40.55
2		1	2	2	40.12	40.54
3		1	3	3	40.65	37.22
4		2	1	2	39.00	37.84
5		2	2	3	43.56	39.58
6		2	3	1	41.42	39.59
7		3	1	3	39.9	42.07
8		3	2	1	44.37	40.45
9		3	3	2	35.80	41.70
铁盐	$\overline{K_1}$	40.95	40.33	42.62		
	$\overline{K_2}$	41.33	42.68	38.31		
	$\overline{K_3}$	40.02	39.29	41.37		
	R	1.30	3.39	4.32		
铜盐	$\overline{K_1}$	39.44	40.15	40.20		
	$\overline{K_2}$	39.00	40.19	40.03		
	$\overline{K_3}$	41.41	39.50	39.62		
	R	2.40	0.69	0.57		

由表2-44中的色差值可以看出，同蛋白质纤维的预媒处理一样，金属离子预处理对黄连染腈纶纤维也有明显的提升效果。从直观分析的结果可以看出，媒染剂铁盐用量对颜色特征值的影响显著，媒染剂用量较小时，染色腈纶有较大的色差值；其次是处理温度和处理时间的影响。铁盐预媒染处理的优选工艺条件为：温度60℃，时间为45min，媒染剂用量3%。验证实验的结果为：L^*=67.58，a^*=11.3，b^*=39.45，ΔE=44.28，c^*=41.03，h^*=74.01，其中色差值比正交实验表中的大部分结果高，表明工艺组合较合理。对于铜盐的预媒染，处理温度的影响最大，其次是处理时间和媒染剂用量，优选出的工艺条件为：温度80℃，时间45min，媒染剂用量为3%，该组合为正交表中的第8组实验，其色差值结果较高，说明实验过程存在一定的合理性。

（三）同浴媒染

同浴媒染的正交实验方案及实验结果如表2-45所示，浴比为1∶100，根据染色纤维的色差选取最佳染色工艺。

表2-45　腈纶纤维同浴媒染正交实验结果及直观分析

序号		温度/℃	时间/min	pH	媒染剂用量/%(o.w.f)	色差 ΔE	
						铁盐	铜盐
1		1	1	1	1	18.42	15.47
2		1	2	2	2	20.25	7.50
3		1	3	3	3	21.58	18.22
4		2	1	2	3	29.61	10.70
5		2	2	3	1	34.29	30.60
6		2	3	1	2	35.09	21.35
7		3	1	3	2	44.29	31.98
8		3	2	1	3	35.99	30.86
9		3	3	2	1	46.84	30.19
铁盐	$\overline{K_1}$	20.08	30.77	29.83	33.18		
	$\overline{K_2}$	33.00	30.18	32.23	33.21		
	$\overline{K_3}$	42.37	34.50	33.39	29.06		
	R	22.29	4.33	3.55	4.15		
铜盐	$\overline{K_1}$	13.73	19.38	22.56	25.42		
	$\overline{K_2}$	20.88	22.99	16.13	20.28		
	$\overline{K_3}$	31.01	23.25	26.93	19.93		
	R	17.28	3.87	10.80	5.49		

从表2-45可以看出，对铁盐同浴媒染而言，温度对染色织物的ΔE影响最为明显，较高的染色温度，可明显提高染色纤维的色差值；其次是染色时间，媒染剂用量和染液pH。按极差值的大小，铁盐同浴媒染腈纶的最佳工艺条件为：温度为90℃，时间为60min，pH为8，媒染剂用量为6%。验证实验的结果为：L^*=81.15，a^*=12.44，b^*=42.35，ΔE=41.83，c^*=44.14，h^*=73.62，其中色差值比正交实验表中的大部分结果高，表明该工艺组合较合理。铜盐与铁盐的同浴媒染类似，染液温度对色差值的影响最为明显，随染色温度的升高，ΔE增加，其次是染液pH，媒染剂用量和染色时间。按直观分析的结果，铜盐同浴媒染腈纶的最佳工艺条件为：温度为90℃，时间为60min，pH为8，媒染剂用量为3%。验证实验的结果为：L^*=73.09，a^*=11.87，b^*=42.5，ΔE=44.4，c^*=44.12，h^*=74.39，其中色差值

比正交实验表中的结果高，表明该工艺组合较合理。

（四）后媒染

采用上述最佳直接染色工艺对腈纶进行染色，然后按表2-46正交实验方案对染色腈纶进行媒处理，对染色纤维的颜色特征值进行分析，所得结果如表2-46所示。

表2-46 腈纶纤维后媒染正交实验结果及直观分析

序号		温度/℃	时间/min	媒染剂用量/%(o.w.f)	色差 ΔE	
					铁盐	铜盐
1		1	1	1	26.21	41.10
2		1	2	2	31.49	41.84
3		1	3	3	34.18	36.24
4		2	1	2	30.66	35.29
5		2	2	3	34.23	31.64
6		2	3	1	32.21	29.14
7		3	1	3	43.65	35.65
8		3	2	1	37.27	40.40
9		3	3	2	29.72	35.82
铁盐	$\overline{K_1}$	30.63	33.51	31.90		
	$\overline{K_2}$	32.37	34.33	30.62		
	$\overline{K_3}$	36.88	32.04	37.35		
	R	6.25	2.29	6.73		
铜盐	$\overline{K_1}$	39.73	37.35	36.88		
	$\overline{K_2}$	32.02	37.96	37.65		
	$\overline{K_3}$	37.29	33.73	34.51		
	R	7.70	4.23	3.14		

由表2-46可知，对于铁盐后媒染，媒染剂用量对染色纤维的色差值影响最显著，且媒染剂用量越大相应的色差值越高，其次是媒处理温度和媒处理时间。铁盐后媒处理的优化工艺条件为：温度80℃，时间为45min，媒染剂用量9%。验证实验的结果为：L^*=79.6，a^*=6.53，b^*=41.75，ΔE=40.18，c^*=42.26，h^*=81.1，其中色差值比正交实验表中的结果高，表明该工艺组合较合理。对于铜盐后浴媒染，则是处理温度的影响最大，媒处理温度较低时，染色纤维有较高的色差值，其次的影响因素是处理时间和媒染剂用量。综合分析得铜盐后媒处理的优化工艺条件为：温度40℃，时间45min，媒染剂用量6%。该组合为正交实验表中的第2组实验，其色差结果是9组中的最大值，说明该优化条件较合理。

二、黄连染腈纶的吸附等温线

纤维准备：称取一定量的腈纶，采用7.5g·L^{-1}的丙酮溶液，在浴比为1:80的条件下煮沸1h，然后用蒸馏水洗净，挤干，再放入烘箱内烘干。

以稀释法制备一系列浓度的黄连染液，分别在不同染色温度染色5h，浴比1:200。图2-29和图2-30是黄连染料对腈纶在不同温度下染色时的吸附等温线。腈纶染色吸附等温线的拟合度结果如表2-47所示。

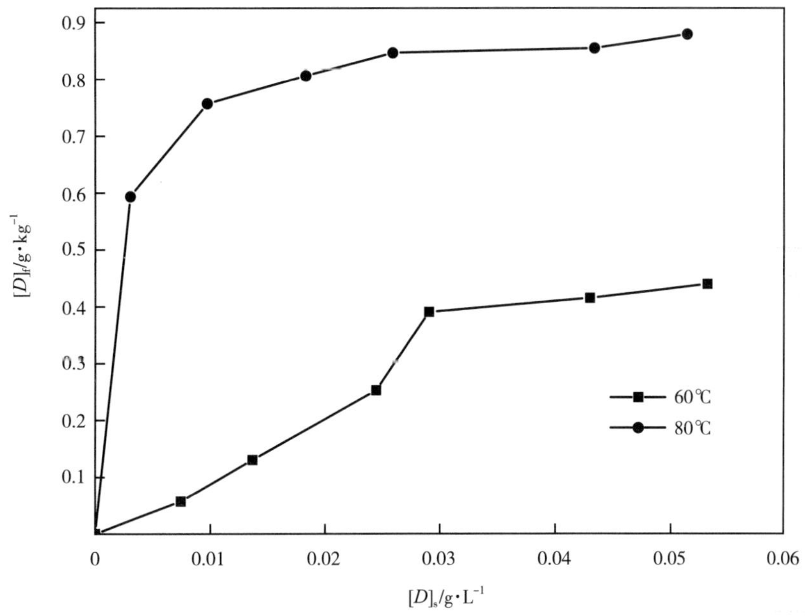

图2-29　黄连染腈纶的吸附等温线（60℃，80℃）

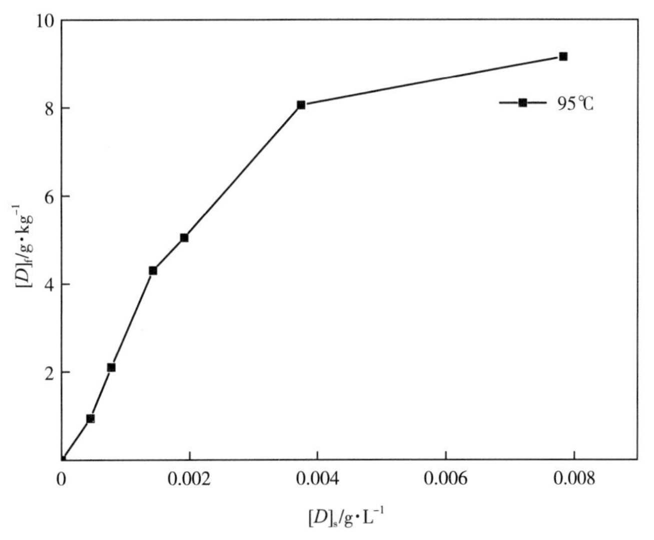

图2-30　黄连染腈纶的吸附等温线（95℃）

表2-47　腈纶染色吸附等温线的拟合度

纤维	腈纶		
	60℃	80℃	95℃
直接	0.9341	0.8337	0.8972
倒数	0.9905	0.9967	0.9826
对数	0.9733	0.9660	0.9525

表2-47表明腈纶在60℃、80℃和95℃时，$1/[D]_f$和$1/[D]_s$的拟合度均呈现出最高值，分别为0.9905、0.9967和0.9826，说明黄连染腈纶的吸附等温线类型符合Langmuir型，小檗碱的吸附量（$[D]_f$）随染液浓度的增加而上升直至趋向饱和，黄连染料和腈纶之间主要发生的是化学吸附（定位吸附），其主要吸附作用力为离子键。与蚕丝不一样的地方是，腈纶的吸附等温线起始段的斜率随温度升高而增加，且平衡吸附量随温度的升高而增加。尤其是在95℃染色时，增幅则更加明显，这与腈纶的玻璃化转变温度有关，当在腈纶的玻璃化转变温度以上染色时，由于纤维大分子链的剧烈运动，大部分的小檗碱会在比较小的温度范围内集中上染，这样极易产生染色不匀，需在染色过程中加以控制。

三、黄连染腈纶的动力学分析

（一）上染速率曲线

上染速率曲线是研究染色动力学的重要手段。通过它可以直观地了解黄连的染色特性。图2-31的上染速率曲线，提供了在所用的染色条件下染料吸附速率的完整描述。曲线的斜率反映了小檗碱在纤维上的上染速度。

由图2-31可以看出，黄连对腈纶的上染率随温度升高而升高。

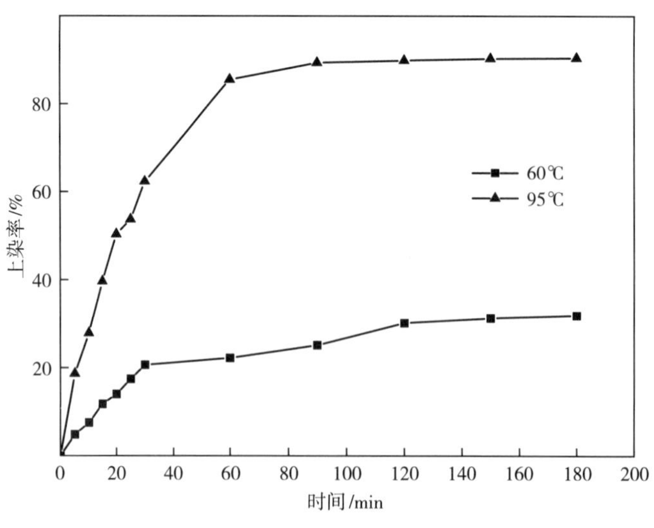

图2-31　黄连在腈纶上的上染速率曲线

（二）上染扩散系数D

由表2-48可以看出，腈纶的平均扩散系数随温度的升高而增加。在较高温度的任意时刻，黄连上染腈纶的上染率、平衡上染率和扩散系数都有所提高。由于腈纶在玻璃化转变温度附近时，大分子链段的运动比较剧烈，大分子间的空隙增大，小檗碱的热运动也越剧烈，上染到腈纶纤维上的黄连越多，因此达到平衡的时间越短。

表2-48　在不同温度和染色时间下腈纶纤维用黄连染色所测得的扩散系数

时间 /min	扩散系数 D/ $cm^2 \cdot min^{-1}$	
	腈纶纤维（$\times 10^{-9}$）	
	60℃	95℃
5	0.715	1.44
10	0.953	1.65
15	1.62	2.38
20	1.79	3.13
25	2.40	2.85
30	3.03	3.54
40	—	—
60	1.84	5.70
90	1.81	6.19
120	2.85	5. 40
150	2.85	5.40
$D_{平均}$	1.89	3.59

（三）半染时间$t_{1/2}$

由表2-48的平均扩散系数和表2-49的纤维半径，可得不同温度下黄连染腈纶纤维的半染时间，具体如表2-50所示。

表2-49　腈纶纤维的半径

纤维	δ/$g \cdot cm^{-3}$	线密度 Tt/tex	半径 r/cm
腈纶	1.165	0.278	8.718×10^{-4}

表2-50　在不同温度下腈纶的半染时间

纤维	腈纶	
	60℃	95℃
$t_{1/2}$/min	25.31	13.33

腈纶在高温时的半染时间要小于60℃的，说明其在高温下的初染率高，且高温下黄连的扩散速度要远高于低温状态，从而可减少达到平衡所需的时间。

（四）比染色速率常数K'

不同温度下的腈纶比染色速率常数K'见表2-51。

表2-51　不同温度下的腈纶比染色速率常数K'

纤维	腈纶	
	60℃	95℃
K'（$\times10^3$）/（$mm\cdot s^{-1}$）$^{1/2}$	0.535	2.11

四、色牢度评定

染色腈纶的皂洗牢度参考GB/T 3921—2008测定，摩擦牢度参考GB/T 3920—2008测定。

在直接染和媒染最佳工艺条件下对腈纶进行染色，结果如表2-52所示。由表2-52可知，黄连染色腈纶的皂洗变色和沾色牢度及干、湿摩擦牢度均较好。

表2-52　染色腈纶的色牢度

染色类型		皂洗牢度		干摩擦		湿摩擦	
		变色	沾色	沾色	变色	沾色	沾色
直接染		4~5	4~5	5	5	4~5	4~5
预媒染	铁盐	4~5	4~5	5	5	4~5	4~5
	铜盐	4~5	4~5	5	5	4~5	4~5
同浴媒染	铁盐	4~5	4~5	5	5	4~5	4~5
	铜盐	4~5	4~5	5	5	4~5	4~5
后媒染	铁盐	4~5	4~5	5	5	4~5	4~5
	铜盐	4~5	4~5	5	5	4~5	4~5

第六节 黄连染色的光及药理稳定性

一、抗紫外和光褪色特性

（一）染色织物的光稳定性测定

1. 直接染色和同浴媒染

称取一定量的药材，煎煮50min后用纱布过滤，将滤液定容至600mL备用。

各取提取液50mL，稀释到400mL作为染液用。染色的温度为80℃，毛织物和棉织物染色的浴比为1:200，丝织物浴比为1:400，染色时间为50min，媒染剂用量为5%（o.w.f）。

2. 不同浓度染液的染色

取提取液50mL、30mL、10mL分别稀释到400mL，配制成三种不同浓度的染液，染色条件同上述直接染色。

3. 抗氧化剂预处理

将织物用维生素酸和没食子酸在下列条件下进行预处理：处理液浓度为5g·L^{-1}，温度80℃，浴比1:300，时间30min，其间用玻璃棒不停搅拌。将处理完毕的织物晾干后再进行染色。染色条件为：提取液35mL稀释到300mL，染色温度80℃，浴比1:300，时间30min。

4. 抗紫外性能测试

按式（2-14）测定织物在不同波长下的紫外线透过率：

$$T_{\lambda}(\%)=\frac{\varphi_{0\lambda}}{\varphi_{i\lambda}}\times 100 \tag{2-14}$$

式中：T_{λ}——某一波长下穿透织物的紫外光透过百分率，%；

$\varphi_{0\lambda}$——某一波长下穿透织物的紫外线通量，W；

$\varphi_{i\lambda}$——同一波长下辐射到织物的紫外线通量，W。

按式（2-15）计算抗紫外指数（UPF值）：

$$\text{UPF}=\frac{\sum_{\lambda=290}^{\lambda=400}E_{\lambda}\varepsilon_{\lambda}\Delta\lambda}{\sum_{\lambda=290}^{\lambda=400}E_{\lambda}T_{\lambda}\varepsilon_{\lambda}\Delta\lambda} \tag{2-15}$$

式中：E_{λ}——太阳光谱辐照度，W·nm^{-1}；

ε_{λ}——相对的红斑效应；

T_{λ}——试样在波长为λ时的紫外光透过率，%；

$\Delta\lambda$——波长间隔，nm。

5. 曝晒实验

将染色织物裁成小块固定在白纸上，将白纸平铺在室外的平地上，使其直接接受阳光的曝晒。使用阳光辐照计，每半小时测定一次曝晒点的阳光瞬时光强值，记录曝晒时间段的光谱功率分布曲线。图2-32所示即为曝晒期间的阳光辐射强度曲线。其特征为：早上，太阳光的辐照强度随时间的推移逐渐增加，接近正午时达到最大值；到了下午，光强随时间的推移则逐渐减弱。累积辐照强度如表2-53所示。

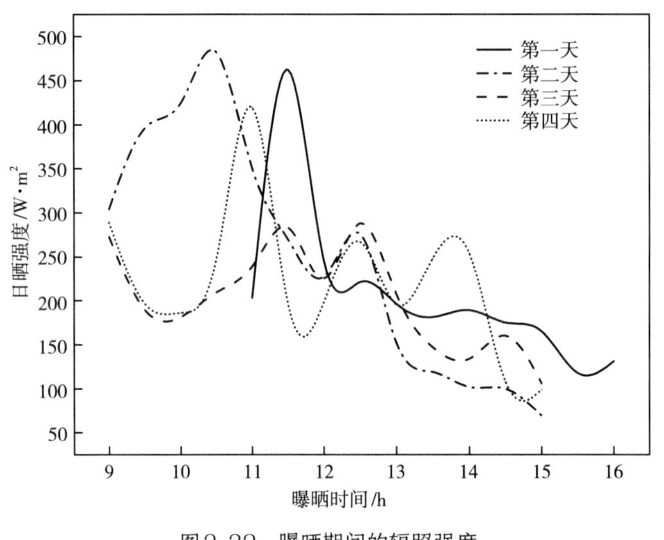

图2-32　曝晒期间的辐照强度

表2-53　曝晒期间每天的累积辐照强度

时间	第一天	第二天	第三天	第四天
曝晒强度/W·m^{-2}	2287	3272	2641	2899

用UV-2550分光光度计（带积分球和色彩软件）测量染色样品每天曝晒完毕后的色差，以观察其褪色情况。

（二）抗紫外和光褪色特性

1. 各染色织物的抗紫外和光褪色特性

天然纤维织物用黄连提取液直接进行染色，染色丝绸、棉布和毛织物的紫外线透过率与波长的关系如图2-33所示。从图中曲线可以看出未染色丝绸和棉布的紫外线透过率都很高，尤其是UVA（315～400nm）的透过率。毛织物为斜纹织物，且其密度较大，未染色前的紫外线透过率相对较低。各织物经黄连染色后，紫外线透过率均有明显的下降，尤其是蛋白质纤维织物，因其对黄连有较好的吸附性，对紫外线的吸收更明显。

染色织物的光褪色曲线如图2-34所示。黄连染色织物的褪色曲线类型基本相同，且毛织物的褪色速率比丝织物和棉织物低。黄连染色的真丝织物褪色速度最快，这主要和纤维的类别有关系，蚕丝纤维中色氨酸和酪氨酸的存在导致织物本身的耐光色牢度性较差。

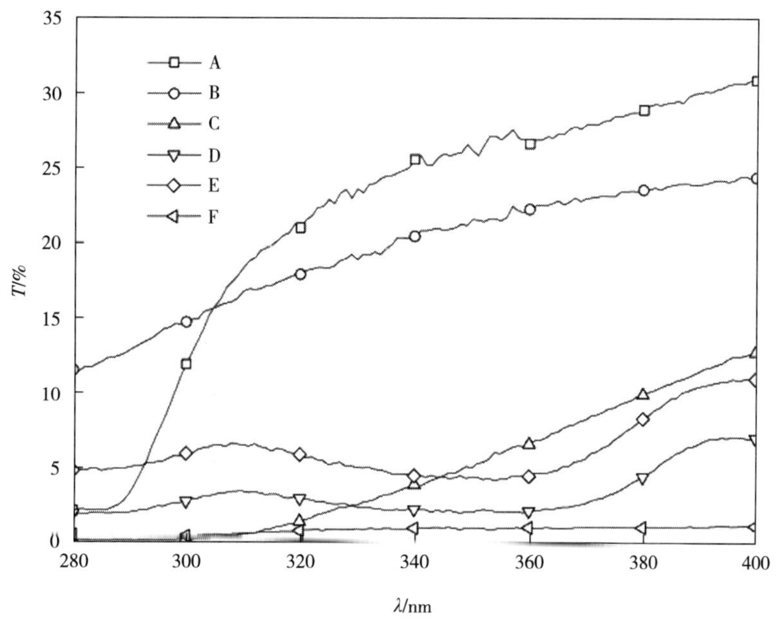

图2-33　黄连直接染色织物的紫外线透过率

A—未染色丝绸　B—未染色棉布　C—未染色毛织物　D—黄连染色丝绸　E—黄连染色棉布　F—黄连染色毛织物

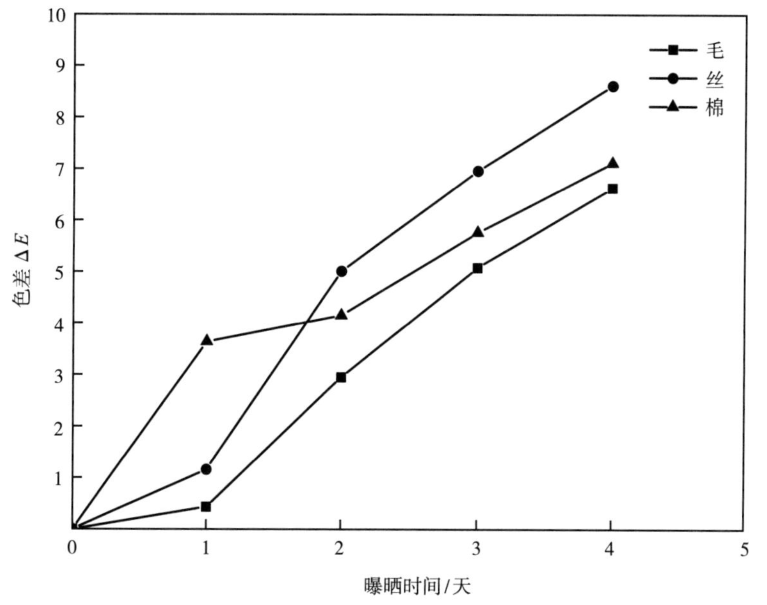

图2-34　各染色织物的光褪色曲线

2.染色浓度对抗紫外和光褪色特性的影响

（1）对紫外线透过率的影响：不同浓度染色织物的紫外线透过率如图2-35和图2-36所示，UPF值如表2-54所示。

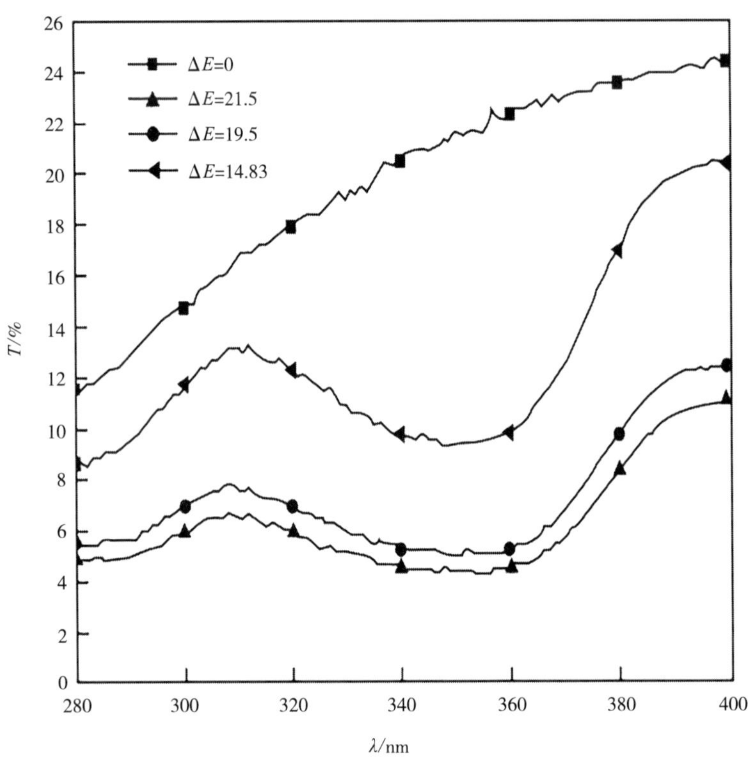

图2-35　棉织物经不同浓度染色后的紫外线透过率

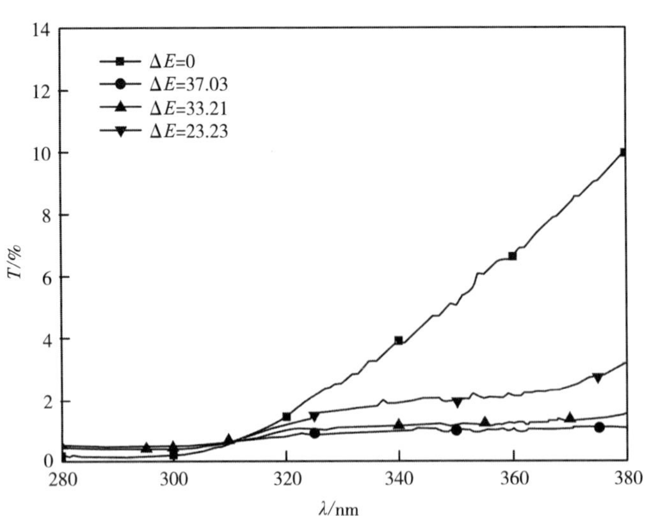

图2-36　毛织物经不同浓度染色后的紫外线透过率

表2-54 不同浓度染色织物的UPF值

织物	棉织物				毛织物			
ΔE	0	14.83	19.50	21.50	0	23.23	33.21	37.03
UPF值	5	8	13	16	84	118	138	146

上述图表中的色差（ΔE）由低到高分别对应由低浓度到高浓度染液染出的织物，$\Delta E=0$为标样，代表未染色织物，即染色织物的色差随染液浓度的上升明显增加。染液越浓，上染到织物中染料的含量越高，染深色性较好，各织物对紫外线的吸收性越强，UPF值越高。

（2）对光褪色特性的影响：不同浓度染色的天然纤维织物的褪色情况如图2-37~图2-39所示。

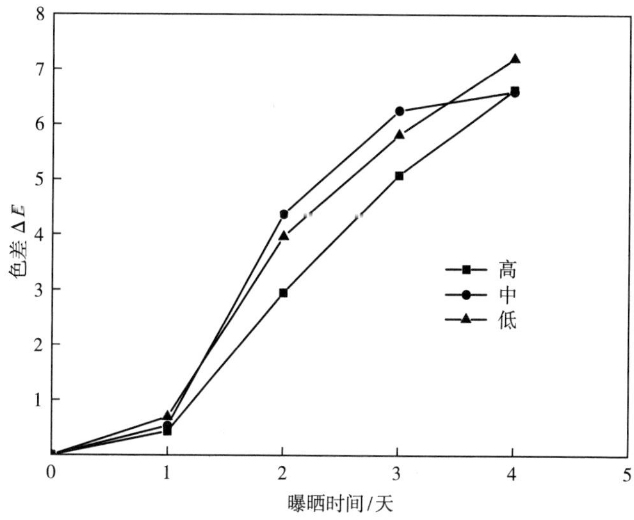

图2-37 染液浓度对黄连染色毛织物褪色速率的影响

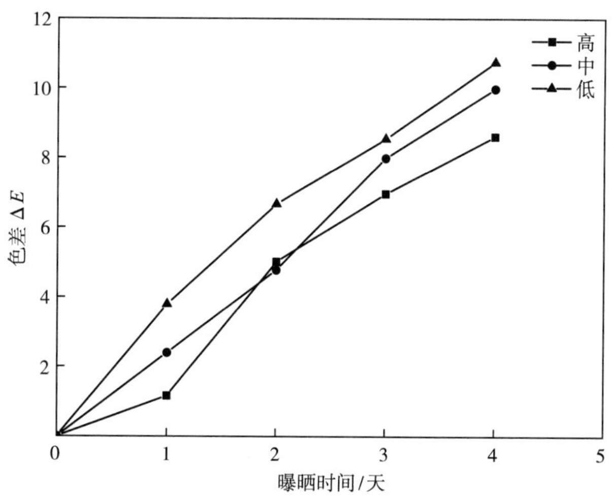

图2-38 染液浓度对黄连染色丝织物褪色速率的影响

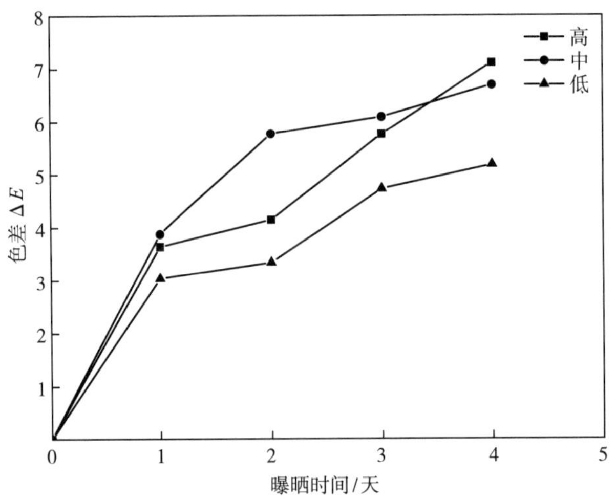

图2-39 染液浓度对黄连染色棉织物褪色速率的影响

由图可以看出褪色曲线形状基本类似，黄连浓度对其褪色曲线的类型没有影响；且黄连高浓度染色的毛织物和丝织物的光牢度相对低浓度染色的织物要高，棉织物则呈现出相反的趋势。一般而言，随着染色浓度的增加，纤维中染料颗粒的聚集态尺寸增大，其日晒牢度相对应地增加，棉织物表现出的异常可能与染料在纤维表面的分布及黄连与纤维素之间的作用有关。

3.媒染剂对抗紫外和光褪色特性的影响

（1）对紫外线透过率的影响：用不同媒染剂同浴媒染的黄连染色织物的紫外线透过率如图2-40~图2-42所示。从图中可以看出，各种媒染剂对黄连染色丝绸、棉布和毛织物的紫外线透过率影响较小。

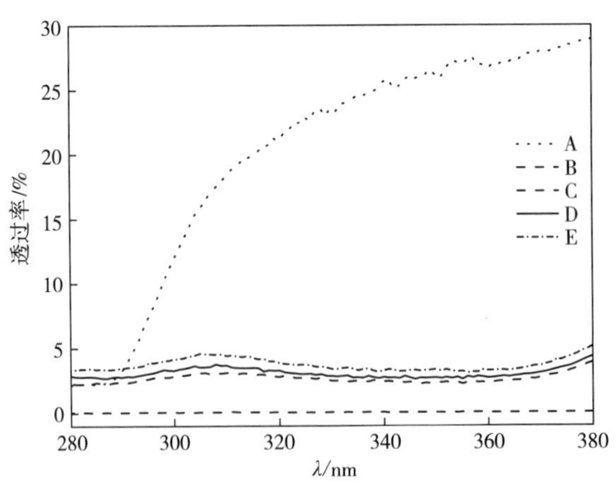

图2-40 丝绸经黄连媒染后的紫外线透过率

A—未染色 B—直接染 C—$CuSO_4$媒染 D—$FeSO_4$媒染 E—$KAl(SO_4)_2\cdot 12H_2O$媒染

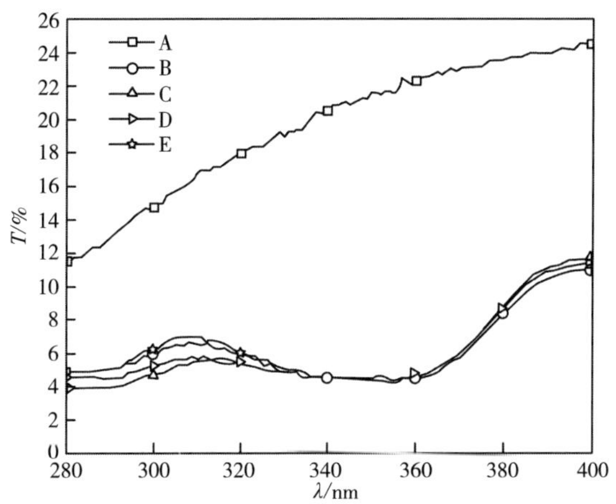

图2-41　棉布经黄连媒染后的紫外线透过率

A—未染色　B—直接染　C—$CuSO_4$媒染　D—$FeSO_4$媒染　E—$KAl(SO_4)_2 \cdot 12H_2O$媒染

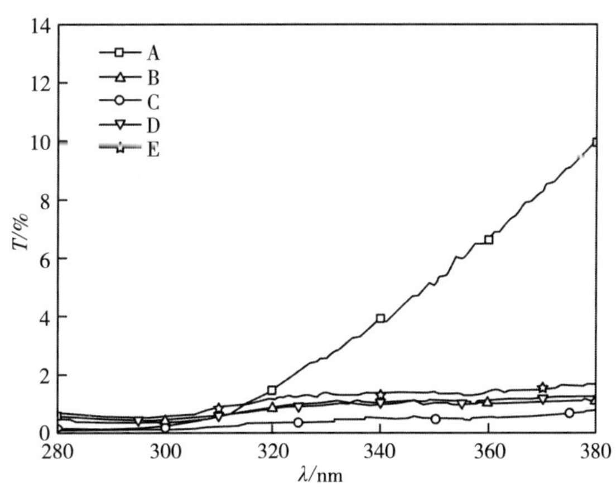

图2-42　毛织物经黄连媒染后的紫外线透过率

A—未染色　B—直接染　C—$CuSO_4$媒染　D—$FeSO_4$媒染　E—$KAl(SO_4)_2 \cdot 12H_2O$媒染

（2）对光褪色特性的影响：黄连与各媒染剂同浴媒染织物的褪色曲线如图2-43～图2-45所示。

从图中可以看出在褪色速率方面，媒染剂硫酸铜染色织物明显较直接染色织物低，而媒染剂明矾反而使黄连的光牢度下降。除黄连染毛织物外，媒染剂硫酸亚铁在一定程度上也提高了媒染织物的光牢度，尤其是棉织物，在开始阶段，硫酸亚铁的作用比硫酸铜还显著。出现这些情况的原因主要和媒染剂的类型及媒染剂与染料的结合方式有关。有些金属对染料的光降解会起到催化作用，导致染料分解加速。

4.抗氧化剂对抗紫外和光褪色特性的影响

（1）对颜色特征值的影响：紫外光吸收剂和抗氧化剂的加入往往可以改善染料的耐光牢度，这里采用抗氧化剂维生素C酸和没食子酸对织物进行预处理后再染色，观察其对黄

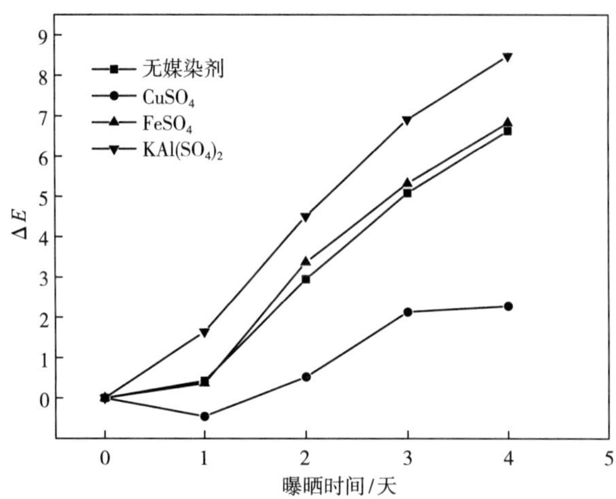

图2-43　媒染剂对黄连染色毛织物褪色速率的影响

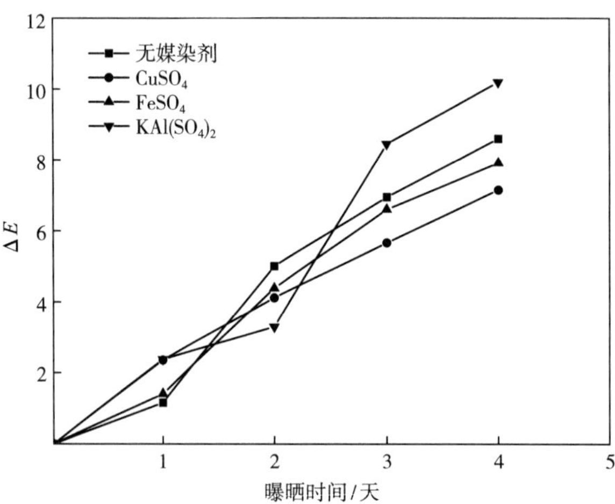

图2-44　媒染剂对黄连染色丝织物褪色速率的影响

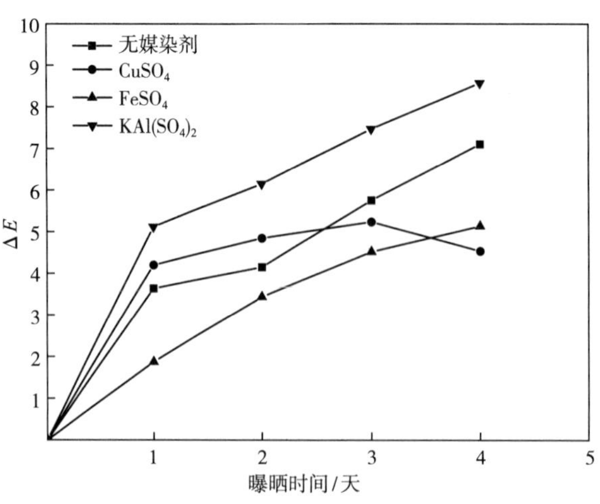

图2-45　媒染剂对黄连染棉织物褪色速率的影响

连耐光牢度的影响。首先，这些添加剂的加入应该对色光特征影响不大。处理样和未处理样染色后的颜色特征值L^*、a^*和b^*如表2-55所示。

表2-55 抗氧化剂预处理对颜色特征值的影响

试样		L^*	a^*	b^*
毛织物	未处理	70.56	3.42	42.43
	维生素C酸	71.74	3.10	25.89
	没食子酸	67.29	3.09	25.31
丝织物	未处理	74.64	5.75	55.12
	维生素C酸	76.56	3.81	36.07
	没食子酸	73.67	2.98	32.72
棉织物	未处理	86.48	-1.54	20.09
	维生素C酸	84.20	0.23	20.26
	没食子酸	85.34	-1.00	21.42

总的来说，抗氧化剂预处理还是带来了一些变化。毛织物和丝织物经抗氧化剂处理后的黄度值（b^*）和红度值（a^*）均有所下降，棉织物的变化则不明显。

（2）对紫外线透过率的影响：丝绸、棉布和毛织物经维生素C酸和没食子酸预处理后用黄连提取液染色，染色织物的紫外线透过率如图2-46~图2-48所示。结果表明，维生素C酸和没食子酸能有效地降低各织物的紫外线透过率，尤其是没食子酸能明显提高织物的抗紫外功能。

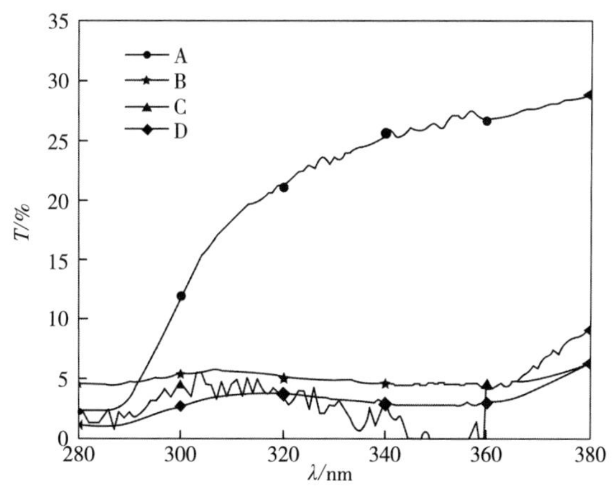

图2-46 抗氧化剂预处理对蚕丝织物紫外线透过率的影响

A—未染色 B—黄连直接染 C—维生素C酸预处理后黄连直接染 D—没食子酸预处理后黄连直接染

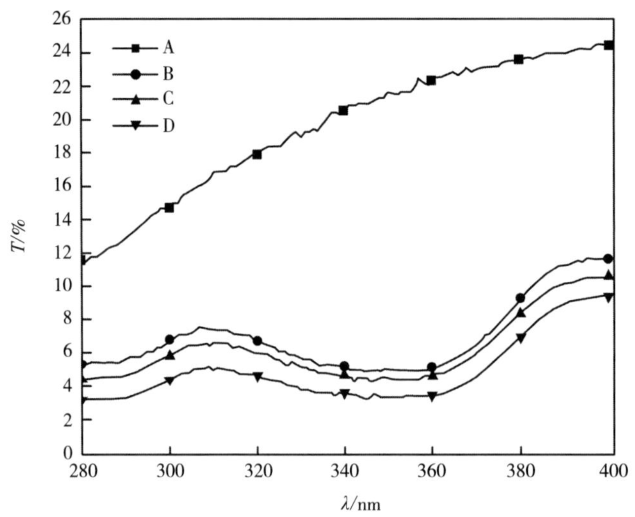

图2-47 抗氧化剂预处理对棉布紫外线透过率的影响

A—未染色 B—黄连直接染 C—维生素C酸预处理后黄连直接染 D—没食子酸预处理后黄连直接染

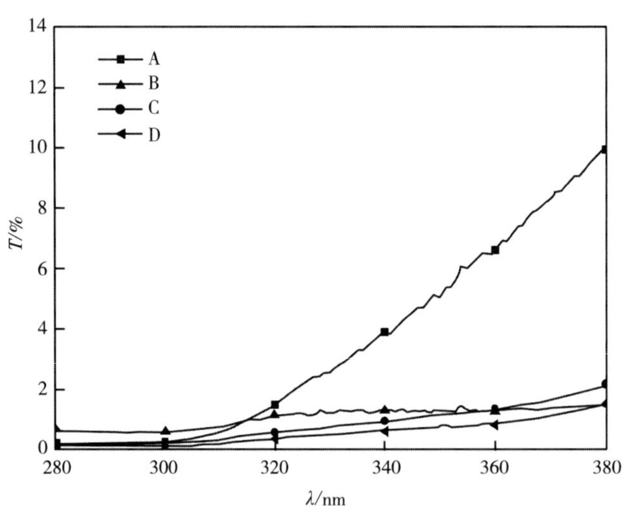

图2-48 抗氧化剂预处理对毛织物紫外线透过率的影响

A—未染色 B—黄连直接染 C—维生素C酸预处理后黄连直接染 D—没食子酸预处理后黄连直接染

（3）对光褪色特性的影响：抗氧化剂对光褪色速率的影响如图2-49~图2-51所示。由图可以看出没食子酸的加入能使黄连染色织物的光褪色速度明显下降。对于蛋白质纤维织物上的黄连，维生素C酸也能明显降低其褪色速率。其中，没食子酸处理的毛织物的颜色变化最小，色差为2.77。没食子酸的酚性羟基特有供氢体的活性，在氧化过程中生成邻醌类及联苯酚醌，使染料光降解过程中产生的氧化物自由基的系列连锁反应终止，从而减缓染料光褪色的速度。

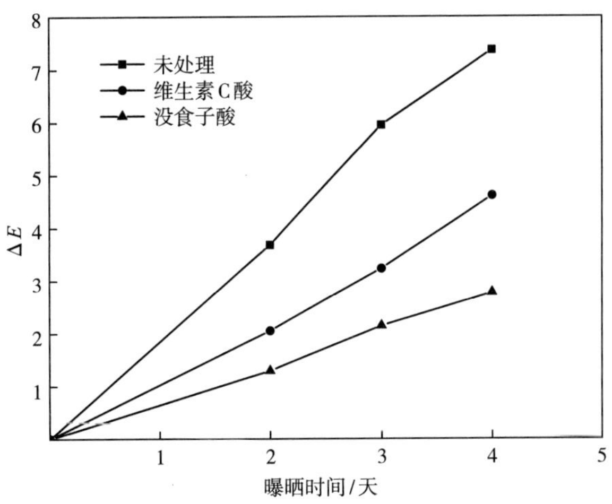

图2-49 抗氧化剂对黄连染色毛织物褪色速率的影响

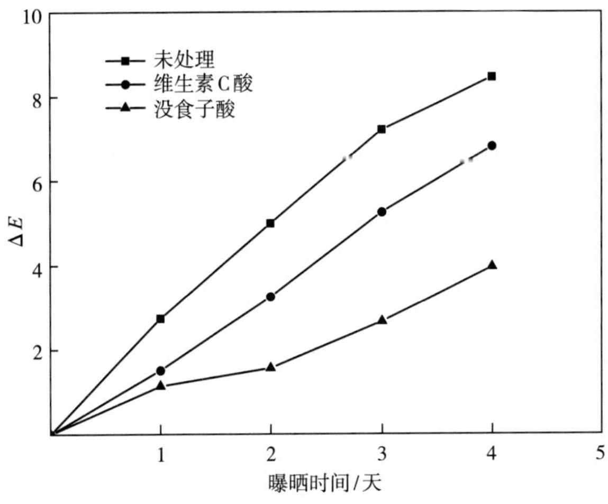

图2-50 抗氧化剂对黄连染色丝织物褪色速率的影响

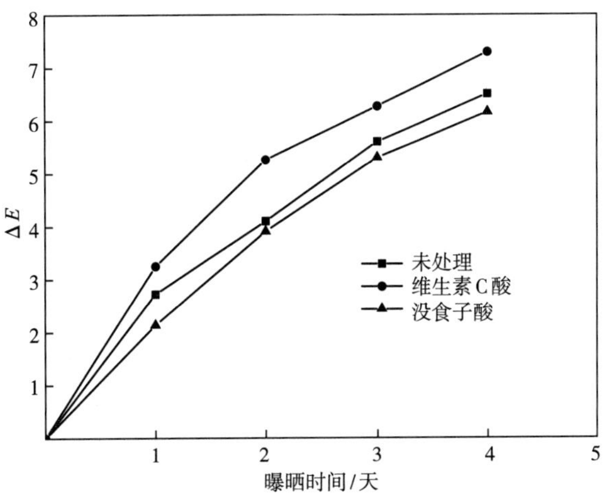

图2-51 抗氧化剂对黄连染色棉织物褪色速率的影响

二、黄连染色织物的释放（水洗褪色过程）

（一）黄连染色丝绸的释放

1.静态释放

取一定量的染色丝织物，以200mL蒸馏水为介质，在25℃、70℃进行释放实验，每隔一定时间间隔取出2mL稀释到10mL测其吸光度值，同时补充2mL蒸馏水保持体积恒定。该批织物晾干后进行了第二次释放实验。另取定量织物置于1%NaCl溶液中在70℃下进行释放实验，实验过程同上。由标准曲线计算黄连浓度及释放量，再按式（2-16）计算累积释放率Q并作累积释药曲线。

$$Q(\%)=\frac{\text{织物在释放液中溶出的黄连量}}{\text{织物中所含黄连的总量}}\times 100 \qquad (2-16)$$

不同温度下的黄连累积释放率随时间变化的曲线如图2-52所示。由图可以看出，随水浴温度的提高，染色织物的释药速率和释药量明显增加。80℃和25℃在180min的释药量分别为37%和12%左右，前者在60min左右达到平衡，后者则在90min左右开始趋于平衡。

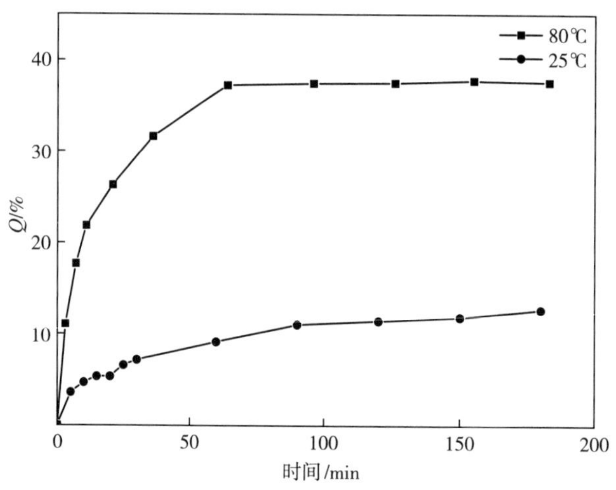

图2-52　不同温度对丝绸中黄连释放率的影响

将上述80℃水浴中释放后的织物晾干后进行第二次释放，累计释放率随时间的变化如图2-53所示。由图可知，第二次的释放率明显降低，原因在于吸附于纤维表层的黄连已大部分在第一次释放过程中溶出。不过，两次释放曲线趋于平衡的速率相近。

NaCl对释放过程的影响如图2-54所示。由图可知，80℃释放液中添加NaCl后，染色丝绸中的黄连有明显的突释现象，第5min的释药率即达50%，30min后释药率达84%左右且趋于平衡。

用各曲线趋平衡前所得累积释放率Q、待释放率对数ln（100−Q）与时间t、$t_{1/2}$分别按零级、一级、Higuchi方程处理，结果见表2-56~表2-59。

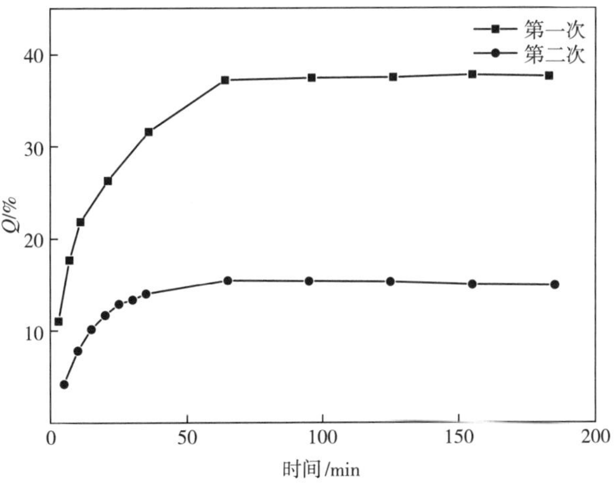

图2-53　释放次数对丝绸中黄连释放率的影响

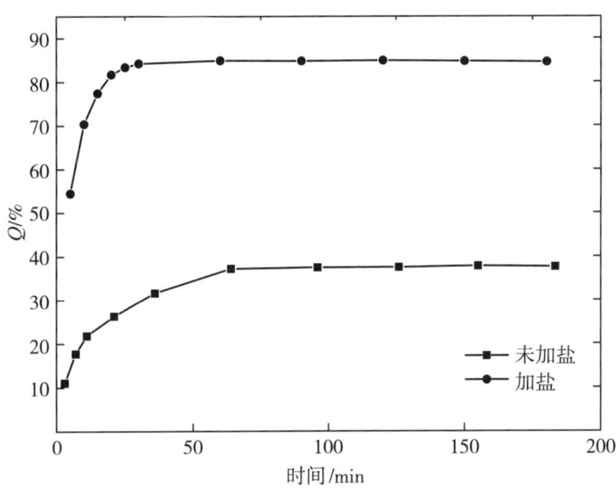

图2-54　NaCl对丝绸中黄连释放率的影响

表2-56　25℃ 0~90min段释放方程的拟合

释放方程	拟合方程	r
零级方程	Q=0.08316t+3.97383	0.97983
一级方程	ln（100−Q）=−9.00342E−4t+4.56502	0.98195
Higuchi 方程	Q=1.01855$t_{1/2}$+1.34676	0.99511

表2-57　80℃ 第一次0~60min段释放方程的拟合

释放方程	拟合方程	r
零级方程	Q=0.38515t+15.17133	0.93489
一级方程	ln（100−Q）= −0.00523t+4.44409	0.9525
Higuchi 方程	Q=4.01948$t_{1/2}$+6.68312	0.98313

表2-58　80℃ 第二次0~60min段释放方程的拟合

释放方程	拟合方程	r
零级方程	Q=0.16454t+6.98447	0.84054
一级方程	ln（100−Q）=−0.00184t+4.53292	0.84912
Higuchi 方程	Q=1.9018$t_{1/2}$+2.11998	0.92903

表2-59　80℃ 在NaCl溶液中0~30min段释放方程的拟合

释放方程	拟合方程	r
零级方程	Q=1.09757t+56.05612	0.90122
一级方程	ln（100−Q）= −0.04139t+3.85757	0.94994
Higuchi 方程	Q=8.98099$t_{1/2}$+39.00926	0.94775

由各表中的拟合方程及相关系数可知，在达到释放平衡前，Higuchi方程均能较好地表征在各种释放条件下染色丝绸中黄连的释放过程和释放动力学特征。

2.动态释放

取一定量染色丝织物（染色条件为浴比1∶100，温度70℃，时间30min，浓度X），分别以蒸馏水为介质，在25℃、37℃、70℃进行释放实验；以生理盐水、磷酸盐缓冲液为介质，在37℃进行释放实验，浴比均为1∶100，每30min置换一次水溶液，并测其吸光度，该操作重复八次。按式（2-15）计算黄连的累积释放率并作累积释放曲线。取最佳直接染条件下的毛织物若干，按丝织物动态释放的条件进行实验并计算相应的累积释放率。

取一定量染色腈纶纤维（染色条件为浴比1∶100，温度90℃，时间60min，浓度0.011g·L^{-1}），以蒸馏水为介质，在37℃、90℃进行释放实验；以生理盐水、磷酸盐缓冲液为介质，在37℃进行释放实验，浴比均为1∶100，每30min置换一次水溶液，并测其吸光度，该操作重复4次。按式（2-16）计算黄连的累积释放率并作累积释放曲线。

动态释放条件下，丝绸中黄连在不同温度下的累积释放曲线如图2-55所示。

由图2-55可以看出各种释放温度下的曲线类型相同，黄连的累积释放率均随释放次数的增加而逐渐增加，但曲线斜率均逐渐变缓，即释放速率减缓，累积释放率有趋于平衡的趋势。另外，由图2-55可知，随环境温度的提高，染色织物的释药速率和释药量明显增加，且累积释放率更快地趋于平衡。经过八轮的释放实验，25℃、37℃和70℃下的累积释放率分别为45.5%、53.5%、76.9%。

水浴温度为37℃时，黄连染色丝绸在不同释放介质中的动态释放结果如图2-56所示。

由图2-56可以看出，各曲线的类型与不同温度下的释放曲线类似，但介质类型对释放率和释放速度有较为明显的影响，酸性环境明显加剧了小檗碱的释出，这跟黄连色素的发色基团为小檗碱阳离子有直接关系，而碱性环境相比纯水浴环境则有助于减缓小檗碱的释放；如同静态释放过程一样NaCl的加入也明显加快了小檗碱的释放。

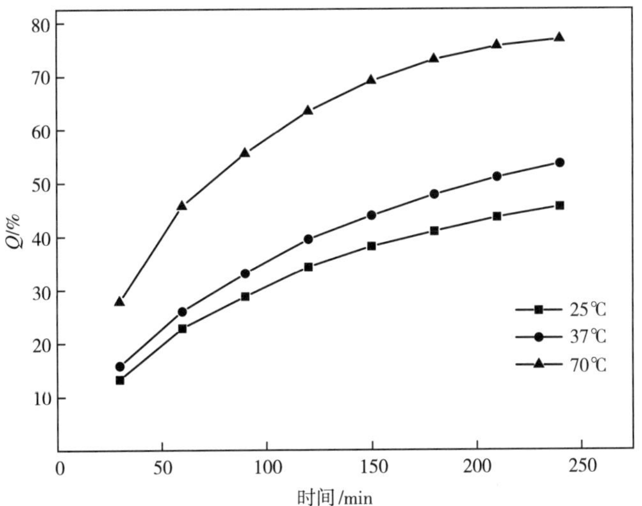

图2-55　释放温度对丝绸中黄连释放率的影响

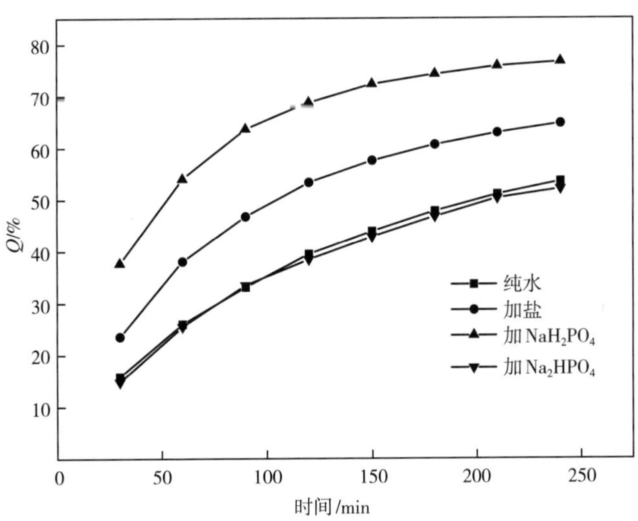

图2-56　释放介质对丝绸中黄连释放率的影响

将各曲线的累积释放率Q、待释放率对数ln（100−Q）与时间t、$t_{1/2}$分别按零级、一级、Higuchi方程处理，结果如表2-60~表2-65所示。由各表中的拟合方程及相关系数可知，Higuchi方程均能较好地表征在各种释放条件下丝绸中黄连的释放过程和释放动力学特征。

表2-60　染色丝绸在25℃水溶液中释放方程的拟合

释放方程	拟合方程	r
零级方程	Q= 0.1466t + 13.62774	0.96787
一级方程	ln（100−Q）= −0.00216t + 4.47802	0.98223
Higuchi 方程	Q= 3.21166$t_{1/2}$−2.43585	0.99315

表2-61　染色丝绸在37℃水溶液中释放方程的拟合

释放方程	拟合方程	r
零级方程	Q= 0.17357t + 15.39948	0.97562
一级方程	ln（100−Q）= −0.00279t + 4.47166	0.99058
Higuchi 方程	Q= 3.7847$t_{1/2}$ −3.42063	0.99642

表2-62　染色丝绸在70℃水溶液中释放方程的拟合

释放方程	拟合方程	r
零级方程	Q= 0.21863t + 31.37248	0.93962
一级方程	ln（100−Q）= −0.00541t + 4.32124	0.98033
Higuchi 方程	Q= 0.01498$t_{1/2}$ + 5.69913	0.97769

表2-63　染色丝绸在37℃ NaCl溶液中释放方程的拟合

释放方程	拟合方程	r
零级方程	Q= 0.18165t + 26.41228	0.94181
一级方程	ln（100−Q）=−0.00356t + 4.34044	0.9721
Higuchi 方程	Q= 4.03164$t_{1/2}$ + 5.92603	0.97908

表2-64　染色丝绸在37℃ NaH_2PO_4溶液中释放方程的拟合

释放方程	拟合方程	r
零级方程	Q= 0.16561t + 43.04755	0.90134
一级方程	ln（100−Q）=−0.00446t + 4.0895	0.9487
Higuchi 方程	Q= 3.73507$t_{1/2}$ + 23.70618	0.95218

表2-65　染色丝绸在37℃ Na_2HPO_4溶液中释放方程的拟合

释放方程	拟合方程	r
零级方程	Q= 0.17023t + 15.03763	0.9705
一级方程	ln（100−Q）= −0.0027t + 4.47265	0.9871
Higuchi 方程	Q= 3.72361$t_{1/2}$ − 3.55118	0.99427

（二）黄连染色毛织物的动态释放

黄连染色毛织物在不同温度下的释放曲线如图2-57所示。

由图2-57可以看出同黄连染色蚕丝织物一样，随着释放时间的增加，染色毛织物中的黄连累积释放率也逐渐增加，曲线斜率随时间增加而变缓，随着水浴温度的增加，黄连累积释放率明显增加。黄连染色毛织物在70℃水浴中存在突释现象，且其累积释放率在第三轮释放后即趋于平衡，高达80%以上。

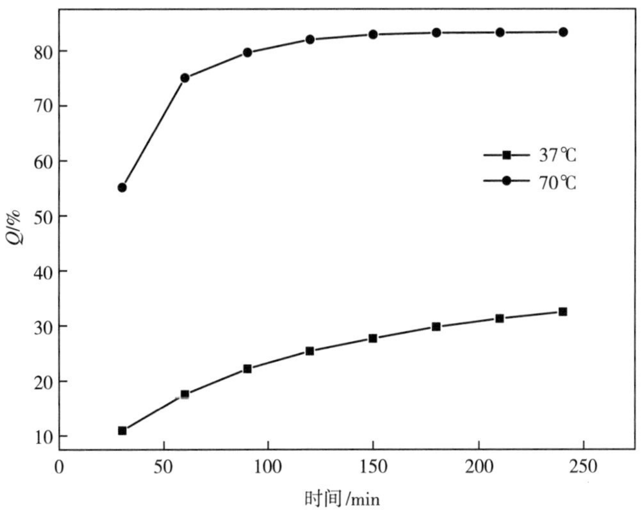

图2-57 温度对毛织物中黄连释放率的影响

水浴温度为37℃时，黄连染色毛织物在不同释放介质中的动态释放结果如图2-58所示。由图2-58可以看出，各曲线的类型基本相似，但介质类型对累积释放率和释放速度有影响，与染色丝绸类似，磷酸二氢钠和氯化钠的加入加剧了黄连染色毛织物中小檗碱的释出，且磷酸二氢钠的作用更为明显，而碱性环境则明显减缓了小檗碱的释放。

将各曲线的累积释放率Q、待释放率对数ln（100-Q）与时间t、$t_{1/2}$分别按零级、一级、Higuchi方程处理，结果见表2-66~表2-70。由各表中的拟合方程及相关系数可知，Higuchi方程均能较好地表征在各种释放条件下毛织物中黄连的释放过程和释放动力学特征。

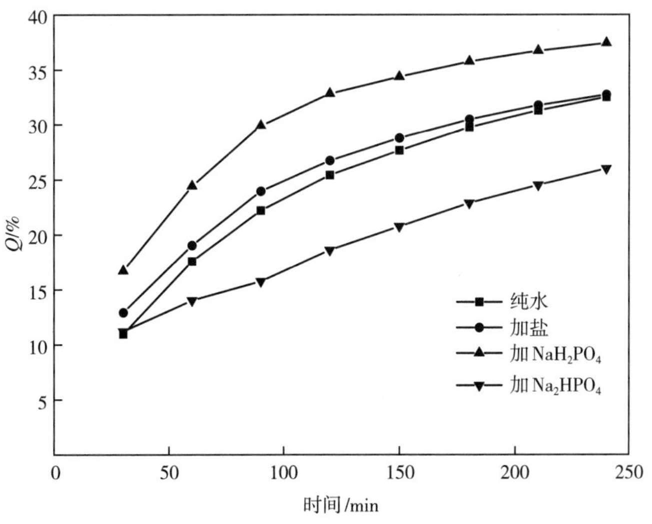

图2-58 黄连染色毛织物在不同释放介质中的动态释放结果

表2-66 染色毛织物在37℃水溶液中释放方程的拟合

释放方程	拟合方程	r
零级方程	$Q=0.09693t+11.59171$	0.96074
一级方程	$\ln(100-Q)=-0.00126t+4.48839$	0.97091
Higuchi 方程	$Q=2.1319t_{1/2}+0.87681$	0.98974

表2-67 染色毛织物在70℃水溶液中释放方程的拟合

释放方程	拟合方程	r
零级方程	$Q=0.09896t+64.6767$	0.75151
一级方程	$\ln(100-Q)=-0.00378t+3.53839$	0.81049
Higuchi 方程	$Q=2.3355t_{1/2}+51.96295$	0.83072

表2-68 染色毛织物在37℃ NaCl溶液中释放方程的拟合

释放方程	拟合方程	r
零级方程	$Q=0.0889t+13.80333$	0.95058
一级方程	$\ln(100-Q)=-0.00117t+4.46171$	0.96094
Higuchi 方程	$Q=1.96477t_{1/2}+3.86953$	0.98408

表2-69 染色毛织物在37℃ NaH_2PO_4溶液中释放方程的拟合

释放方程	拟合方程	r
零级方程	$Q=0.0895t+18.93308$	0.91691
一级方程	$\ln(100-Q)=-0.00126t+4.39943$	0.93092
Higuchi 方程	$Q=2.00643t_{1/2}+8.61573$	0.96281

表2-70 染色毛织物在37℃ Na_2HPO_4溶液中释放方程的拟合

释放方程	拟合方程	r
零级方程	$Q=0.07119t+9.60656$	0.99615
一级方程	$\ln(100-Q)=-0.000879587t+4.50867$	0.9977
Higuchi 方程	$Q=1.51991t_{1/2}+2.2489$	0.99617

（三）黄连染色腈纶的动态释放

黄连染色腈纶在不同温度下的释放曲线如图2-59所示。由图2-59可以看出，在较低温度下，腈纶中的黄连基本不释放，而在高温90℃时，释放率随时间推移逐渐增加，但总的释放率远低于蛋白质纤维，且到15%左右则趋于平衡，这进一步说明黄连对腈纶有较高的亲和力和染色牢度。

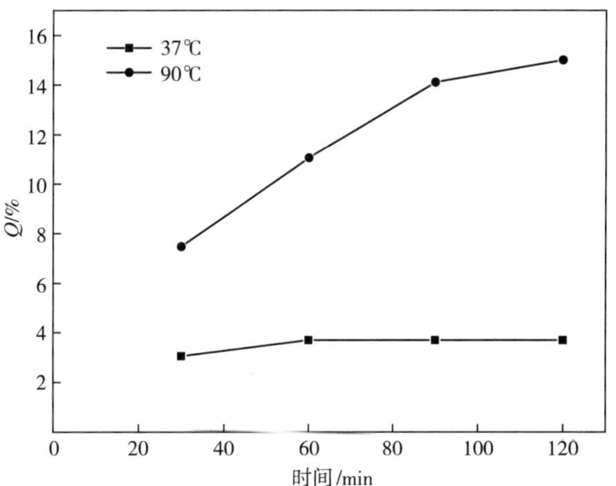

图2-59　温度对腈纶中黄连释放率的影响

黄连染色腈纶在不同介质中的释放曲线如图2-60所示。

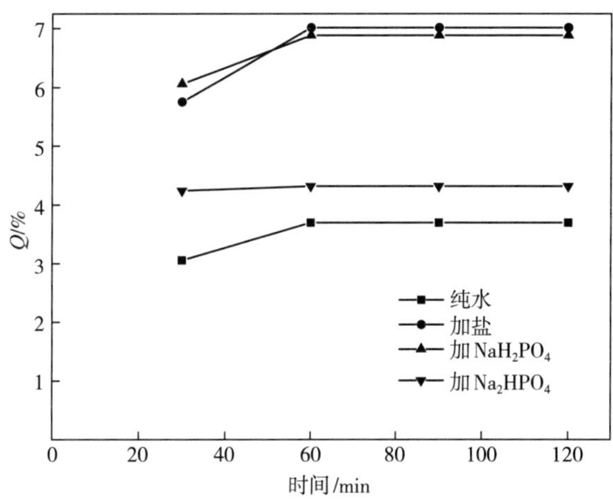

图2-60　释放介质对腈纶中黄连释放率的影响

由图2-60可以看出，电解质的加入使黄连的累积释放率有所增加，尤其是以 NaH_2PO_4 和NaCl为背景电解质的释放液，但总趋势均一致，都在第二轮释放即趋于平衡，且释放率不超过7.5%。

（四）黄连染色织物的机洗褪色曲线

在前述最佳条件下对丝绸和毛织物进行染色，调节染液浓度，得到颜色深浅不同的黄连染色丝织物和毛织物，测定染色织物的水洗褪色曲线。采用普通洗衣机的速洗程序（30min），洗涤剂为中性洗涤剂。洗涤完毕，于室内晾干后测其*K*/*S*值和色差。

将深浅不同的黄连染色织物用洗衣机洗涤不同的次数后测其颜色特征值，染色织物的*K*/*S*值随洗涤次数变化的曲线如图2-61和图2-62所示。

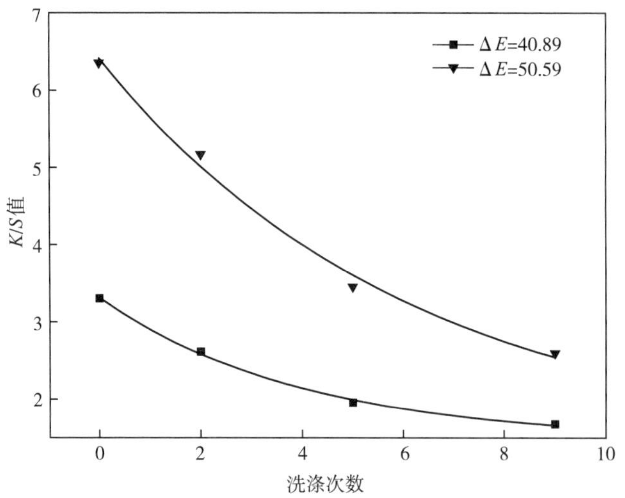

图2-61　黄连染色丝绸的水洗褪色曲线

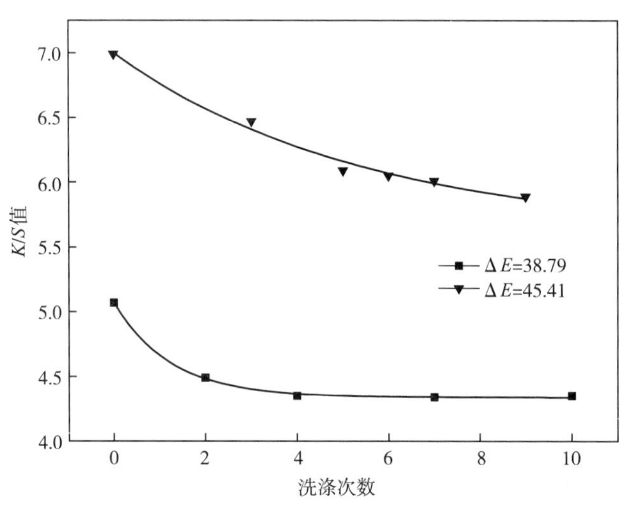

图2-62　黄连染色毛织物的水洗褪色曲线

由图2-61和图2-62可以看出，丝绸和羊毛织物的机洗褪色曲线均符合递减的指数规律，且得色量越高的织物，其黄连的释放也越快。另外，由比较的结果可以看出，羊毛的褪色速度要比蚕丝的缓慢。

将 ΔE 为50.59的染色丝绸在九次机洗后按上述动态释放的方法在37℃水浴中进行动态释放实验，每千克丝绸上的累积释药量克数如图2-63所示。由图可以看出，得色量较高的丝绸在机洗后仍可进行动态释放，其累积释药量随释放次数的增加而增加。按上述的处理方式，将各曲线的累积释放量、待释放量对数与时间 t、$t_{1/2}$ 分别按零级、一级、Higuchi方程处理，结果如表2-71所示。由各表中的拟合方程及相关系数可知，各级方程，尤其是Higuchi方程能较好地表征深色染色丝绸机洗后的动态释放过程和释放动力学特征。

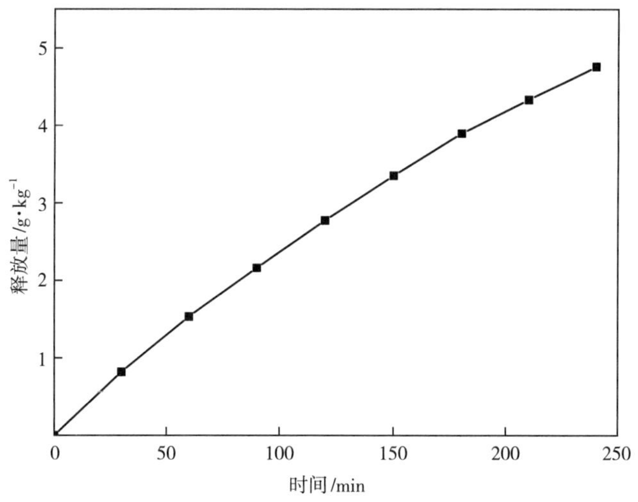

图2-63　黄连染色丝绸机洗后的动态释放

表2-71　黄连染色丝绸机洗后在37℃水溶液中释放方程的拟合

释放方程	拟合方程	r
零级方程	Q= 0.0188 t + 0.41765	0.99658
一级方程	ln（100−Q）= −0.0001936−t + 4.60121	0.99702
Higuchi 方程	Q= 0.40194$t_{1/2}$−1.53135	0.99788

三、红外光谱

将最佳提取条件下的黄连提取液浓缩至100mL，于−80℃下预冻3h，当黄连溶液完全冻结后，再置于冷冻机中冻干，以获得黄连溶液的粉末。收集黄连染色丝绸的释放液，采用同样方法制备冷冻粉。

对小檗碱，黄连提取液冷冻粉和黄连染色丝绸释放液冷冻粉，黄连染色丝绸和毛织物进行红外光谱分析，以确定有效成分的一致性。采用NETZSCH型傅里叶变换红外光谱仪（德国耐驰），ATR检测器扫描获得红外光谱图，光谱范围为4000~400cm^{-1}，分辨率4cm^{-1}，扫描信号累加次数为32次；二阶导数谱是取原始谱图各点的二阶导数获得。

（一）原始谱图的对比与分析

图2-64为小檗碱、黄连水提取物、黄连染色丝绸释放液的红外光谱图。表2-72为小檗碱的红外谱峰归属情况。

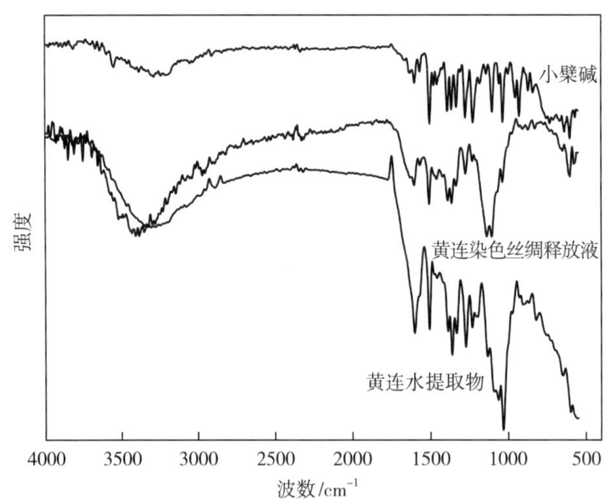

图2-64　小檗碱、黄连水提取物和黄连染色丝绸释放液红外光谱图

表2-72　小檗碱主要红外谱峰归属情况

<table>
<tr><th>波数 /cm^{-1}</th><th>主要归属</th><th>波数 /cm^{-1}</th><th>主要归属</th></tr>
<tr><td>3549</td><td>不缔合 v(N—H)
缔合 v(N—H)</td><td rowspan="2">1389
1364
1333</td><td rowspan="2">δ(NC—H)</td></tr>
<tr><td>3345</td><td>v(C═O) 的倍频
芳环 v(═C—H)</td></tr>
<tr><td>2910</td><td>饱和碳氢键 v(C—H)</td><td rowspan="4">1277
1229
1104
1035</td><td rowspan="4">芳香脂肪醚
v(C—O—C)</td></tr>
<tr><td>1633</td><td>芳环与杂环 v(C═C)</td></tr>
<tr><td>1601</td><td>v(C═N)；δ(N—H)</td></tr>
<tr><td>1505</td><td>芳环 v(C═C)</td></tr>
</table>

小檗碱的最强吸收峰1505cm^{-1}芳环骨架振动峰在提取液和释放液中均有明显体现，两者均位于1507cm^{-1}处，该峰在整体谱图中表现的峰越强，峰形越细长，则小檗碱的含量越高。另外，各谱图中1601cm^{-1}、1389cm^{-1}、1364cm^{-1}、1277cm^{-1}、1104cm^{-1}、1035cm^{-1}的存在也可以帮助判断小檗碱的存在及含量。但由于提取物和释放液中小檗碱的纯度低于小檗碱参照物，很多特征峰出现了一定的漂移和异化。

丝绸染色（取浓度为2X，其他同直接染最佳染色条件）前后的ATR红外光谱图如图2-65和图2-66所示。

由全谱图2-65可以看出丝绸染色前后的谱图基本一致，小檗碱的特征峰在染色样的谱图上未得到明显体现，这与染色织物表面小檗碱含量过低有关。但由部分峰的放大图谱图2-66可以看出，染色样在特征峰1620cm^{-1}、1514cm^{-1}、1230cm^{-1}、1037cm^{-1}处明显锐化和加强，该变化表明了染色样表面黄连色素的存在。

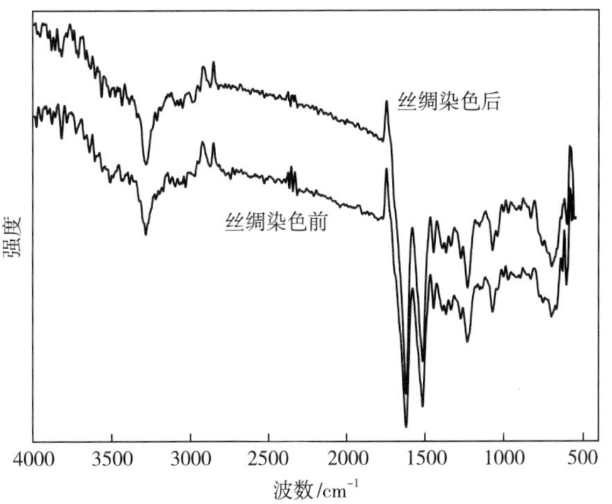

图2-65 丝绸染色前后的红外光谱图

（a）特征峰Ⅰ

（b）特征峰Ⅱ

（c）特征峰Ⅲ

（d）特征峰Ⅳ

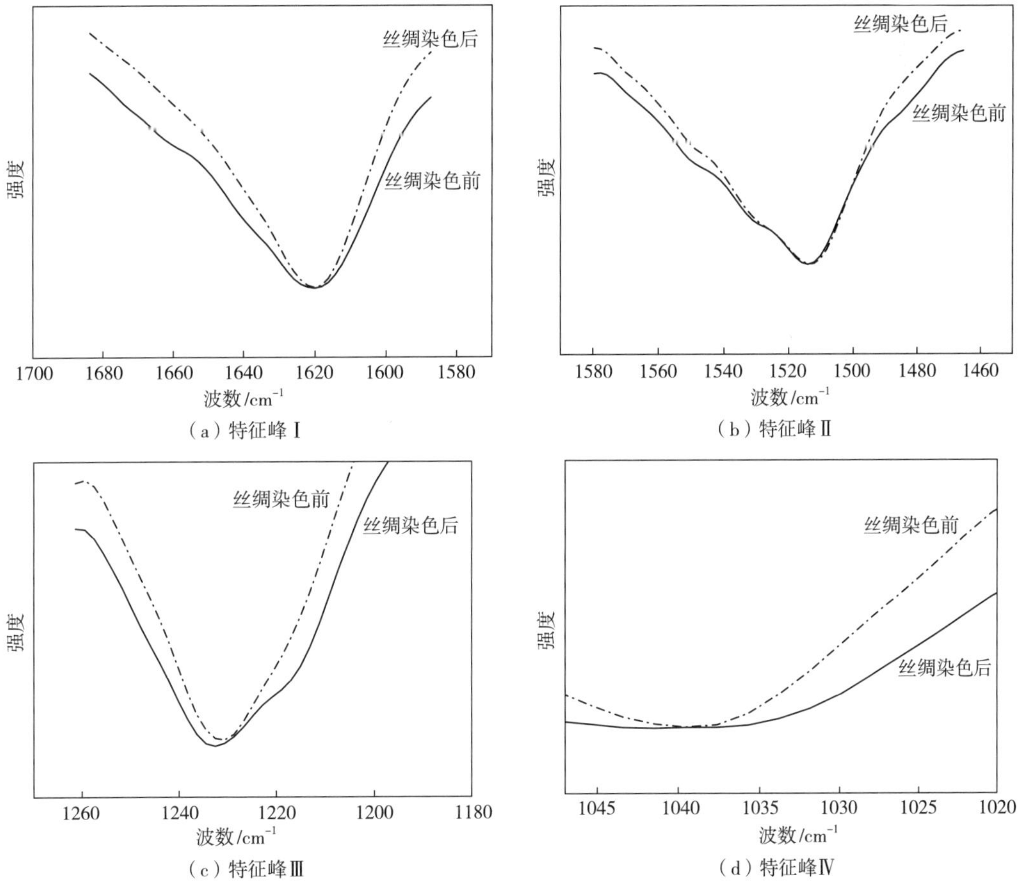

图2-66 丝绸染色前后的红外光谱图特征峰

毛织物染色（染色条件同直接染最佳条件）前后的ATR红外光谱图如全谱图2-67和局部特征峰图2-68所示。

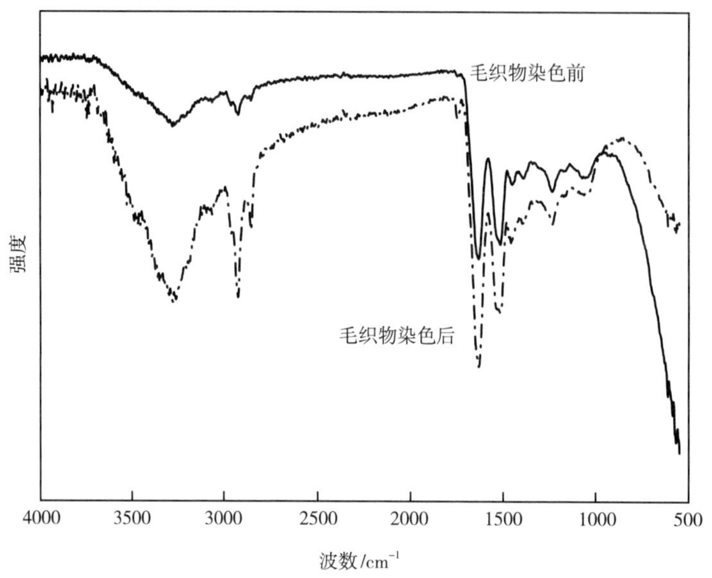

图2-67　毛织物染色前后的红外光谱图

（a）特征峰Ⅰ

（b）特征峰Ⅱ

（c）特征峰Ⅲ

（d）特征峰Ⅳ

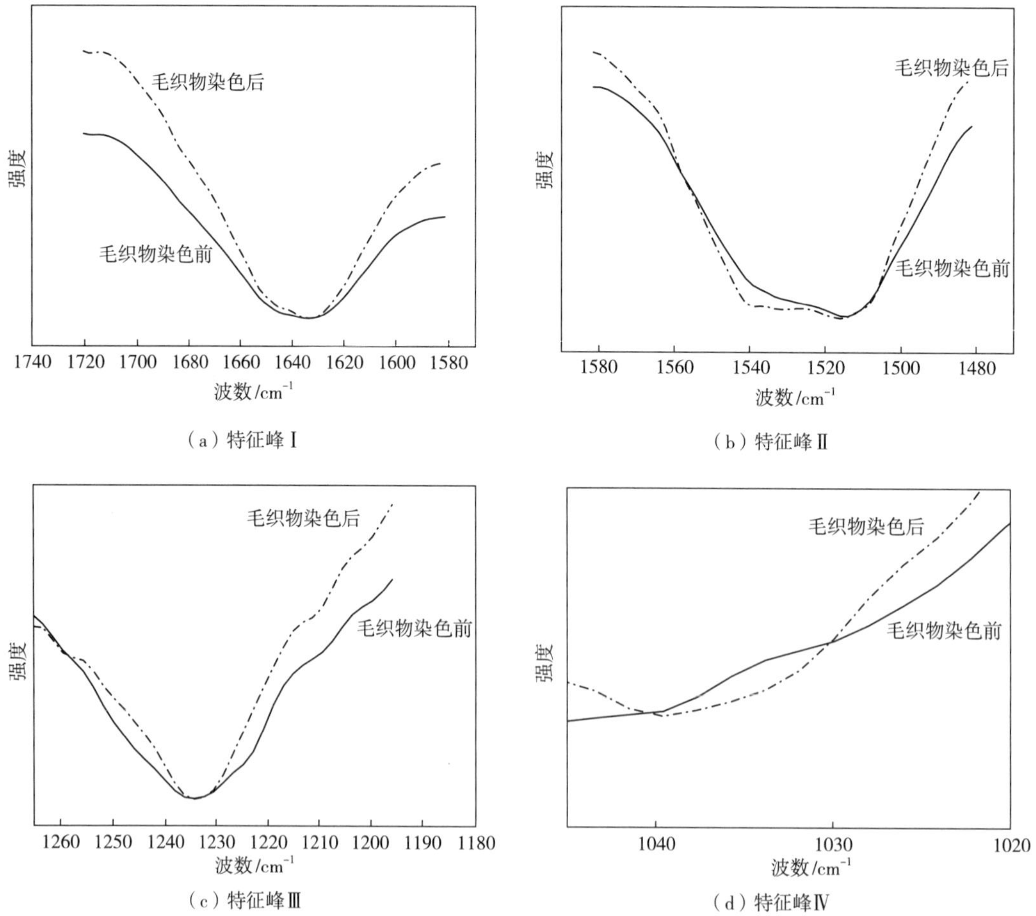

图2-68　毛织物染色前后的红外光谱图特征峰

毛织物染色前后的红外光谱图变化特征与丝绸的类似，染色样在特征峰1633cm^{-1}、1514cm^{-1}、1234cm^{-1}、1037cm^{-1}处明显锐化和加强，而这些峰与小檗碱的某些特征峰基本对应，从而表明了染色毛织物表面黄连色素的存在。

（二）二阶导数谱图的对比与分析

为了进一步对小檗碱的特征峰进行确认，对图2-64中的谱图进行了二阶求导，结果如图2-69所示。在分辨率较高的二阶导数谱中，小檗碱中的特征吸收峰在水提取物和丝绸释放物中的谱峰特征明显增强，一些原始谱图中的不明显的特征峰也显现出来。

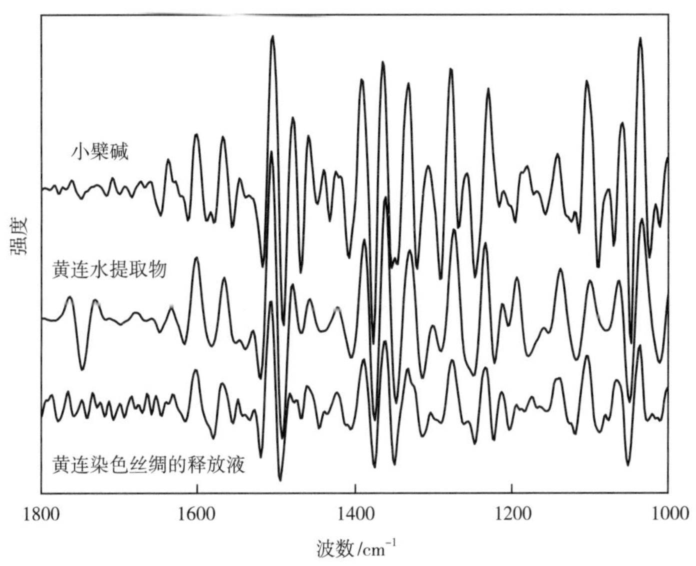

图2-69　小檗碱、黄连水提取物和黄连染色丝绸释放液红外二阶导数光谱图

在1800~1000cm^{-1}范围内，黄连水提取物与黄连染色丝绸释放液的冷冻粉物中几乎显现出全部的盐酸小檗碱的特征峰：1637cm^{-1}、1602cm^{-1}、1568cm^{-1}、1546cm^{-1}、1504cm^{-1}、1479cm^{-1}、1460cm^{-1}、1440cm^{-1}、1425cm^{-1}、1390cm^{-1}、1365cm^{-1}、1332cm^{-1}、1307cm^{-1}、1278cm^{-1}、1230cm^{-1}、1211cm^{-1}、1190cm^{-1}、1141cm^{-1}、1105cm^{-1}、1058cm^{-1}、1035cm^{-1}等，这些表明，小檗碱作为最主要的色素来源，其在提取、上染和水浴释放过程中均未受到破坏。

四、黄连染色织物的抗菌性

将丝织物在一定条件下染色（染色条件为浴比1∶100，温度70℃，时间1h，浓度X），所得织物色差为54.34。对该染色丝绸进行抗菌性能及抗菌能力的耐洗涤性能测试，测试标准为AATCC 100—2004，所用菌种为金黄色葡萄球菌。该实验的偏差为8%。采用式（2-17）

计算细菌减少率：

$$R=(B-A)/B\times100\% \tag{2-17}$$

式中：R——细菌减少率，%；

A——在瓶中处理过的试样上接种的细菌培养18h后获得的菌数；

B——在瓶中处理过的试样上接种的细菌接种后即刻获得的菌数。

抗菌测试结果：染色丝绸原样的色差为54.34，经10次标准洗涤（GB/T 3921—2008）后的色差为40.11，两者的抗菌情况如表2-73所示。由表2-73中的数据可以看出，黄连染色丝绸对金黄色葡萄球菌有明显的抗菌效果。原染色丝绸样（色差为54.34）对金黄色葡萄球菌的抗菌率高达99%，经10次标准洗涤后黄连染色丝绸的色差下降为40.11，细菌减少率为72%。该结果表明在一定洗涤范围内，黄连染色丝绸对金黄色葡萄球菌的抗菌效果明显且较稳定。

表2-73　黄连染色丝绸的抗菌测试结果

样品	染色原样	洗涤样
色差 ΔE	54.34	40.11
K/S 值	7.17	2.68
细菌减少率/%	99	72

第七节　天然染料黄连染色性能的提升

因结构和性能的差异，各纤维对黄连的亲和性存在较大的差异，而纤维表面所吸附黄连素的多少会直接影响到相对应的药理功能。寻找合适的处理方法来提高纤维的上染率是亟待解决的问题。

一、表面改性方法

（一）增加黄连上染率的意义

前面结果说明表面黄连素的存在是色不变和药理存在的基础，即黄连染色织物的药理作用主要在表面，颜色强度亦在表面。因此，增加纤维表面的黄连量和增加表面吸附的稳定性是防止褪色和增加药理作用的主要方式。对黄连上染性能不佳的纤维，可通过表面改性等方式来改善其对黄连的吸附性能。

（二）表面改性方法及选择

表面改性技术是仅对材料的表面进行处理的技术，如渗碳（或渗氮）、激光处理、离子注入、表面涂层法、阳极氧化、化学气相沉积、物理气相沉积，等等。本节以羊毛纤维和棉纤维为改性对象，拟通过表面改性改善它们对黄连的吸附及其稳定性。

羊毛是结构最复杂的天然纤维之一。在羊毛的加工及后处理过程中，因其表面鳞片的存在，往往导致缩绒效应和染色困难等诸多问题。为改善羊毛的表面性能，人们研究和开发了许多种羊毛变性方法，这些方法主要是用化学试剂破坏羊毛鳞片层，或者使用树脂聚合物沉积在羊毛纤维表面来改善其表面性能。而这两种处理工艺都有可能因化学试剂反应不完全导致排放物的污染。随着环保制度的日益严格，纺织生产企业需要选择更加生态和环境友好的处理方式。其中等离子体处理技术以其清洁、快速和对羊毛损伤少而备受关注。由于等离子体处理只作用于羊毛纤维表面极浅的一层，约10nm，从而使纤维原有的优点几乎不变，是一种非常有效的羊毛物理变性方法。

等离子体可以在真空状态下产生，也可以在大气压条件下产生，在真空条件下产生的等离子体一般比较均匀，而大气压条件下产生的等离子体放电通道比较集中，能量密度比较高。但与低气压放电等离子体相比，大气压等离子体不需要真空设备，更具实用性。对于聚合物改性，大气压放电的主要应用形式是电晕放电和介质阻挡放电，本节以这两种方式对羊毛织物表面进行改性，以促进黄连对毛织物的上染性能。

丝胶蛋白是一种水溶性的球状蛋白，由18种氨基酸组成（其中丝氨酸和天冬氨酸分别占33%和17%），组成丝胶的多数氨基酸含有羟基、羧基、氨基等极性较强的侧基，并且这些活性基团比较活泼。近些年，将丝胶接枝在棉织物表面的研究也逐渐增多。而已有研究表明丝胶和柠檬酸组成的溶液可以有效用作纤维整理剂。尤其是从柠檬酸上羧基与棉纤维素及丝素上醇羟基通过酯键进行交联的事实出发，考虑到富含丝氨酸残基的丝胶可以通过柠檬酸固着在棉布上，并考虑到黄连对棉的上染性能远不及蚕丝，本节尝试以柠檬酸作为交联剂对棉布进行丝胶整理，以提高黄连对棉织物的上染量和抗皱性。另外，以氧化棉固着丝肽，以提高棉纤维对黄连的亲和性。

（三）表面改性效果评价方法和内容

表面改性效果的评价方法因表面改性方法而异。如等离子体表面改性，可通过改性前后表面接触角或润湿性的测量来反映其可及性的改善，还可以从表面元素的变化进一步从机理角度解释可及性改善的原因。接枝、涂层整理等表面改性处理的效果则可从红外光谱、增重率等方面进行表征。表面改性的目的在于提高某些纤维对黄连的吸附量，因此，直接的评价方法可从纤维或织物改性前后对黄连的上染率曲线，最终上染量，染色织物的

K/S值和颜色特征值，以及染色牢度等方面进行评定。

二、黄连对电晕处理毛织物的染色

（一）羊毛织物的电晕处理

目的是改善羊毛表面活性和表面能，增加吸附性能，提高纤维表层黄连的吸附量和吸附作用的稳定性。

1. 电晕处理

羊毛织物的电晕处理采用SDCD16-2-10 型辉光放电仪（大连第九电子仪器公司），处理电压为$0.8 \times 10^3 \sim 1.2 \times 10^3$V，处理时间为40s，试样尺寸为30cm × 12cm，仪器功率为6kW。

2. SEM观察

试样经喷金处理后在X-650型扫描电镜（日立公司）上进行形貌观察。

3.XPS分析

毛织物电晕处理前后（处理电压1.2万V、时间40s）表面元素组成的变化采用XSAM 800型X射线光电子能谱分析仪（Krcotos，英国）分析，实验条件为Mg Kα源，功率200W，真空度保持在5×10^{-7}Pa左右，样品分析区域大约为$1mm^2$。

4. 接触角测定

毛织物电晕处理前后的润湿性测量采用静滴接触角/界面张力测量仪进行。将固体表面上的液滴形成的气泡投影到屏幕上，然后直接测量切线与相界面的夹角，直接测量接触角的大小。

5. 上染性能测试

称取一定量的黄连，用沸水煎煮1h后过滤，将滤渣再煎煮1h，然后过滤，合并两次的滤液作为染液。在温度80℃，pH6.5，浴比1∶150条件下进行染色，测定不同时间间隔下电晕处理织物（处理电晕1万V，时间40s）和未处理织物的反射率，计算K/S值。

（二）羊毛织物的介质阻挡放电处理

同电晕放电的目的一样，即进一步研究等离子表面改性在改善羊毛纤维吸附黄连性能方面的作用。

1. 介质阻挡放电处理

羊毛织物的介质阻挡放电处理在CTP-2000K型低温等离子体仪上进行，将5cm × 5cm毛织物样品放置于等离子体处理装置的石英电极上，气氛为空气，放电间隙固定在6mm，打开电源开关，分别调节放电电压、处理时间和处理电流对毛织物进行处理。

2.黄连对处理织物的染色

取最佳提取条件下的黄连提取液稀释到一定倍数后（$0.28g \cdot L^{-1}$）对处理前后的织物进行染色，染色条件为：按浴比1∶100在70℃染色30min。

3.上染率曲线的测定

先将毛织物进行表面处理，处理电压40V，电流3.7A，时间3min。将黄连提取液稀释到一定倍数后（$0.042\ g \cdot L^{-1}$），按浴比1∶100在70℃染色，于不同染色时间取样，同时补充等量的空白染浴，保持染浴体积不变。将取出的残液稀释到一定倍数后，测定吸光度，计算不同染色时间下的上染率，并绘制上染率对染色时间的关系曲线。

（三）电晕处理对毛织物表面性能的影响

1.SEM形貌观察

电晕处理前后毛织物的扫描电镜形貌观察如图2-70所示。从图中可以看出在电晕放电作用下，由于高能粒子的轰击，羊毛表面的鳞片开始松动，表面有裂缝和孔洞出现，且有部分鳞片脱离，整个纤维表面粗糙度增加。

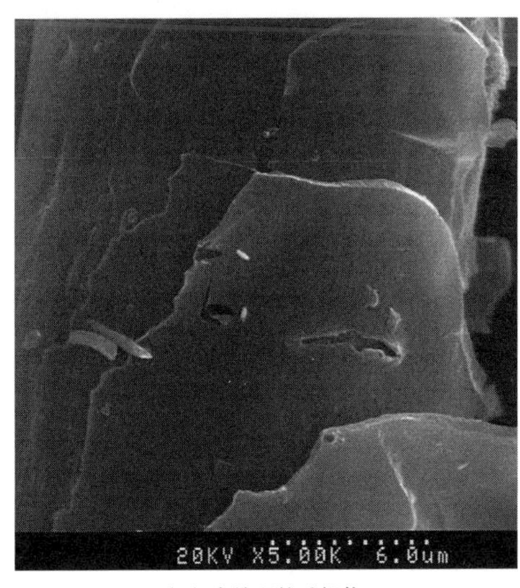

（a）未处理的毛织物

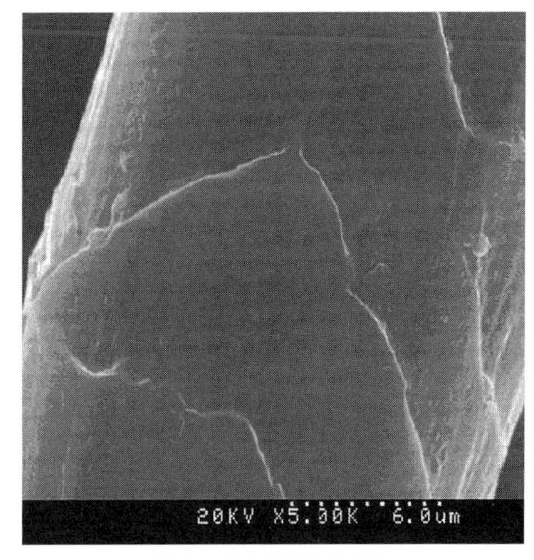

（b）电晕处理后的毛织物

图2-70 毛织物处理前后的电镜照片

2.XPS能谱分析

XPS能谱分析结果如图2-71所示。

由图2-71可看出，经电晕处理后，Cls总体含量减少，O1s含量明显增加。这表明等离子体处理使碳元素发生两种变化，一是由于等离子体的刻蚀作用使纤维表面部分物质去除，导致碳元素的流失。二是由于在纤维表面发生氧化作用，形成了新的官能团，如在纤维表层中导入了氧原子，生成含氧的新基团。

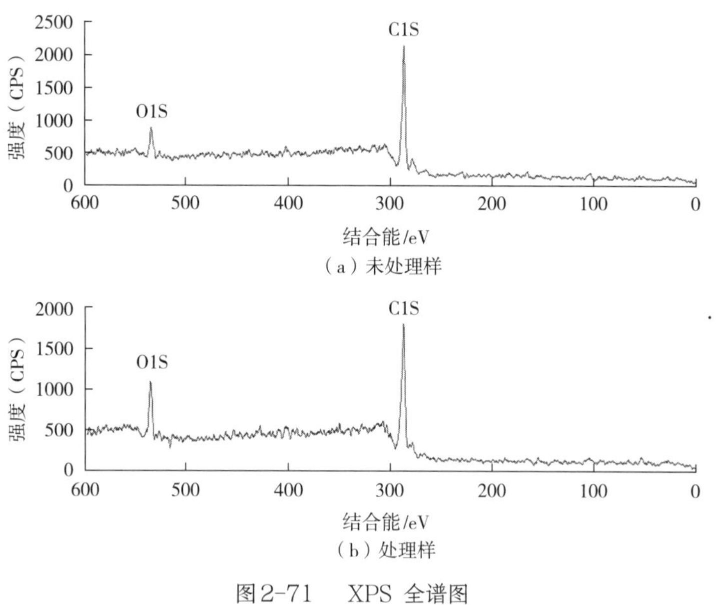

图2-71　XPS 全谱图

各元素组成含量的具体数据如表2-74所示。结果表明除C1s和O1s总体含量的变化外，N1s和S2p的总体含量也略微降低。图2-72所示位于164.1eV的S2p峰密度的降低，显示了二硫键—S—S—的减少。

表2-74　毛织物电晕处理前后表层元素分析

XPS 元素	结合能 / eV	元素组成 /%	
		未处理	已处理
C1s	285.0	84.6	79.1
O1s	532.5	10.1	16.8
N1s	399.8	3.9	3.2
S2p	164.1	1.4	0.9

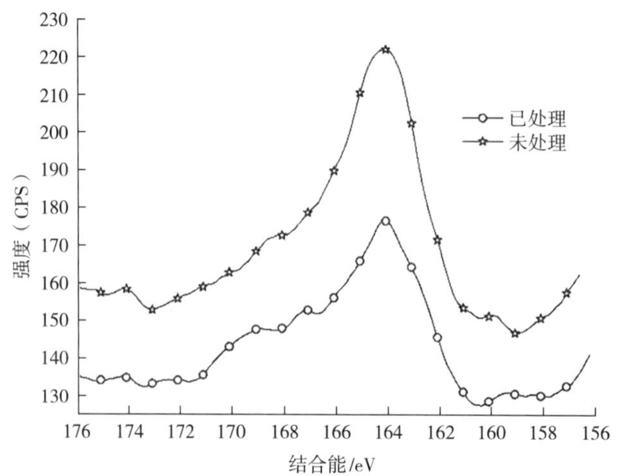

图2-72　S2p的XPS谱图

3. 对羊毛表面浸润性能的影响

电晕处理对毛织物表面润湿性能的影响如表2-75所示。由结果可知电晕处理可以提高毛织物表面的亲水性，并且随着处理电压增大，能量增大，表面润湿性明显增加。在电晕处理过程中，由高能粒子组成的电晕轰击纤维表面后，引起纤维表面高分子键的断裂，纤维表面产生了许多自由基和不饱和中心，这些自由基与空气接触后，在纤维表面形成羰基及羟基等极性基团，使毛织物表面活化。

表2-75 毛织物试样表面的接触角

样品	未处理样	电晕处理样	
		0.8×10^3V	1.2×10^3V
接触角	130.0°	125.0°	79.5°

4. 对植物染料上染羊毛性能的影响

毛织物在电晕处理前后的表观上染速率（*K/S*值）如图2-73所示。从图中可以看出经电晕处理后，黄连对毛织物的上染速率和上染量都有一定的提高。这些现象可理解为电晕处理在羊毛表面引入了一定的含氧极性基团（如—OH、—COOH），增加了纤维表面的负电性，同时，鳞片表层某些二硫键的破坏，也导致纤维在染色时容易润湿和溶胀，所以电晕处理后的毛织物对植物染料黄连的上染速率有所提高，使羊毛织物的*K/S*值增大；另外，由于等离子体处理后的羊毛纤维表面粗糙化，使羊毛织物表面对光的漫反射增加，产生深色效应，也会导致羊毛织物表观色深增大。上染率虽然也有一定的提高，但黄连与羊毛靠离子键结合，染色平衡吸附量是由纤维上的—COO—数量决定的，而电晕处理只作用于纤维极浅的层，未改变纤维整体性质，因此染色平衡吸附量变化不大。

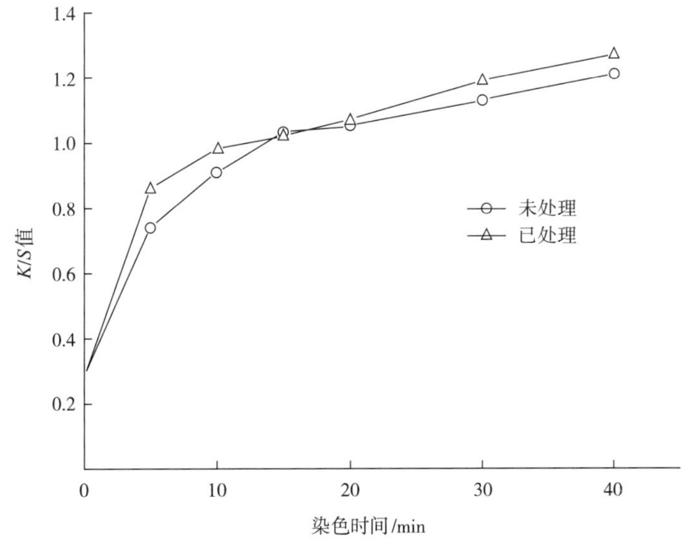

图2-73 毛织物在电晕处理前后对黄连的表观上染速率

（四）介质阻挡放电处理对毛织物染色性能的影响

1. 处理电压的影响

选定处理电流为3.6A，变化放电电压的大小为0~50V，处理时间为1min，将处理织物在同一条件下染色，测其上染率和染色织物的*K*/*S*值，结果如图2-74所示。从图中可以看出，黄连对毛织物的上染率和染色织物的*K*/*S*值随处理电压的增加而明显增加。电压越高，越有利于等离子体处理区域气体的电离，从而产生更多高能量的等离子体，其对羊毛的刻蚀作用就越充分，纤维表面的粗糙程度增加，黄连在纤维表面的吸附量增加，使染料扩散到纤维内部的量增加，表现在织物染色的上染率和色泽都有所提高。

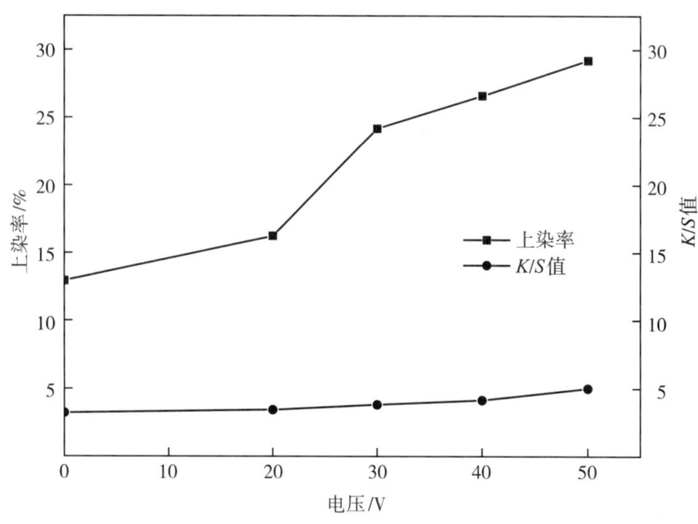

图2-74　处理电压对黄连染毛织物的影响

2. 处理时间的影响

选定处理电压为36V，电流为3.3A，变化处理时间（0~9min），将处理织物在同一条件下染色，测其上染率和染色织物的*K*/*S*值，结果如图2-75所示。当处理时间较短时，上染率的变化不是很明显，随处理时间的延长，布面刻蚀加剧，羊毛染色屏障破坏程度增加，布面上染率和布面颜色深度明显增加，但时间过长布面会出现糊斑。

3. 处理电流的影响

选定处理电压44V，变化处理电流的大小（0~4.4A），处理时间为2min，将处理织物在同一条件下染色，测其上染率和染色织物的*K*/*S*值，结果如图2-76所示。在较高的处理电压下，较小的电流增量都会导致上染率和染色织物表观深度的大幅增加。电流的增加导致整个电场强度的增强，气体电离产生的粒子能量随之增高，在处理时间相同的情况下对羊毛表面的刻蚀作用加强，相应染料的吸附量和固着量增加，表现为上染率和*K*/*S*值的增加。

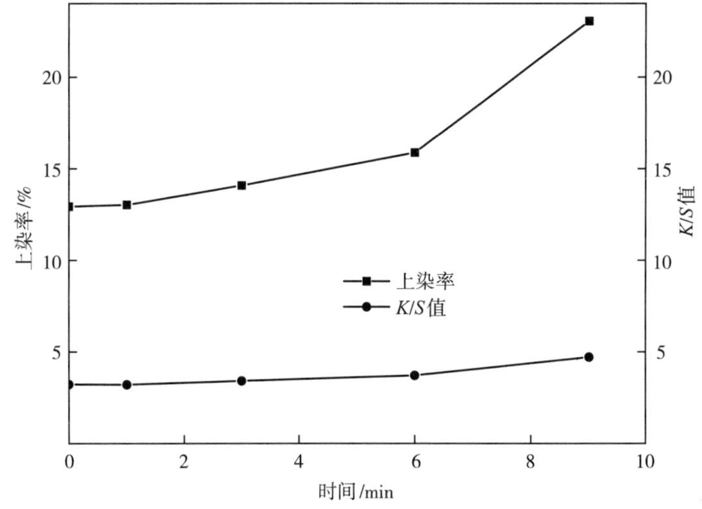

图2-75　处理时间对黄连染毛织物的影响

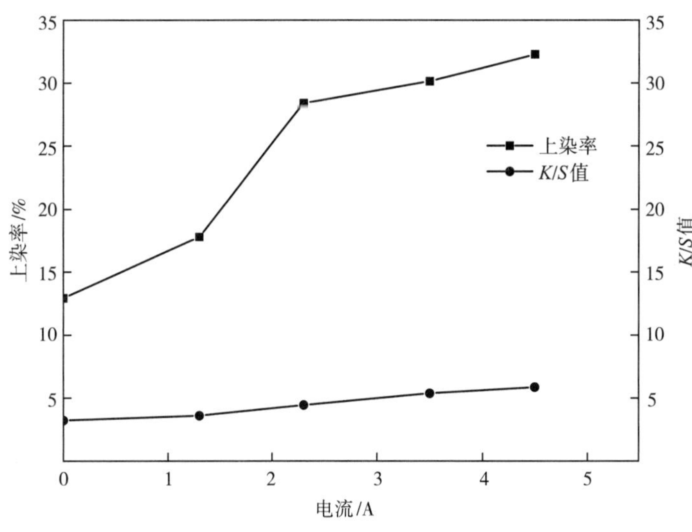

图2-76　处理电流对黄连染毛织物的影响

4.上染率曲线

黄连对介质阻挡放电处理前后毛织物的上染曲线如图2-77所示。

由于介质阻挡放电处理使羊毛鳞片层部分胱氨酸被氧化，致使羊毛染色壁障被破坏，且等离子体射流处理过程中，空气中的氮和氧元素会以羟基、羧基和氨基等形式引入纤维表面，从而产生了亲水性基团，有助于染料的吸附和渗透，从而提高上染率。另外，处理后的羊毛纤维表面的粗糙化不仅成为染料的通道，而且增加羊毛的比表面积，也会使染色开始阶段的上染速度加快，上染率增大，而最终平衡吸附量的差异并不大，说明在该处理条件下，介质阻挡放电处理对羊毛纤维整体性质的影响并不大。

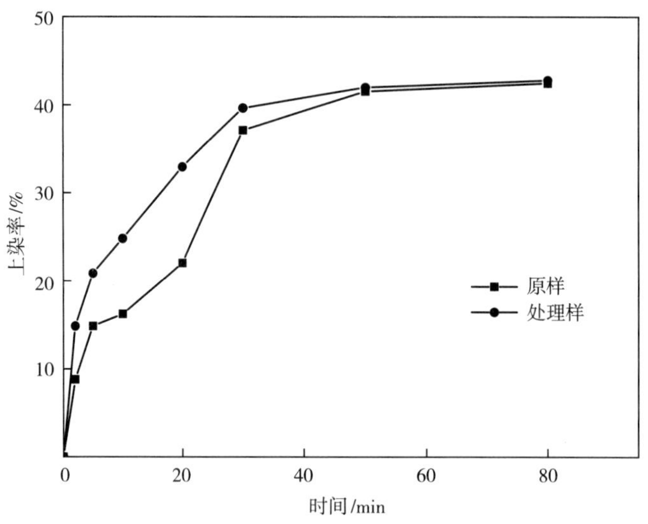

图2-77　黄连对处理前后毛织物的上染率曲线

三、黄连对丝胶改性棉织物的染色

前面的研究表明蚕丝对黄连的吸附性能远远高于棉纤维，故以丝胶对棉织物进行涂覆处理，以期提高棉纤维对黄连的上染率。

（一）实验过程

1.实验变量设计

本实验设计为单因素变量分析实验，即在设定丝胶改性条件中的一个因素为变量，其他条件不变的情况下，分析该因素的变化对于改性后织物用黄连染色效果的影响。具体设计如表2-76所示。

表2-76　丝胶改性处理条件

组别	变量	数值					
1	丝胶用量/$g \cdot L^{-1}$	10	20	30	40	50	—
2	柠檬酸用量/$g \cdot L^{-1}$	0	10	20	30	40	50
3	次亚磷酸钠用量/$g \cdot L^{-1}$	0	5	10	15	20	—
4	处理温度/℃	40	50	60	70	80	—
5	处理时间/min	30	45	60	75	90	—

注　各组定量为：丝胶30$g \cdot L^{-1}$；柠檬酸30$g \cdot L^{-1}$；次亚磷酸钠10$g \cdot L^{-1}$；处理温度60℃；处理时间60min。

2. 试样的制备

棉织物准备：将棉坯布裁剪成大小为5cm × 5cm，分组标记，称量记录。在浴比1:50，水浴温度100℃条件下，用10g·L^{-1}氢氧化钠和1g·L^{-1}渗透剂对布样进行退浆处理30min。洗净晾干备用。

3. 棉织物的丝胶改性处理

棉织物丝胶改性流程：配制丝胶溶液→浸渍（浴比1:40）→预烘（80℃，10min）→焙烘（150℃，5min）→皂洗（浓度2g·L^{-1}，浴比1:40，温度60℃，时间10min）→水洗→晾干→称量记录。

4. 黄连对丝胶改性棉织物的染色

取最佳提取条件下的黄连染液，按1:100浴比在70℃染色30min，染毕取出布样，用定量的清水洗去浮色，晾干备用。

5. 增重率的测定

测定棉织物丝胶改性前后的干重，按式（2-18）计算其增重率：

$$增重率(\%) = (G_1-G_0)/G_0 \times 100\% \quad (2-18)$$

式中：G_1——棉织物丝胶处理后的干重，g；

G_0——棉织物丝胶处理前的干重，g。

6. 颜色特征值的测定

黄连染色纺织品的颜色特征值用带积分球和色彩分析软件等附件的UV-2550型紫外可见光分光光度计测定。

7. 色牢度测定

染色织物的皂洗牢度参考GB/T 3921—2008测定，摩擦牢度参考GB/T 3920—2008测定。

（二）黄连对丝胶改性棉织物的染色

1. 丝胶改性前后染色织物颜色特征值的对照

将经过退浆处理的棉织物进行丝胶改性处理，处理条件为：丝胶30g·L^{-1}，柠檬酸30g·L^{-1}，次亚磷酸钠10g·L^{-1}，处理温度60℃，处理时间60min。采用最佳提取条件下的黄连提取液对丝胶改性前后的棉织物进行染色，染色温度为70℃，浴比为1:100，染色时长为30min。染色织物的颜色特征值如表2-77所示。

由表2-77可以看出，在相同的染色条件下，黄连染色丝胶改性棉织物的颜色特征值相比未改性棉织物，变化明显，色差ΔE明显增大，黄蓝值b^*和颜色饱和度c^*增幅均很明显，亮度值L^*，红绿值a^*和色调角h^*也有所增加，这表明棉织物在一定条件下，经丝胶改性处理后，可增加黄连的吸附量，使棉织物呈现出更深更鲜艳的黄色。

表2-77　黄连染色棉织物的颜色特征值

样品	L^*	a^*	b^*	ΔE	c^*	h^*
未改性棉织物	75.17	1.70	30.51	32.68	30.55	86.79
丝胶改性棉织物	75.75	2.34	42.33	43.83	42.42	87.18

多元羧酸柠檬酸在催化剂次亚磷酸钠的作用下脱水生成酸酐，酸酐进一步与棉纤维上的羟基或者丝胶上的羟基发生酯化交联，从而使丝胶固着在棉织物的表面，而丝胶的多数氨基酸含有羟基、羧基、氨基等极性较强的侧基，可增加对黄连染料的吸附性及固着率。

2. 丝胶浓度对颜色特征值的影响

变化丝胶浓度（10~50g·L^{-1}），固定其他处理条件：柠檬酸30g·L^{-1}，次亚磷酸钠10g·L^{-1}，处理温度60℃，处理时间60min，对棉织物进行丝胶改性处理，测定织物改性处理之后的增重率，结果如图2-78所示。对丝胶改性织物在相同条件下进行染色，染色织物颜色特征值的测定结果如表2-78所示。

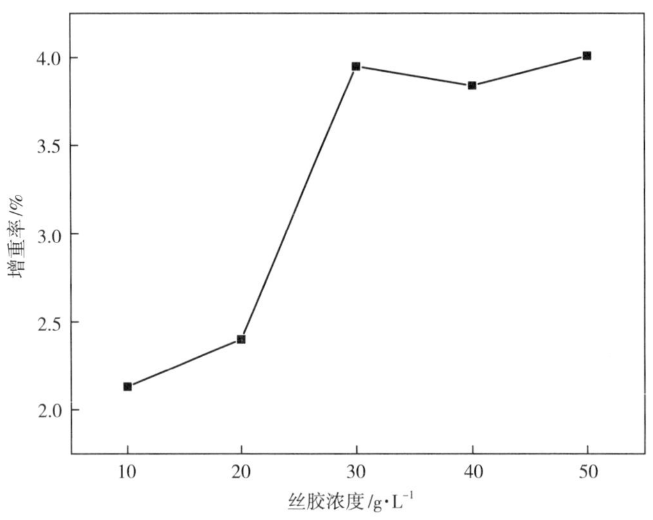

图2-78　丝胶浓度对增重率的影响

表2-78　丝胶浓度变化对织物颜色特征值的影响

丝胶浓度/g·L^{-1}	L^*	a^*	b^*	ΔE	c^*	h^*
10	78.09	0.08	29.28	30.84	29.28	89.83
20	77.63	–0.17	30.6	31.94	30.6	90.33
30	75.75	2.34	42.35	43.83	42.42	87.18
40	77.02	0.01	40.2	41.85	40.2	89.97
50	76.74	0.96	41.71	42.92	41.73	88.67

从丝胶浓度和增重率的曲线可以看出，棉织物上的丝胶附着量随处理浓度的增加而增加，但当丝胶浓度升高到一定程度时，交联到织物表面的丝胶量不再增加。相对应的是颜色特征值的测定结果，随着丝胶浓度的升高，棉织物的颜色特征值如黄蓝值 b^*、颜色饱和度 c^* 和色差 ΔE 逐渐增大，后趋于平缓，也即黄连色素的上染率和固着率趋于平稳，表现为色差渐趋饱和。

3. 交联剂浓度对颜色特征值的影响

变化交联剂柠檬酸的浓度（0~50g·L^{-1}），固定其他处理条件：丝胶 30g·L^{-1}，次亚磷酸钠 10g·L^{-1}，处理温度 60℃，处理时间 60min，对棉织物进行丝胶改性处理，测定织物改性处理之后的增重率，结果如图 2-79 所示。对丝胶改性织物在相同条件下进行染色，染色织物颜色特征值的测定结果如表 2-79 所示。

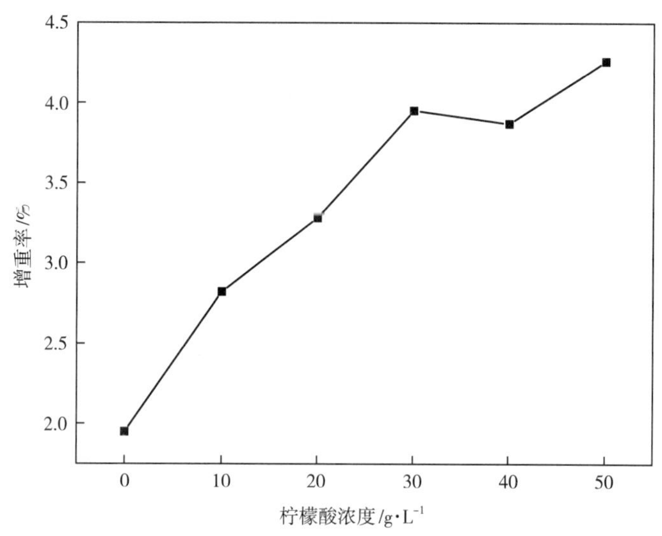

图 2-79　柠檬酸浓度对增重率的影响

表 2-79　柠檬酸浓度对织物颜色特征值的影响

浓度 /g · L^{-1}	L^*	a^*	b^*	ΔE	c^*	h^*
0	76.53	1.32	35.17	36.65	35.19	87.84
10	75.91	1.61	36.27	37.9	36.31	87.45
20	76.45	1.69	39.55	40.91	39.58	87.54
30	75.75	2.34	42.35	43.83	42.42	87.18
40	76.64	1.41	37.8	39.16	37.82	87.86
50	74.28	3.76	46.86	48.65	47.01	85.4

由图 2-79 和表 2-79 可知，随着交联剂柠檬酸浓度的增加，棉织物的增重率及其染色织物的颜色特征值如黄蓝值 b^*、颜色饱和度 c^* 和色差 ΔE 也逐渐增大，该结果表明柠檬酸的处理浓度越高，丝胶在棉布上的附着量就越多。

4.助剂浓度对颜色特征值的影响

变化助剂浓度（0~20g·L^{-1}），固定其他处理条件：丝胶30g·L^{-1}，柠檬酸30g·L^{-1}，处理温度60℃，处理时间60min，对棉织物进行丝胶改性处理，测定织物改性处理之后的增重率，结果如图2-80所示。对丝胶改性织物在相同条件下进行染色，染色织物颜色特征值的测定结果如表2-80所示。

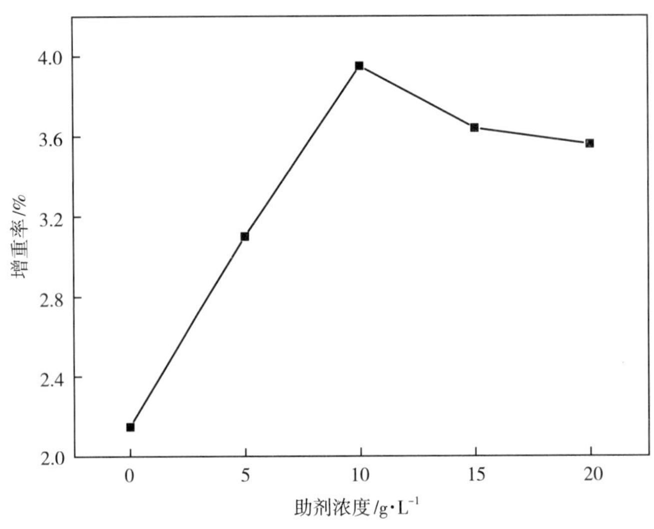

图2-80　次亚磷酸钠浓度对增重率的影响

表2-80　次亚磷酸钠浓度对织物颜色特征值的影响

浓度/g·L^{-1}	L^*	a^*	b^*	ΔE	c^*	h^*
0	77.65	0.47	30.7	32.03	30.7	89.11
5	76.56	0.8	35.8	37.24	35.8	88.72
10	75.75	2.34	42.35	43.83	42.42	87.18
15	76.64	2.09	38.36	40.88	40.38	88.12
20	76.7	1.91	39.16	39.72	38.18	88.37

棉织物经丝胶改性处理后，增重率随助剂次亚磷酸钠浓度的增加出现先增后减的趋势。相应地，染色织物的颜色特征值红绿值a^*、黄蓝值b^*、色差ΔE和色彩饱和值c^*随次亚磷酸钠用量的增多而明显增加，但浓度超过10g·L^{-1}时又出现了轻微下降。次亚磷酸钠作为催化剂，其用量越多，丝胶与柠檬酸的反应越激烈，使棉织物的改性反应明显，但是到了一定程度再多加量也不能增加反应的强度，因此，次亚磷酸钠的添加量不宜过高。

5.处理温度对颜色特征值的影响

变化处理温度（40~80℃），固定其他处理条件：丝胶30g·L^{-1}，柠檬酸30g·L^{-1}，次亚磷酸钠10g·L^{-1}，处理时间60min，对棉织物进行丝胶改性处理，测定织物改性处理之后的增重率，结果如图2-81所示。对丝胶改性织物在相同条件下进行染色，染色织物颜色特征值的测定结果如表2-81所示。

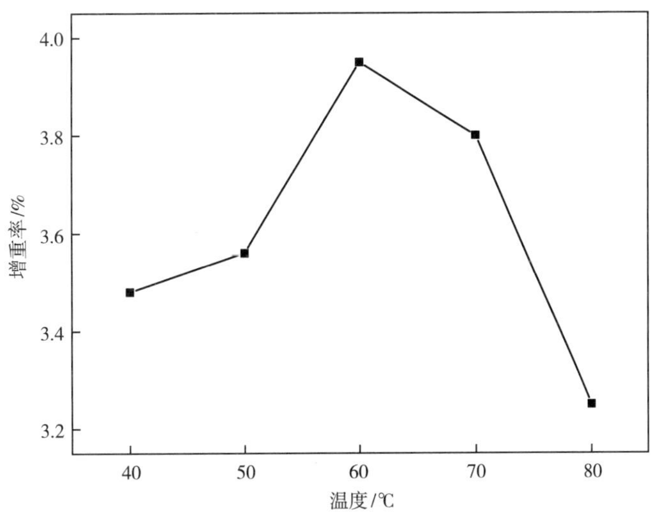

图2-81　处理温度对增重率的影响

表2-81　处理温度对织物颜色特征值的影响

处理温度/℃	L^*	a^*	b^*	ΔE	c^*	h^*
40	77.4	1.71	39.57	40.71	39.61	87.51
50	77.4	2.07	41.68	42.78	41.73	87.15
60	75.75	2.34	42.35	43.83	42.42	87.18
70	77.74	1.13	37.58	38.67	37.59	88.27
80	78.35	0.35	28.97	30.18	28.97	89.3

棉织物的增重率，染色织物的红绿值a^*、黄蓝值b^*、色差ΔE和色彩饱和值c^*随处理温度的升高，出现了先升后降的趋势，该结果表明柠檬酸和丝胶溶液对棉织物的交联处理过程存在一个最佳温度值，为提高丝胶的附着量，处理温度不宜过高。

6.处理时间对颜色特征值的影响

变化处理时间（30~90min），固定其他处理条件：丝胶30g·L^{-1}，柠檬酸30g·L^{-1}，次亚磷酸钠10g·L^{-1}，处理温度60℃，对棉织物进行丝胶改性处理，测定织物改性处理之后的增重率，结果如图2-82所示。对丝胶改性织物在相同条件下进行染色，染色织物颜色特征值的测定结果如表2-82所示。

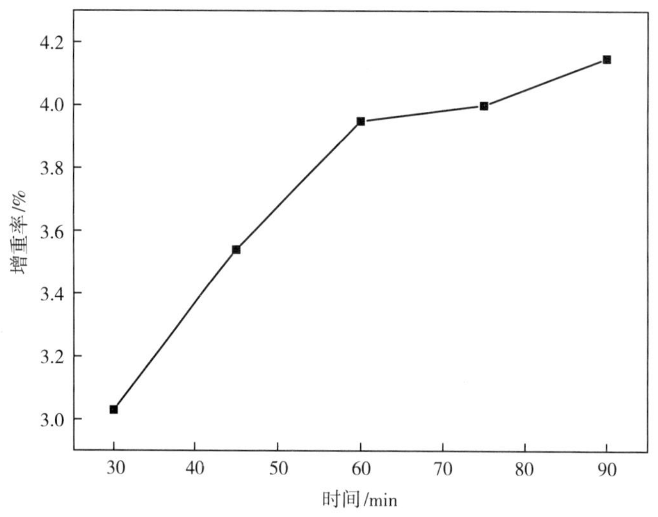

图2-82　处理时间对增重率的影响

表2-82　处理时间对织物颜色特征值的影响

处理时间/min	L^*	a^*	b^*	ΔE	c^*	h^*
30	77.32	1.31	41.19	42.29	41.22	88.16
45	77.27	1.34	41.23	42.33	41.25	88.13
60	75.75	2.34	42.35	43.83	42.42	87.18
75	73.2	4.93	48.5	50.61	48.75	84.18
90	75.95	3.13	45.67	47.05	45.78	86.07

图2-82和表2-82中的数据表明，处理时间越长，织物的增重率，黄连染色织物的红绿值a^*、黄蓝值b^*、色差ΔE和色彩饱和值c^*越大，布面颜色越深。说明适当延长处理时间，可使柠檬酸与棉布和丝胶间的反应越充分，提高织物表面丝胶的附着量。

7.色牢度测定结果

未丝胶改性染色后的织物试样和丝胶改性染色后的织物试样的耐洗和耐摩擦色牢度级数如表2-83所示。

表2-83　丝胶改性对黄连染色棉织物色牢度的影响

试样	耐洗变色牢度	耐摩擦色牢度	
		干摩擦	湿摩擦
未改性棉织物	1.0~1.5	3.5~4.0	2.5~3.0
丝胶改性棉织物	1.5~2.0	4.0~4.5	3.0~3.5

从表中可以看出棉织物经丝胶改性处理后，水洗变色牢度和耐摩擦色牢度均提高了0.5级，说明丝胶处理后，染料吸附更稳定。

四、黄连对丝肽涂覆氧化棉的染色

（一）氧化棉的丝肽改性

丝肽是丝素蛋白水解的中间产物，其氨基酸组成与蚕丝中丝素组成基本相同，主要为乙氨酸、丙氨酸、丝氨酸、酪氨酸。丝肽的聚集态结构中无定形部分含量远远高于丝素，而结晶部分含量则较少。目前，丝肽在化妆品、食品、医疗、医药各领域的应用前景广阔。

对棉纤维表面进行选择性氧化处理，使丝蛋白更易于涂覆到棉纤维表面，以增加对黄连的吸附性能。

1. 棉纤维的氧化处理

配制浓度为2g·L^{-1}的高碘酸钠溶液置于棕色锥形瓶中，加入定量的经过退浆处理的棉本色布，在50℃水浴避光反应2h。将氧化棉布取出冲洗后置于0.1mol/L的丙三醇溶液中浸泡一定时间，再放入去离子水中浸泡24 h。充分洗涤、脱水，晾干后制得氧化棉备用。

2. 丝肽涂覆处理

按浴比1:60，将氧化棉布分别投入到不同质量分数（1%、3%、4%、5%）的丝肽溶液中，在50℃水浴下浸渍1 h。将处理后的棉布放入烘箱中进行预烘（80℃）和焙烘（150℃），然后水洗浸泡24 h，置于空气中自然晾干。

3. 改性棉的染色

取一定浓度（0.2g·L^{-1}）的黄连提取液，按1:200浴比，在不同温度（50℃、60℃、70℃、80℃）下对丝肽改性棉进行恒温染色30min，染毕，冲洗掉染色织物表面的浮色，自然晾干后测其颜色特征值。

4. 色牢度测定

棉织物改性前后的耐洗色牢度测定同上。

（二）丝肽涂覆氧化棉的染色性能

1. 丝肽改性前后染色织物颜色特征值的对照

用质量分数为1%的丝肽溶液对退浆原棉布与氧化棉布分别按实验部分的方案进行改性处理，然后按1:200浴比，在一定温度下对各种棉布进行恒温染色30min。黄连染色棉布的颜色特征值如表2-84~表2-86和图2-83所示。

表2-84　黄连染色棉布的颜色特征值（50℃）

样品	L^*	a^*	b^*	ΔE	c^*	h^*
原棉布	76.85	2.39	31.41	24.42	31.50	22.40
氧化棉布	77.50	2.61	33.62	26.24	33.72	24.62
丝肽改性原棉	73.95	2.32	28.60	23.31	28.69	19.59
丝肽改性氧化棉	74.57	3.69	38.72	32.12	38.90	29.80

表2-85　黄连染色棉布的颜色特征值（60℃）

样品	L^*	a^*	b^*	ΔE	c^*	h^*
原棉布	77.26	2.08	29.92	22.88	29.99	20.89
氧化棉布	77.92	2.45	33.85	26.3	33.94	24.84
丝肽改性原棉	75.26	1.70	28.34	22.36	28.39	19.29
丝肽改性氧化棉	74.47	2.99	36.11	29.71	36.24	27.14

表2-86　黄连染色棉布的颜色特征值（70℃）

样品	L^*	a^*	b^*	ΔE	c^*	h^*
原棉布	77.16	2.30	28.65	21.78	28.74	19.64
氧化棉布	78.41	2.32	32.15	24.53	32.23	23.13
丝肽改性原棉	75.67	1.73	28.16	22.01	28.22	19.12
丝肽改性氧化棉	75.35	3.35	35.43	28.77	35.59	26.49

由表2-84~表2-86可以看出，在相同的染色条件下，黄连染色丝肽改性氧化棉布的颜色特征值相比原棉布及经丝肽涂覆处理的原棉布，变化明显，黄蓝值b^*和色差ΔE明显增加，颜色饱和度c^*和红绿值a^*也有所增加，这表明棉纤维经氧化处理和丝肽改性后，可明显改善对黄连的上染性能，使棉纤维呈现出更深、更鲜艳的黄色。各棉布在不同温度中染色所得的色差如图2-83所示，由图可以看出丝肽改性氧化棉布的得色率明显高于其他棉布，且各棉布的色差随温度升高而有所下降，这与前述染色热力学的结果相一致。

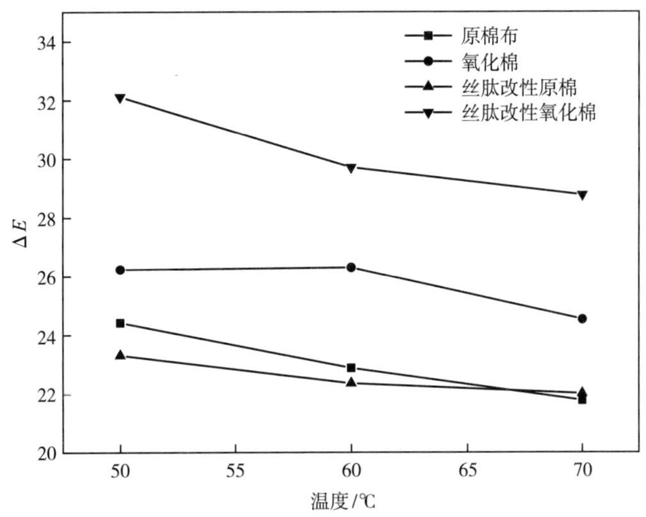

图2-83　染色温度对各染色棉布色差的影响

2. 丝肽浓度和染色温度对颜色特征值的影响

不同丝肽浓度涂覆棉纤维在各温度下染色，测其颜色特征值，结果如表2-87~表2-90所示。其中色差 ΔE 与染色温度间的关系，如图2-84所示。

表2-87　黄连染色丝肽（1%）改性棉布的颜色特征值

处理温度/℃	L^*	a^*	b^*	ΔE	c^*	h^*
50	74.57	3.69	38.72	32.12	38.9	85.01
60	74.47	2.99	36.11	29.71	36.24	86.22
70	75.35	3.35	35.43	28.77	35.59	83.55
80	75.59	2.79	30.9	24.52	31.02	84.88

表2-88　黄连染色丝肽（3%）改性棉布的颜色特征值

处理温度/℃	L^*	a^*	b^*	ΔE	c^*	h^*
50	73	3.9	38.55	32.6	38.75	82.89
60	73.55	3.17	34	28.23	34.15	85.29
70	72.86	3.6	34.54	29.07	34.73	85.3
80	72.54	3.46	30.55	25.8	30.74	83.78

表2-89　黄连染色丝肽（4%）改性棉布的颜色特征值

处理温度/℃	L^*	a^*	b^*	ΔE	c^*	h^*
50	72.25	4.37	38.38	32.82	38.63	85.47
60	72.05	4.12	36.56	31.27	36.79	86.36
70	72.26	3.96	35.99	30.66	36.21	85.45
80	71.84	3.66	31.06	26.62	31.27	85.47

表2-90　黄连染色丝肽（5%）改性棉布的颜色特征值

处理温度/℃	L^*	a^*	b^*	ΔE	c^*	h^*
50	72.37	4.03	38.93	33.23	39.14	85.47
60	70.97	4.39	38.82	33.79	39.07	86.36
70	71.85	4.23	35.94	30.83	36.18	85.45
80	72.1	3.64	31.68	27	31.89	85.47

表2-87~表2-90的结果表明，较高浓度丝肽处理的棉布获得了较高的色差，高碘酸钠选择性氧化棉纤维时，可将纤维素大分子中葡萄糖单元上C_2、C_3位的2个相邻仲羟基氧化成醛基，而活性醛基可与丝肽蛋白肽链上的氨基在一定条件下进行反应，生成席夫碱共价键，丝肽蛋白分子通过化学键与棉纤维牢固结合。丝肽浓度越高，通过活化醛基结合到氧化棉上的丝肽蛋白越多，吸附和固着的黄连染料也就越多，表现为染色深度的增加。另外，从图2-84可以看出，随染色温度的上升，染色织物的色差均呈下降趋势，这与前述黄连染色热力学实验的结果一致。

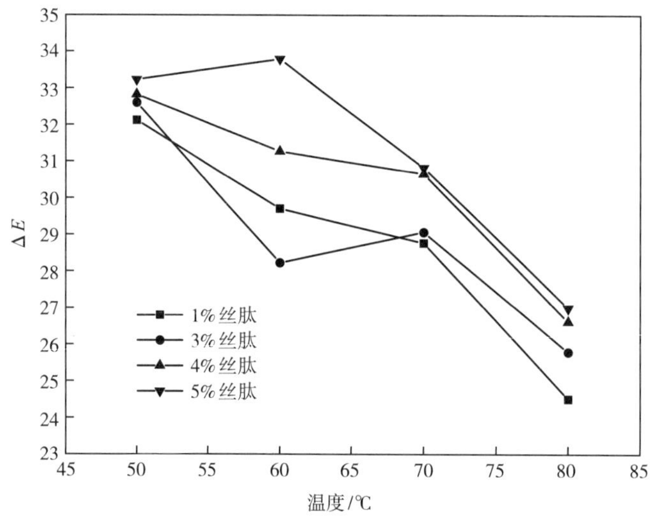

图2-84　染色温度对各染色氧化棉布色差的影响

3.色牢度测定结果

氧化处理及丝肽改性对黄连染色棉织物色牢度的影响如表2-91所示。由表2-91可以看出所测织物试样的耐洗牢度都为1.0~1.5级，即氧化处理和丝肽改性没有增加棉纤维对黄连色素的吸附牢度。

表2-91　氧化处理及丝肽改性对黄连染色棉织物色牢度的影响

试样	原棉布	氧化棉	丝肽改性原棉	丝肽改性氧化棉
耐洗变色牢度	1.0~1.5	1.0~1.5	1.0~1.5	1.0~1.5

采用电晕法对毛织物表面进行改性，结果表明电晕处理后，纤维表层鳞片出现裂缝，表面活性基团增多，表面浸润性得到改善，增加了纤维表面的亲水性；此外，电晕处理导致鳞片表层胱氨酸的部分二硫键氧化断裂，改善了对植物染料黄连的染色性能，表现为上染速度和上染率的提高。

在空气气氛中，采用介质阻挡放电对毛织物表面进行改性处理，可提高毛纤维对黄连的吸附速度和平衡吸附量。加大放电电压，延长处理时间，增加处理电流都可以不同程度地增大黄连色素对毛织物的上染率和染色织物的K/S值。

用柠檬酸作为交联剂能使丝胶顺利附着在棉织物表面，实现棉织物的丝胶改性。经过丝胶改性的棉织物（处理条件为：丝胶30g·L^{-1}，柠檬酸30g·L^{-1}，次亚磷酸钠10g·L^{-1}，处理温度60℃，处理时间60min），再用黄连染液染色后，上染率比未经过处理的棉织物有明显提高，色差增幅达34%，黄蓝值b^*和颜色饱和度c^*也明显增加。丝胶浓度、柠檬酸和次亚磷酸钠用量，处理温度和时间等处理条件对上染量都有一定的影响。丝胶改性处理后的棉织物染色色牢度有所提高。

经高碘酸钠选择性氧化后的棉纤维，可固着丝肽，从而改善了棉纤维对黄连的上染性能。1%丝肽溶液改性处理的氧化棉布在50~70℃下用黄连染液染色，所得色差要比原棉布高30%以上，但染色牢度仍不够理想。

第三章

天然染料胭脂虫红在棉织物染色中的应用

第一节 天然染料胭脂虫红概述

一、胭脂虫红的发展概况

胭脂虫是一种依附于仙人掌上的经济型的昆虫，归属于洋红蚧属。它共有9个种类，分布在不同国家和地区。15世纪初，西班牙人在墨西哥当地发现了一个高收益的生产红色染料的工厂，后来得知是胭脂虫红带来了这种经济效益，然后想办法引进了这种昆虫。为防止这种昆虫的泄漏，西班牙人还出台了很严格的处罚方案，以保证此种染料的保密性。不过，后来还是引进到了其他国家，并被他们广泛扩散及应用。

20世纪初，我国开始想办法由林业科学研究院引进并培育，考虑到温度气候等多方面因素，主要地点定在西南地区且引进成功。随后，我国在一些地方开始大规模地繁衍培育，对胭脂虫红各方面的功能展开研究。此种昆虫对环境无毒害作用，由它提取出的胭脂虫红是一种有效的染色剂。胭脂虫红是一种含有羧基的颜色呈红色的稳定性染料，其化学结构式如图3-1所示。

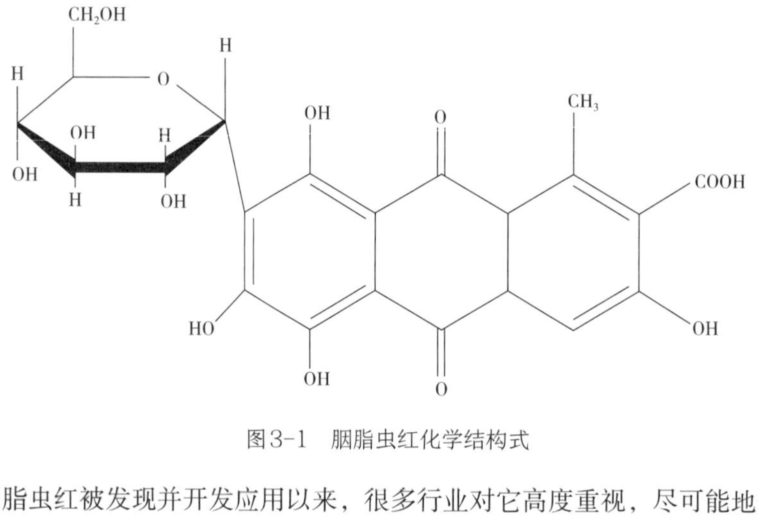

图3-1 胭脂虫红化学结构式

自从胭脂虫红被发现并开发应用以来，很多行业对它高度重视，尽可能地开发出它的用途，由于它的安全无害，一般胭脂虫红从昆虫躯体提取出来后，更多地被用作食品添加剂、口红等。整个应用过程如图3-2所示。

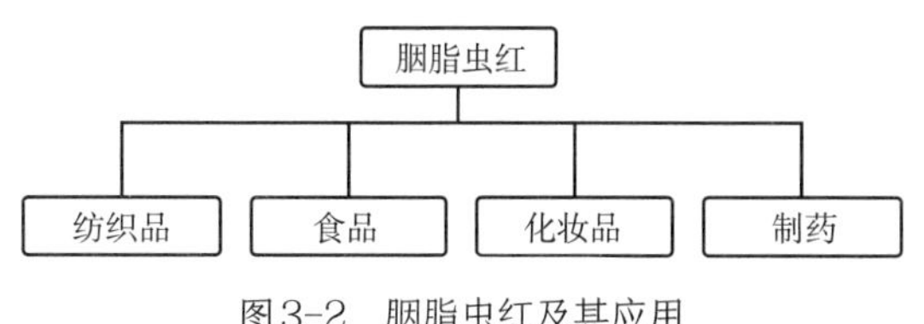

图3-2　胭脂虫红及其应用

二、胭脂虫红的染色现状

由于胭脂虫红色素的化学式中含有羟基和羧基，而这些基团都是亲水性基团，所以胭脂虫红属于水溶性天然染料。由于其本身的化学结构未被改变，到现在为止，并没有研究发现胭脂虫红对人身体有害，因此，胭脂虫红色素大部分被用来作为食品添加剂，比如香肠、腊肉的增色剂等。同时，FDA认为胭脂虫红也可用于医药品和化妆品，比如做成口红、腮红等，对身体无害。

随着社会的发展进步，胭脂虫红的应用范围也越来越广泛，不仅可用于蚕丝、动物毛发等织物的染色，还可以对胶原膜等一些材料进行染色处理。大连工业大学崔永珠小组主要对胭脂虫红色素染柞蚕丝织物时的最合适的染色条件进行了研究。四川大学李国英小组通过一系列的方法研究了胭脂虫红染料对胶原膜染色的现状。苏州大学的柳艳等从各种不同的染色条件等对胭脂虫红色素染羊毛织物时的上染率、*K*/*S*值等性能进行了探讨，并对染色后的色牢度和安全无毒方面进行了分析。周岚等采用化学合成的阳离子改性剂对棉织物表面处理后，用不同种类的天然染料，包括胭脂虫红染料对棉织物进行染色，然后通过一些性能指标，证明了胭脂虫改性处理红对染色性能有一定的提高作用。M.M.Kamel等采用阳离子改性剂solfixE对棉织物进行改性，使用超声波染色技术，研究了胭脂虫红素对改性棉织物的染色。

第二节　棉织物的壳聚糖改性处理

一、棉织物的氧化处理

让氧化剂与棉织物进行氧化反应，氧化剂可与纤维素上的链单元的两个相邻的仲羟基发生反应，形成C═O双键，把它氧化成醛基，得到2，3-二醛基纤维素，氧化后的棉织物可与含—NH_2基的化合物发生反应，形成共价结合的效果。本实验用高碘酸钠和过氧化氢氧化棉织物，然后将氧化产物与壳聚糖反应。反应过程如图3-3所示。

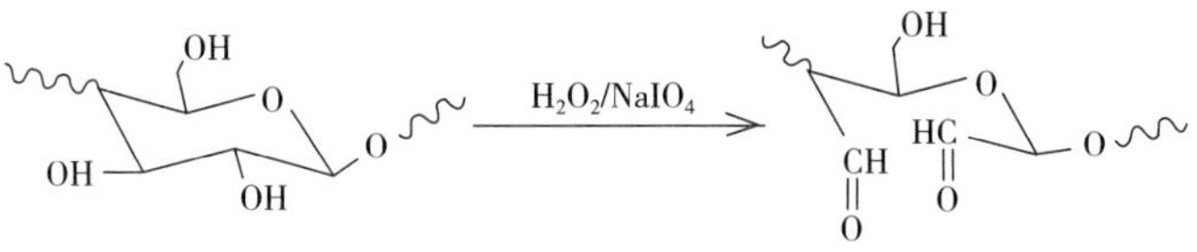

图3-3　纤维素的氧化反应

在织物的氧化处理过程中，很多因素对氧化结果都有一定的影响。用不同种类及不同浓度的氧化剂，对织物样品进行处理后，白度、强力、醛基含量等都可以得到不一样的结果。通过对这些结果的统一考虑，优选出最合适的氧化剂种类及浓度。

二、氧化棉织物的壳聚糖改性

棉织物在一定条件下经过氧化剂处理后，羟基被打开反应生成C═O双键，后又经过壳聚糖处理后，发生席夫碱反应，在棉织物上引入季铵盐阳离子，如图3-4所示。

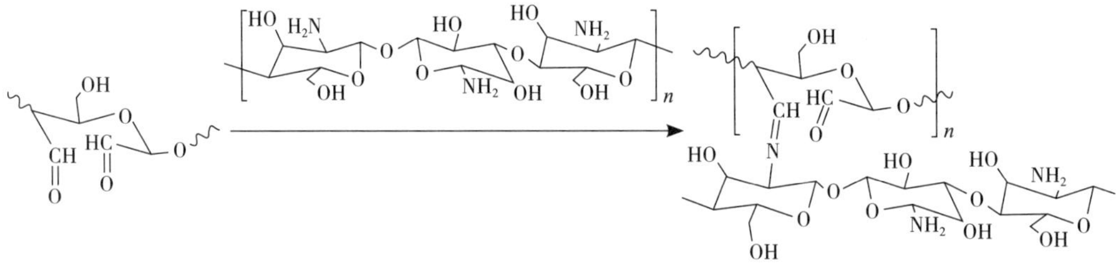

图3-4　氧化棉的壳聚糖改性

在用壳聚糖这种改性剂对棉织物处理时，很多因素对结果都有一定的影响。考虑壳聚糖浓度、柠檬酸用量、烘焙温度等因素对强力、上染率和*K*/*S*值的影响，优选出最合适的壳聚糖改性处理工艺。

三、改性棉织物的胭脂虫红染色

壳聚糖处理后，在温度为75℃的情况下，用浴比为1:30的染液，乙醇和水比例为9:1，对改性后的棉织物进行胭脂虫红染色，染色时间为60min。染色工艺如图3-5所示。

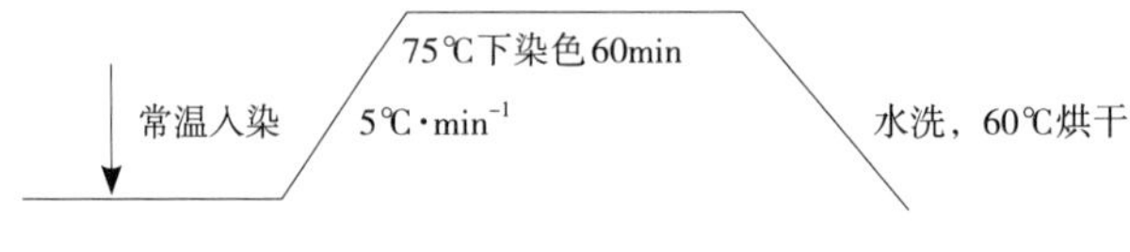

图3-5　胭脂虫红染色工艺

第三节　改性处理对棉织物性能的影响

一、氧化处理对织物白度的影响

参照GB/T 8424.2—2001《纺织品　色牢度试验　相对白度的仪器评定方法》，用白度测试仪测试每个样品在氧化前后的白度指数，每个样品测试10组，求平均值。

用不同浓度的过氧化氢、高碘酸钠对棉织物进行处理，浴比选择为1:30，在50℃条件下浸渍60min，取出洗净。对所有的织物样品的白度进行测试分析，结果如图3-6所示。

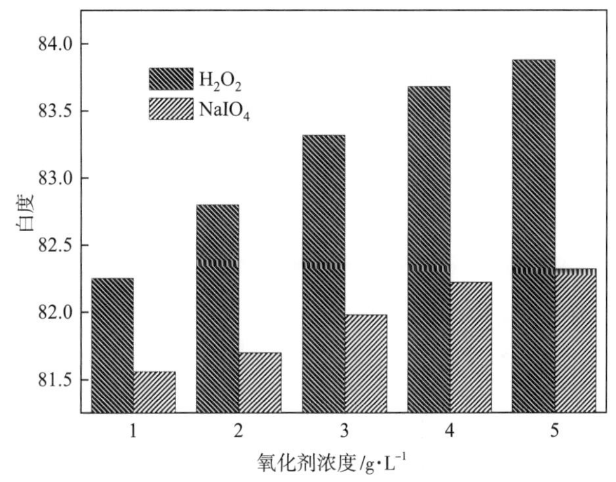

图3-6　氧化剂浓度对织物白度的影响

由图3-6可以得出，氧化剂对棉织物有一定的增白作用，且随着氧化剂浓度的增加，织物的白度也呈递进式增加。当氧化剂浓度为3g·L^{-1}时，白度增加的幅度开始逐渐平稳，氧化剂浓度虽然也在增加，但相对应的白度增加量逐渐减少。而无论是低浓度的还是高浓度的，过氧化氢处理后的棉织物的白度都比高碘酸钠的高，即过氧化氢的增白效果明显优于高碘酸钠。

二、氧化处理对织物强力的影响

根据GB/T 3923.1—2013《断裂强力测定　条样法》的测试方法，利用YG028材料试验机，分别沿着经向和纬向方向测试每个样品的拉伸性能。其中，测试环境：实验室温度为22℃，相对湿度为65%，机器设置拉伸速率为50mm/min，样品尺寸为20cm × 5cm，夹持距离100mm，每组样品测试10次。

棉织物经过高碘酸钠氧化反应后一般用醛基含量来表示，它的大小直接可以表示棉织物的氧化程度。醛基含量的测定方法一般用滴定法，是指将氧化棉织物浸入盐酸羟胺溶液相互反应后，它与棉织物中的醛基会进行定量反应，生成席夫碱，反应生成的盐酸用配好的NaOH溶液进行滴定。醛基含量按式（3-1）计算：

$$醛基含量（mmol/g）=\frac{30V}{W} \quad (3-1)$$

式中：V——滴定时所耗0.03mol/L NaOH甲醇标准溶液的体积，L；

W——氧化棉织物的质量，g。

用不同浓度的过氧化氢、高碘酸钠对棉织物进行处理，实验条件为浴比1:30，在50℃条件下浸渍60min。取出洗净，60℃烘干。然后对所有的织物样品的醛基含量和织物拉伸强力进行测试分析，测试结果如表3-1及图3-7所示。

由表3-1可以看出，随着高碘酸钠浓度和过氧化氢浓度的增加，反应生成的醛基含量逐步增加，高碘酸钠处理后的醛基含量比过氧化氢的多，这说明过氧化氢氧化程度低于高碘酸钠。

表3-1　氧化剂浓度对醛基含量的影响

浓度/g·L^{-1}	醛基含量/mmol·g^{-1}	
	高碘酸钠	过氧化氢
1	0.15	0.11
2	0.25	0.21
3	0.34	0.29
4	0.40	0.42
5	0.48	0.47

由图3-7可看出，无论是过氧化氢还是高碘酸钠，随着氧化剂浓度的增加，经、纬向的强力都在逐步减小，原因可能是氧化反应之后，棉织物分子链上的一部分葡萄糖环被破坏，使棉织物的经、纬向强力有所降低。且在同一种氧化剂的情况下，织物样品的经向强力比纬向强力大，同时也能看出，过氧化氢对样品织物进行处理后，经、纬向的强力普遍都比高碘酸钠处理后的强力大，最大可达到380N，这是因为过氧化氢对纤维素纤维的损伤相对高碘酸钠来说较小。综合考虑氧化剂浓度对白度、强力、醛基含量的影响，应选择过氧化氢作为氧化剂。

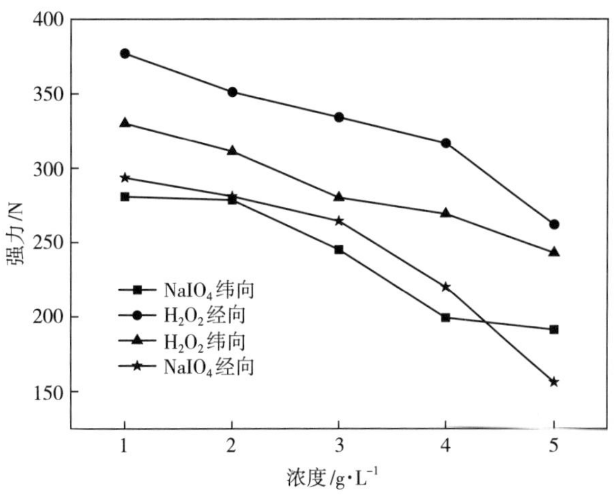

图3-7 氧化处理对织物强力的影响

三、氧化剂浓度对K/S值的影响

分别用不同浓度的过氧化氢对棉织物进行处理，实验条件为浴比1:30，50℃下浸渍60min，取出洗净，然后经过壳聚糖处理后对棉织物进行胭脂虫红染色，乙醇和水比例为9:1，实验结束后对所有的棉织物样品的*K/S*值进行测试，取平均值，结果如图3-8所示。

随着过氧化氢浓度的增加，样品棉织物的*K/S*值随之减少，当浓度为4g·L^{-1}时最小，当氧化剂浓度为1g·L^{-1}时，虽然*K/S*值最大，但是均方差较大，所以考虑到前面白度、强力的影响，最终取过氧化氢浓度为2g·L^{-1}。

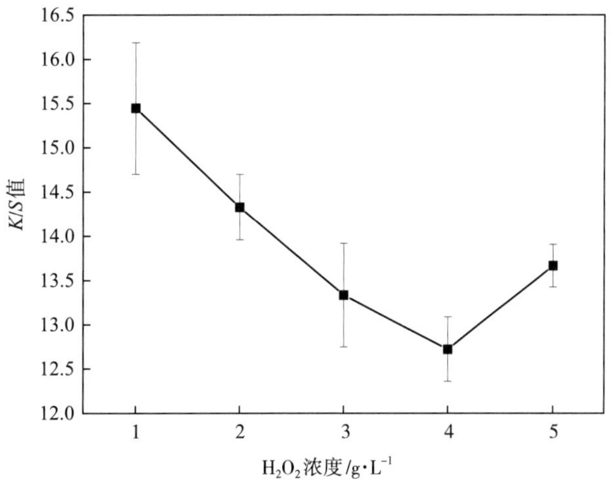

图3-8 氧化剂浓度对*K/S*值的影响

四、交联剂类型对上染率和K/S值的影响

由于本实验选择壳聚糖作为整理剂，而一般用壳聚糖整理时，为了达到更好的结果，需要选择交联剂与之反应，本实验选择环氧氯丙烷、柠檬酸和三聚磷酸钠三种交联剂与无交联剂状态下对棉织物在同等条件下进行染色。

用之前优化的氧化改性工艺对棉织物进行处理后取出洗净，然后称取所需的壳聚糖用40g·L^{-1}冰醋酸充分溶解后，选定三种不同的交联剂，浓度为20g·L^{-1}，制成壳聚糖整理液，浴比1∶30，将织物样品两浸两轧处理后，在烘箱中在70℃下烘燥10min，130℃烘燥90s，洗净后60℃烘干。放入乙醇和水比例为9∶1的2%（o.w.f）的胭脂虫红中，在75℃下染60min，取出冲洗后烘干。测棉织物样品的K/S值，由染色前后染液的吸光度计算出各个情况下的上染率，结果如表3-2所示。

表3-2　不同交联剂对K/S值和上染率的影响

交联剂类型	环氧氯丙烷	柠檬酸	三聚磷酸钠	无交联剂
K/S值	5.725	10.829	3.052	7.897
上染率/%	48.75	83.67	20.64	60.17

由表3-2可知，不同的交联剂对染色效果有不同的影响，甚至有一些对染色过程有阻碍作用。当柠檬酸作为交联剂时K/S值和上染率都相比于其他条件下较大，上染率达到83.67%，而当交联剂为三聚磷酸钠和环氧氯丙烷时，都对染色有一定的阻碍作用，比不加交联剂时的上染率和K/S值都减小，三聚磷酸钠对棉织物的染色影响更大，K/S值达到最小，为3.052，所以不考虑这两种交联剂。

五、壳聚糖浓度对上染率和K/S值的影响

用2g·L^{-1}过氧化氢对棉织物进行处理，实验条件为浴比1∶30，50℃下浸渍60min，取出洗净，然后用不同浓度（0~20g·L^{-1}）的壳聚糖进行处理。称取所需要的壳聚糖用40g·L^{-1}冰醋酸充分溶解后，选定交联剂为柠檬酸，浓度为20g·L^{-1}，制成壳聚糖整理液，浴比1∶30，将织物样品两浸两轧处理后，在烘箱中在70℃下烘燥10min，130℃烘燥90s，洗净后60℃烘干。放入乙醇和水比例为9∶1的2%（o.w.f）的胭脂虫红中，在75℃下染60min，取出冲洗后烘干。测棉织物样品的颜色深度K/S值，染色前后染液的吸光度。由K/S值和上染率优选出壳聚糖浓度。上染率曲线和K/S值分别如图3-9和图3-10所示。

由图3-9可看出，棉织物经过过氧化氢氧化处理后，随着壳聚糖浓度的增加，染料的上染率也随着增加，而染色织物的K/S值（图3-10）在壳聚糖浓度为5g·L^{-1}时表现为最大，

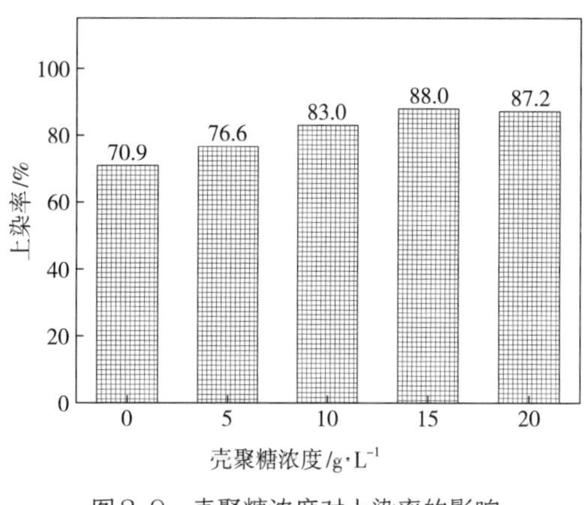

图3-9　壳聚糖浓度对上染率的影响

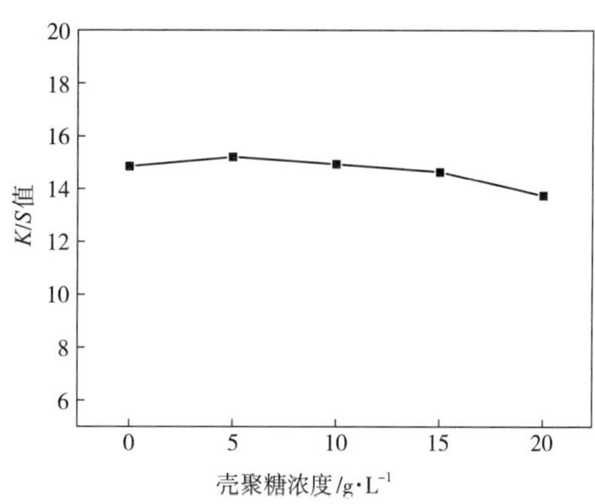

图3-10　壳聚糖浓度对*K/S*值的影响

其后有所降低。壳聚糖浓度对提升染色效果虽有效，但作用有限。这个可能跟氧化效果和壳聚糖溶液的黏度等因素有关，综合考虑选定壳聚糖浓度为15g·L^{-1}。

六、柠檬酸浓度对上染率和*K/S*值的影响

在50℃下用2g·L^{-1}过氧化氢对棉织物进行处理60min，浴比1:30，取出洗净，分别用浓度为0~50g·L^{-1}的柠檬酸作为交联剂，壳聚糖浓度为15g·L^{-1}，用40g·L^{-1}冰醋酸充分溶解后制成壳聚糖整理液，浴比1:30，将织物样品两浸两轧处理后，在烘箱中于70℃下烘燥10min，130℃烘燥90s，洗净后60℃烘干。将棉织物放入乙醇和水比例为9:1的2%（o.w.f）的胭脂虫红中，浴比1:30，在75℃条件下染色60 min，冲洗后烘干。测棉织物样品的染色深度*K/S*值及染色后的染液吸光度。由*K/S*值和上染率优选出合适的柠檬酸浓度。

由图3-11和图3-12可知，随着柠檬酸浓度的增加，上染率和*K/S*值先增加后减少，当设置的柠檬酸浓度为30g·L^{-1}时，上染率最高为78.7%，而*K/S*值也达到最高值14.52。这说明柠檬酸在此种浓度下，交联作用最好，故柠檬酸浓度选择为30g·L^{-1}。

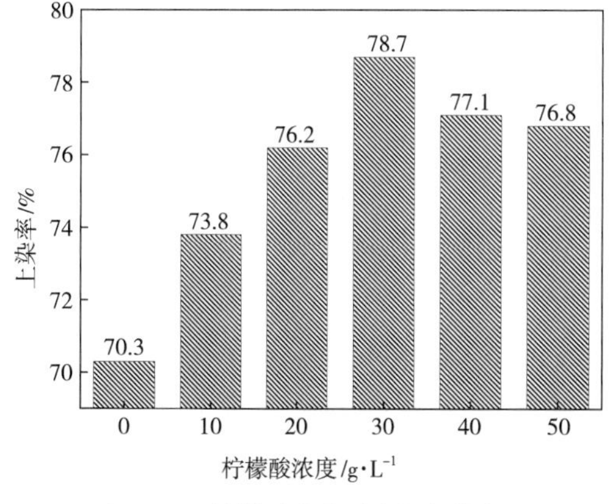

图3-11　柠檬酸浓度对上染率的影响

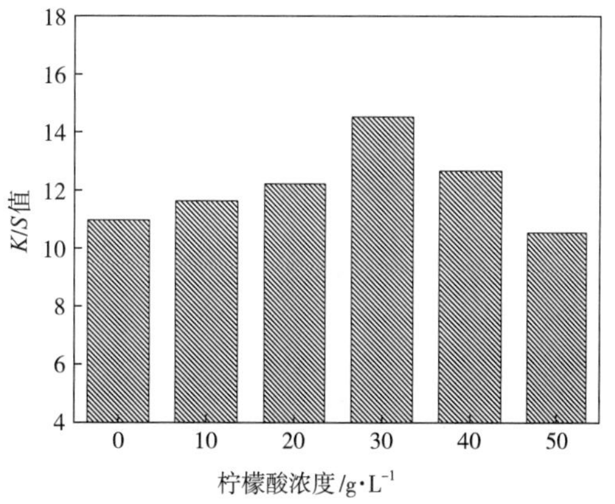

图3-12　柠檬酸浓度对*K/S*值的影响

七、烘焙温度对上染率和K/S值的影响

在50℃条件下用2g·L^{-1}过氧化氢对棉织物进行处理60min，浴比1:30，取出洗净，用浓度为30g·L^{-1}的柠檬酸作为交联剂，壳聚糖浓度为15g·L^{-1}，用40g·L^{-1}冰醋酸制成壳聚糖整理液，将织物样品两浸两轧处理后，在烘箱中于70℃下烘燥10min，然后分别于90℃、170℃下烘燥90s，洗净后60℃烘干。将棉织物放入乙醇和水比例为9:1的2%（o.w.f）的胭脂虫红中，浴比1:30，在75℃下染色60 min，冲洗后烘干棉织物。测棉织物样品的染色深度*K*/*S*值及染色前后染液吸光度。由*K*/*S*值和上染率优选出合适的烘焙温度。

由图3-13可知，烘焙温度越高，壳聚糖共价反应到纤维上也越来越多，上染率也随之增加，且当温度达到130℃时上染率达到最大。继续升高烘焙温度，会对棉织物造成不同程度的损伤，且织物手感变差，棉织物表面变黄，上染率下降。

由图3-14可以看出，胭脂虫红染料在所选择的染色条件下，最大吸收波长为512nm，在最大吸收波长的情况下，升高烘焙温度，所对应的*K*/*S*值出现先增加后减小的现象，当烘焙温度为130℃时，*K*/*S*值达到最大为14.8。所以综合考虑*K*/*S*值和上染率因素的影响，烘焙温度定为130℃最好。

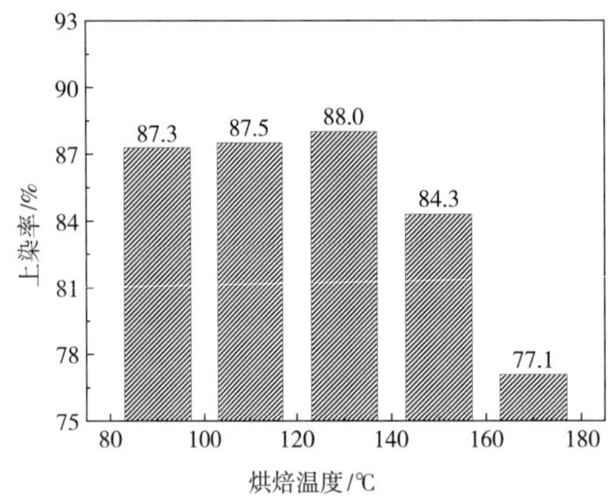

图3-13 烘焙温度对上染率的影响

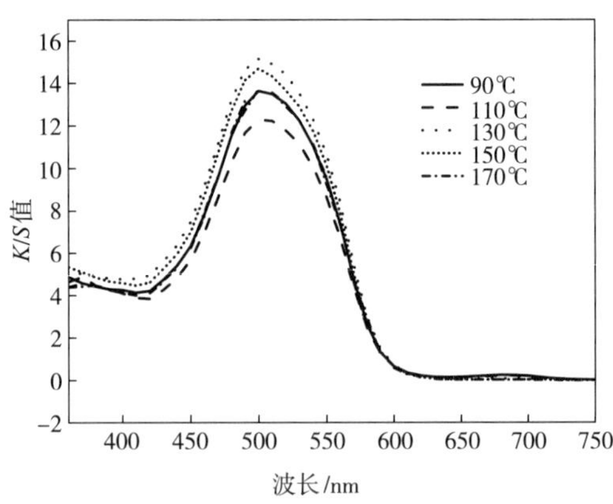

图3-14 烘焙温度对*K*/*S*值的影响

八、改性棉织物的形貌结构分析

图3-15为原棉织物、氧化棉织物、壳聚糖处理氧化棉织物和染色棉织物的扫描电镜对比图。每个样品在不同放大倍数的情况下进行对比。

图3-15（a）为原棉织物的扫描电镜照片，从图中可以看出纯棉织物的表面光滑、干净。图3-15（b）为氧化后的棉织物的扫描电镜图，外观形态与氧化处理前的基本一致。

另外，图3-15（c）为对氧化棉进行壳聚糖处理的棉织物的扫描电镜图，图3-15（d）

是胭脂虫红染色的棉织物的扫描电镜图，由图3-15（c）和图3-15（d）可以看到棉织物经壳聚糖处理后，表面的粗糙度进一步增加。实验结果表明棉织物经过氧化处理后，外观形态变化不大。经壳聚糖处理后，壳聚糖大分子在纤维素表面沉积，这些将对纤维素的理化性能产生一定的影响，前面染色性能和拉伸力学性能的变化也验证了这些现象。

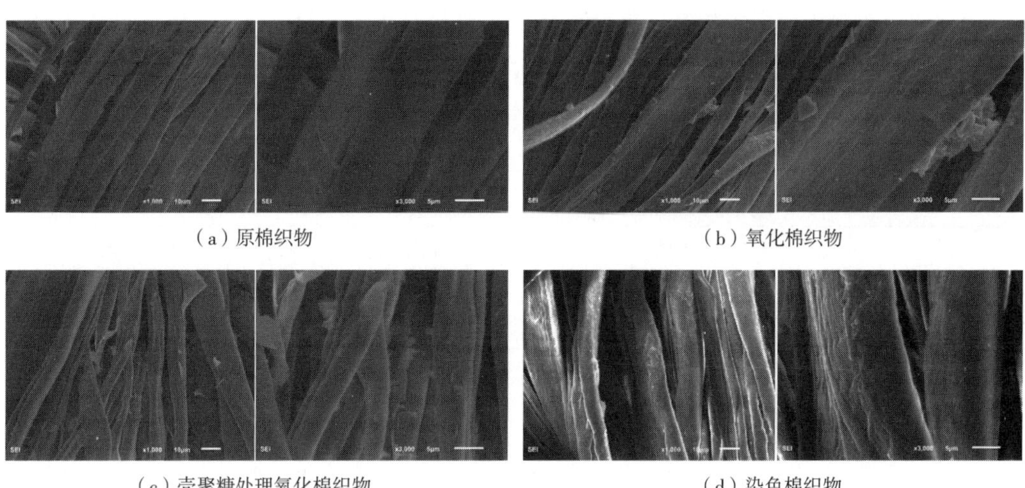

（a）原棉织物　（b）氧化棉织物

（c）壳聚糖处理氧化棉织物　（d）染色棉织物

图3-15　棉织物的扫描电镜对比图

为了进一步地表明壳聚糖跟棉织物进行了反应，故对处理后的棉织物进行红外测试，结果如图3-16所示。由图3-16可看出，在棉织物原样中，1160.1cm^{-1}、1108.2cm^{-1}、1028.7cm^{-1}处都是棉纤维的特征吸收峰；在波长为3350cm^{-1}处的峰是由羟基的伸缩振动引起的。经氧化剂氧化后，各个伸缩振动峰有减弱的现象，且在1730cm^{-1}左右处出现了醛基的伸缩振动峰，说明氧化剂对棉织物起了一定的作用。同时也可以看出棉织物经过壳聚糖改性后，棉织物显现出来的特征吸收峰的位置都有所变化，发生不同范围的转移，分别为1148.7cm^{-1}、1098.8cm^{-1}、1030.1cm^{-1}，壳聚糖处理后的棉织物在1531.4cm^{-1}处有一个伸缩振动峰，经分析可知为酰胺C—N单键，与原棉织物的红外曲线相比，在797. 2cm^{-1}也发现有微弱的酰胺特征吸收峰，由此表明，它们发生了反应，活性基团与氨基生成了酰胺共价键，表示棉织物上成功地附着上了壳聚糖分子。

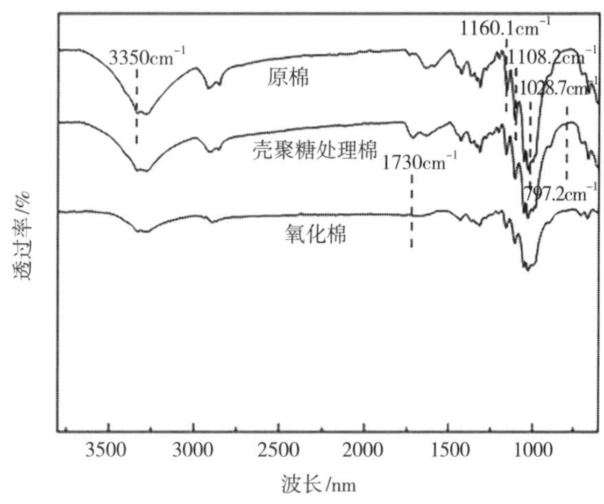

图3-16　棉织物红外光谱（ATR法）图

九、不同条件下棉织物的K/S值的对比

分别对原棉织物，氧化棉织物和优化后壳聚糖改性棉织物进行染色实验，测其K/S值并计算误差，结果如表3-3所示。

由表3-3可看出，棉织物经过氧化处理后，K/S值变大。经过氧化后，用壳聚糖处理后再染色，染色效果更好，K/S值达到了13.98，这更能说明后面对壳聚糖处理过程中工艺优化的必要性。且经过处理后，K/S值的误差都统一变小。

表3-3 棉织物K/S值的对比

	原棉	氧化棉	壳聚糖氧化棉
K/S值	2.22	2.45	13.98
误差	0.7102	0.6370	0.6400

上述结果表明，强力损伤随着氧化剂浓度的增大而增大，但白度增加，考虑到强力的损伤，氧化剂定为过氧化氢且其浓度定为$2g \cdot L^{-1}$。壳聚糖浓度的增加对上染率有一定的积极作用，参考K/S值的结果将其浓度定为$15g \cdot L^{-1}$；同时，选择柠檬酸作为交联剂，而柠檬酸浓度对上染率和染色深度K/S值有不同的影响，都是先增加后减少，达到一个最佳值，故柠檬酸浓度定为$30g \cdot L^{-1}$；烘焙温度选择为130℃。

第四节 乙醇—水体系中壳聚糖改性氧化棉织物的胭脂虫红染色

根据第二章的研究结果显示出的较好的改性实验方案，对棉织物进行改性处理，将改性处理棉在乙醇—水体系中进行染色，探讨了乙醇和水比例、媒染剂、浴比等因素对改性棉的染色性能的影响，并对胭脂虫红在乙醇—水体系中上染棉织物的动力学和染色热力学问题进行了分析讨论，即在染色过程中，对标准亲和力、扩散系数和染色速率常数及半染时间等因素进行对比分析。

一、染色过程

根据第二章优化处理的前处理方案及工艺，对棉织物进行氧化壳聚糖处理后，在一定温度的情况下，用浴比为1:30的染液，不同的乙醇和水比例，对改性后的棉织物进行胭脂虫红的染色。染色工艺如图3-17所示。

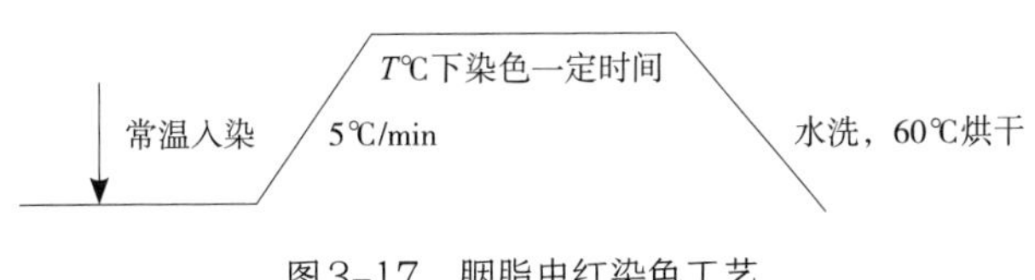

图3-17　胭脂虫红染色工艺

二、标准曲线的测定

用所需要的溶剂和胭脂虫红配好1g·L^{-1}的染料溶液，移取10mL放在100mL容量瓶中，取跟溶剂相同的溶液稀释至刻度，分别取此溶液1mL、3mL、5mL、10mL、15mL倒入另外的5个25mL容器中摇匀。用紫外可见光分光光度计测出胭脂红溶液的吸光度值，计算出染料质量浓度，将它设置为横坐标，将测出来的吸光度作为纵坐标，作标准工作曲线。

在乙醇和水比例为9:1时的标准曲线方程为：$y=22.97x$，其中R^2值为0.993。式中：x为染液的浓度C；y为吸光度A。R^2数值越接近1，说明线性程度越高。胭脂虫红在乙醇和水比例为9:1时的标准曲线方程可知，染液吸光度与染料浓度之间呈线性关系（图3-18），可以用作染色热力学研究的工具。

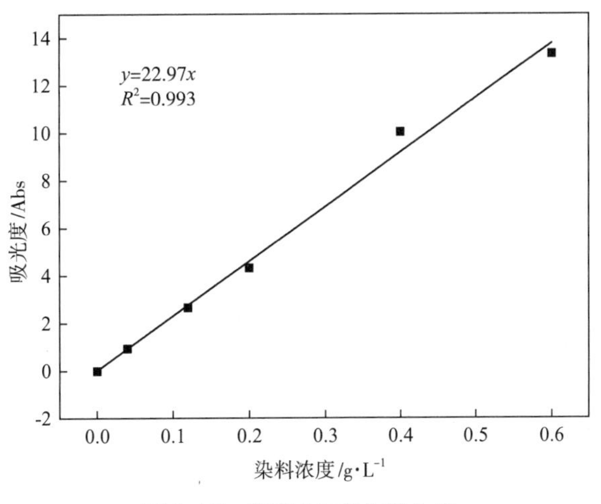

图3-18　胭脂虫红的标准曲线

三、溶解度测定

分别称取1g染料，加入10mL配好的不同比例的乙醇—水体系，乙醇—水体系中乙醇体积分数分别为0、40%~90%，在七个不同瓶中形成过饱和溶液，将水浴锅温度调为25℃，震荡30min后，然后取出离心10min，取上清液分别用原有的乙醇和水比例的体系稀释，测其吸光度，按照式（3-2）计算溶解度S，结果如表3-4所示。

$$S=C\times N \quad (3-2)$$

式中：C——配好的染液的上清液稀释之后染料的浓度，$g\cdot L^{-1}$；

N——稀释倍数。

由表3-4可知乙醇体积分数越大，溶解度越小。由于水是极性分子，染料溶于染液中后，在上染织物之前，要先溶解在染料周围的外部介质中，当它们之间的作用力达到一定状态时，染料开始溶解或者聚集，而醇类的加入一般也会对溶解度有一定的作用，对染料在溶液中的聚集能力产生一定的影响。当乙醇体积分数越来越大时，由于染料本身的溶解性，加上乙醇溶于水形成团簇分子结构的原因，导致溶解度减少。

表3-4　胭脂虫红在乙醇—水混合体系中的溶解度

乙醇水比例	纯水	4:6	5:5	6:4	7:3	8:2	9:1
吸光度	2.742	1.705	0.844	1.542	0.525	0.153	0.060
标准曲线方程式	y=26.06x	y=29.43x	y=25.42x	y=26.43x	y=25.24x	y=25.18x	y=22.97x
浓度/$g\cdot L^{-1}$	0.105	0.058	0.033	0.058	0.021	0.006	0.0026
稀释倍数	800	800	800	200	200	200	200
溶解度/$g\cdot L^{-1}$	84	46.4	26.4	11.6	4.2	1.2	0.52

四、染色条件对上染性能的影响

1.乙醇含量对上染率和K/S值的影响

用2$g\cdot L^{-1}$过氧化氢在50℃下对棉织物进行处理60min，浴比为1:30，取出洗净，用浓度为30$g\cdot L^{-1}$的柠檬酸作为交联剂，壳聚糖浓度为15$g\cdot L^{-1}$，用40$g\cdot L^{-1}$冰醋酸制成壳聚糖整理液，将织物样品两浸两轧处理后，放置平整在烘箱中于70℃下烘燥10min后，再于130℃下烘燥90s，冲洗后烘干。分别配好乙醇—水比例为0:10、2:8、4:6、6:4、8:2、9:1、10:0的溶液，加入2%（o.w.f）的胭脂虫红染料，将棉织物放入染浴中，按前面的相同条件进行染色。测棉织物的K/S值及染色前后染液吸光度。由K/S值优选出合适的乙醇—水比例。

在乙醇—水体系中，乙醇和水比例的不同会导致染色后棉织物K/S值的不同。在相对应的染料浓度固定时，乙醇—水体系中乙醇含量的变化对织物的K/S值影响的结果如图3-19所示。

由图3-19可看出，K/S值跟乙醇的体积分数呈正相关关系。在乙醇含量占90%的情况下，棉织物的K/S值最大，达到将近12左右。乙醇可以提高棉织物的K/S值主要是由于：①乙醇使染料更易分散，不易聚集；②乙醇的存在降低了染料在染液和空气的界面间的浓度，减小了分子间的极性；③乙醇的加入使混合液极性降低，加快了染料和纤维素间的结合。所以在适当情况下，乙醇对棉织物的K/S值有一定的积极作用。同时由上述可知，胭脂虫红在乙醇中的溶解度限制了得色效果，当染液为纯乙醇时，K/S值较之前减小。故选择乙醇含量为90%，即乙醇和水的比例为9:1。

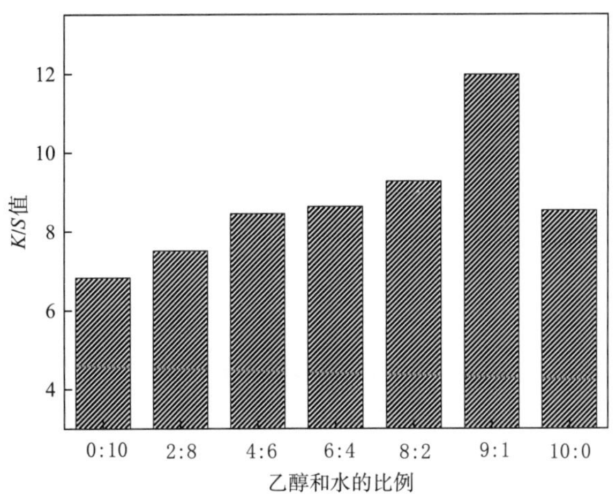

图3-19　乙醇和水比例对K/S值的影响

2. pH对颜色特征值的影响

用2g·L^{-1}过氧化氢在50℃下对棉织物进行处理60min，浴比1:30，取出洗净，用浓度为30g·L^{-1}的柠檬酸作为交联剂，壳聚糖浓度为15g·L^{-1}，用40g·L^{-1}冰醋酸制成壳聚糖整理液，将织物样品两浸两轧处理后，放置平整在烘箱中于70℃下烘燥10min后，再于130℃下烘燥90s，冲洗烘干。配好乙醇和水比例为9:1的溶液，分别调节五种不同的pH，胭脂虫红染料浓度为2%，将改性后的棉织物放入其中，按跟之前一样的染色工艺条件进行染色，烘干。测颜色特征值及染液吸光度。由颜色特征值及上染率分析不同pH情况下的染色效果。

由图3-20可看出，在不同pH的条件下，各个样品棉织物的K/S值也有所不同。当pH为7，即溶液为中性时，K/S值最大；碱性条件下的K/S值均比酸性条件下的K/S值小。

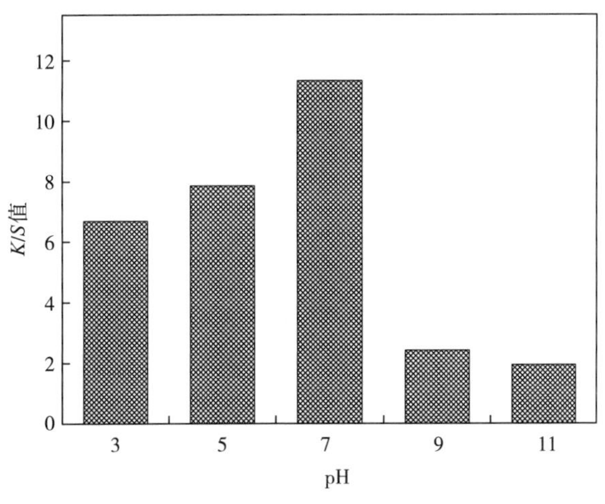

图3-20　pH对K/S值的影响

由表3-5可看出，在不同pH的情况下，各个颜色特征值也不相同，当pH为7时，a^*和

b^*都是最大值，更能进一步说明pH为7是最合适的溶液酸碱性，且此时，棉织物的色彩饱和度和色相都相对来说达到最好的状态，说明此种情况下的棉织物达到了最鲜艳明亮的程度，故最终选择pH为7。

表3-5　不同pH条件下的颜色特征值

pH	L^*	a^*	b^*	c^*	h^*
3	51.45±0.11	52.16±0.09	17.70±0.05	55.09±0.05	18.73±0.07
5	48.83±0.09	51.95±0.10	18.15±0.14	55.06±0.10	19.24±0.12
7	45.68±0.05	54.38±0.03	22.16±0.07	58.73±0.11	22.17±0.09
9	62.24±0.10	44.94±0.16	7.70±0.08	45.60±0.13	9.71±0.12
11	65.79±0.13	43.95±0.08	6.42±0.06	44.44±0.09	8.21±0.08

3. 浴比对*K/S*值的影响

用2g·L^{-1}过氧化氢对棉织物在50℃下进行处理60min，浴比为1:30，取出洗净，用浓度为30g·L^{-1}的柠檬酸作为交联剂，壳聚糖浓度为15g·L^{-1}，用40g·L^{-1}冰醋酸制成壳聚糖整理液，将织物样品两浸两轧处理后，在烘箱中放置平整于70℃下烘燥10min后，再于130℃下烘燥90s，冲洗烘干。分别用不同浴比配好乙醇和水比例为9:1的溶液，加入2%（o.w.f）的胭脂虫红染料，调节pH为7，将改性后的棉织物放入溶液中，按与之前同样的染色工艺条件进行染色，烘干。测染色后棉织物的染色深度*K/S*值。由*K/S*值分析最合适的浴比。

由图3-21可看出，不同的浴比对*K/S*值有一定的影响，浴比较小时，由于棉织物相互挤压，染浴中液体容量较少，所以染色结束后可观察到染色并不均匀，而浴比较大时，织物在染液中呈悬浮状态，随着染液的流动而慢慢上染。当浴比为1:30时，*K/S*值最大，可达到15.31，最后选择的浴比为1:30。

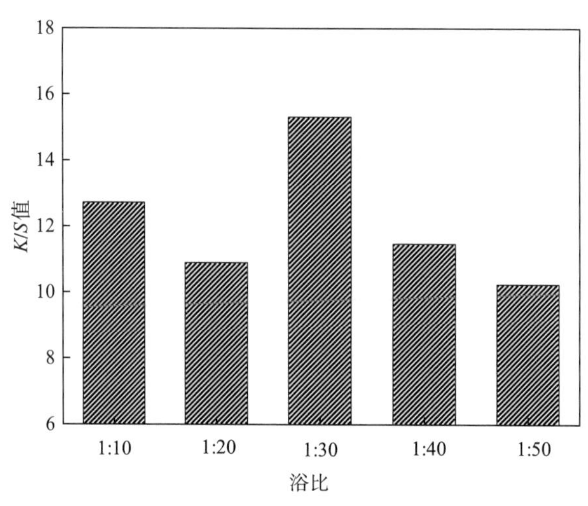

图3-21　浴比对*K/S*值的影响

五、染色热力学分析

根据图3-17所示胭脂虫红染色工艺曲线进行实验，在乙醇和水比例为9:1的染浴中，分别于55℃、65℃、75℃条件下染色后，测染液吸光度。根据染色残液的吸光度和标准曲线方程，计算出染色平衡时染浴中染料浓度$[D]_s$和纤维上的染料浓度$[D]_f$。分别以$[D]_s$和$[D]_f$为横坐标和纵坐标作图，即为染色吸附等温线。

用$2g \cdot L^{-1}$过氧化氢对棉织物在50℃下进行处理60min，浴比为1:30，取出洗净，用浓度为$30g \cdot L^{-1}$的柠檬酸作为交联剂，壳聚糖浓度为$15g \cdot L^{-1}$，用$40g \cdot L^{-1}$冰醋酸制成壳聚糖整理液，将织物样品两浸两轧处理后，在烘箱中放置平整于70℃下烘燥10min后，再于130℃下烘燥90s，冲洗烘干。用乙醇和水比例为9:1的溶液，加入2%（o.w.f）的胭脂虫红染料，调节pH为7，将样品织物放入染浴中，分别在55℃、65℃、75℃下染60min，烘干。测染液吸光度。由染色实验达到平衡时的计算结果，分别作出了55℃、65℃和75℃的吸附等温线，如图3-22所示。

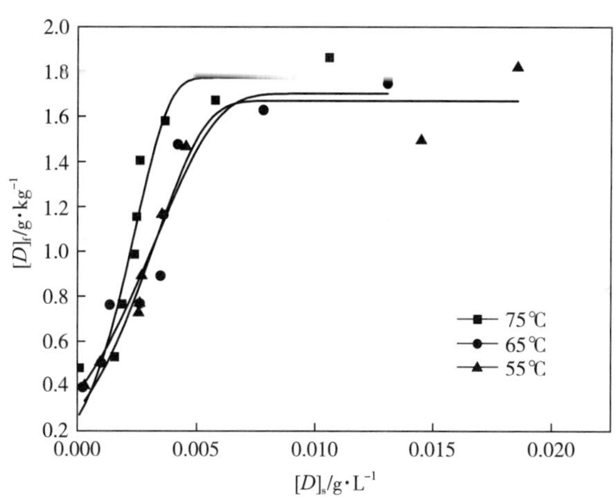

图3-22 胭脂虫红染棉织物的吸附等温线

染色吸附等温线是指在一定温度下，染料在纤维上浓度与染液中浓度的关系所作的曲线，染色吸附等温线分成下面三种类型：能斯特（Nernst）型；郎缪尔（ Langmuir）型和弗莱因德利胥（ Freundlich）型。

由图3-22可知随着染液中染料浓度的增加，纤维上的染料浓度也逐渐增加，到达一定的情况时，开始趋于平衡稳定。胭脂虫红对壳聚糖改性棉织物染色的吸附等温线接近Langmuir型。可以看出，无论在哪个温度下，胭脂虫红的吸附量$[D]_f$随染液浓度的增加而上升直至达到饱和，75℃时上升得最快，且随着温度的升高，纤维上的染料浓度$[D]_f$也随着小幅度地增加。达到平衡点前，染液中的染料浓度$[D]_s$和$[D]_f$之间可近似拟合成一条直线，呈正相关，对于图3-22，可以把第一个点和第七个点之间的所有点进行线性拟合，这条直线的斜率为$[D]_s$和纤维上的染料浓度间的分配系数K_T，相对应地，理论情况下的直线斜率用K_M代表分配系数，通过分配系数和各个浓度可以使用式（3-3）计算出标准亲和力（$-\Delta\mu_T°$和$-\Delta\mu_M°$）：

$$-\Delta\mu° = RT\ln\frac{[D]_f}{[D]_s} = RT\ln K \tag{3-3}$$

式中：R——气体常数（$8.314\ J\cdot mol^{-1}\cdot K^{-1}$）；

T——绝对温度，K。

通过计算得出三种温度下的K_T和K_M以及相对应的标准亲和力，如表3-6所示。

一般来说，染料在染色过程中在染液和纤维上都有一定的标准化学位，两者之间的差值统一被称为染色亲和力，一般用$\Delta\mu_0$表示，标准亲和力的数值越大，表示染料越容易从染浴向织物转移。

胭脂虫红的吸附量（$[D]_f$）随染液浓度的增加而上升直至趋向饱和，棉织物的吸附等温线起始段的斜率随温度升高而增加，且温度越高，达到平衡时$[D]_f$的值越大，即上染到纤维上的量也越多。尤其是在75℃染色时，增幅则更加明显。

由表3-6可知，在理论情况和实际情况下，计算出来的K和$-\Delta\mu°_T$都随着温度的增加相对应地增加，且增加幅度也很相似，同时得知升高温度对平衡状态下的胭脂虫红吸附量有促进作用。

表3-6　胭脂虫红染棉织物分配系数K_T和标准亲和力$-\Delta\mu_T°$

温度/℃	K_T	K_M	$-\Delta\mu_T°/kJ\cdot mol^{-1}$	$-\Delta\mu_M°/kJ\cdot mol^{-1}$
55	247.81	276.67	15.04	15.34
65	262.24	281.07	15.65	15.85
75	388.35	465.37	17.25	17.78

以温度的倒数为横坐标，以分配系数的以e为底的对数为纵坐标，画出两者曲线拟合如图3-23所示，通过这条直线的斜率，按照式（3-4）计算染色热（$-\Delta H°$）。

$$\ln K_2 - \ln K_1 = \frac{-\Delta H°}{R}\left(\frac{1}{T_2}-\frac{1}{T_1}\right) \tag{3-4}$$

染色热是指即当染料上染纤维时，在分子间作用力下发生的能量变化，染色热数值为正数，证明是吸收热量的过程；反之，是放热的过程。理论状态下和拟合状态下的染色热分别用$-\Delta H°_M$和$-\Delta H°_T$表示。

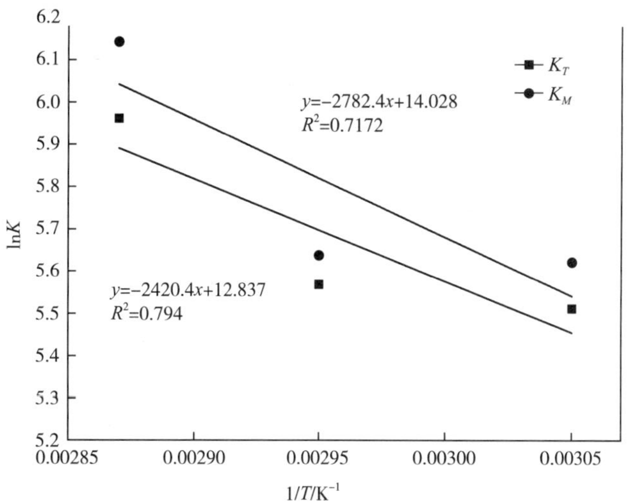

图3-23　胭脂虫红染棉织物 $\ln K$ 和 $1/T$ 间的关系

以标准亲和力 $-\Delta\mu^\circ$ 为横坐标，温度 T 为纵坐标，画出曲线拟合图，如图3-24所示，根据式（3-5）（Gibbs方程）加上染色热的数值可以计算出染色熵（ΔS°）的大小。

$$\Delta\mu^\circ - \Delta H^\circ - T\Delta S^\circ \tag{3-5}$$

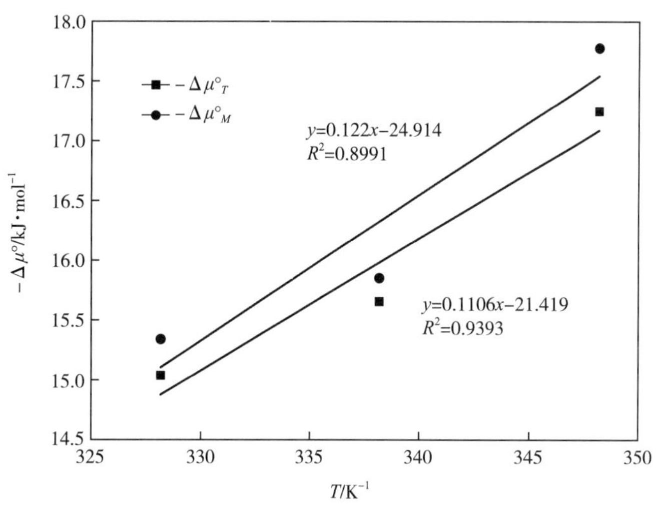

图3-24　胭脂虫红染棉织物标准亲和力和温度间的关系

如上述染色热的表述一样，当染料从标准状态下的染液中转移到纤维上时都会产生一定的变化，当无穷小含量的染料发生这种情况时，每摩尔染料迁移所引起的熵的变化，叫染色熵，单位为 $J\cdot K^{-1}\cdot mol^{-1}$。理论状态下和拟合状态下的染色熵分别用 ΔS_M° 和 ΔS_T° 表示。

计算出的棉织物的染色热 ΔH_T° 和 ΔH_M° 分别为 $20.12kJ\cdot mol^{-1}$ 和 $23.13kJ\cdot mol^{-1}$，当染料进入纤维时，染色热 ΔH° 的大小就表示胭脂虫红分子被纤维大分子链吸收的能量大小。

染色热数值的绝对值越大，说明胭脂虫与棉织物结合得更紧密。计算出的染色熵ΔS°_{T}和ΔS°_{M}分别为0.03826kJ·mol^{-1}·K^{-1}和0.07133kJ·mol^{-1}·K^{-1}。由此可知染色热和染色熵都大于零，是正值，且随着温度的增加，染色达到平稳状态时染料的吸附量更多。

六、染色动力学分析

前处理改性工艺跟热力学分析实验相同，即用过氧化氢对棉织物氧化后，用壳聚糖整理液，将织物样品两浸两轧处理后，在烘箱中保持平整于70℃下烘燥10min后，再于130℃下烘燥90s，冲洗烘干。由染色实验达到平衡时的计算结果，分别作出了55℃、65℃和75℃的吸附等温线，如图3-25所示。

图3-25的上染率曲线表示了三种温度下随着时间的变化上染率的变化。曲线的斜率表示胭脂虫红在壳聚糖改性织物上的上染速度。

由图3-25可以看出，随着染色时间的延长，胭脂虫红在棉织物上的上染率越来越大，在棉织物染色的初始阶段染色较迅速，即初染率较高，但随着染色时间的延长，上染率增速变缓，逐渐达到平稳状态。在所选择的最好的乙醇—水体系中，染色温度不同，达到平衡时所用时间也不一样，当染色时间大概为60min时，三种温度下的染色速率曲线都渐渐趋于平衡，所以也可以得出最适的染色时间为60min。且染色温度越高，达到染色平衡的时间越短。该结果与热力学曲线一致。通过查表3-7求得M_t/M_∞（M为纤维上吸附的染料量）对应的D_t/r^2的值，取纤维半径r为6.421×10^{-4}cm，在一定时间下，即可求出扩散系数D。

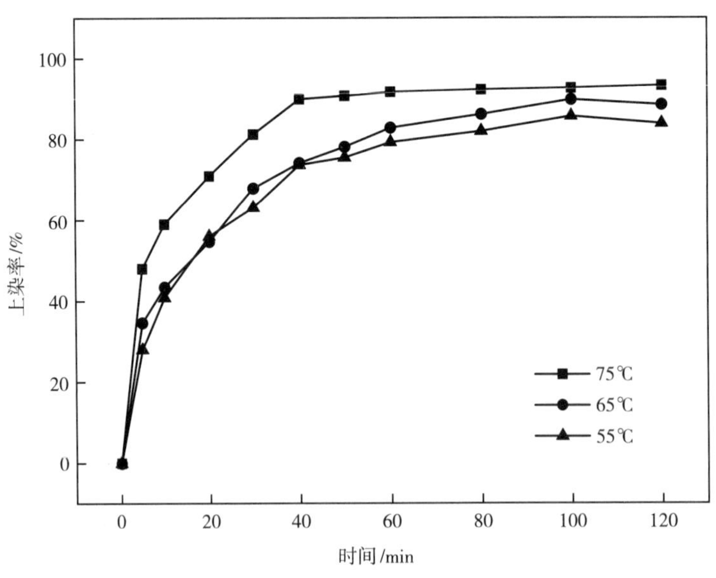

图3-25　乙醇—水体系中胭脂虫红染料在棉织物上的上染速率曲线

表3-7 M_t/M_∞与D_t/r_2的关系表

$M_t/M_\infty \times 10^2$	$D_t/r^2 \times 10^4$	$M_t/M_\infty \times 10^2$	$D_t/r^2 \times 10^2$	$M_t/M_\infty \times 10^2$	$D_t/r^2 \times 10^2$	$M_t/M_\infty \times 10^2$	$D_t/r^2 \times 10^2$
0	0. 0000	25	1. 367	51	6. 592	77	19. 07
1	0. 1975	26	1. 486	52	6. 902	78	19. 83
2	0. 7916	27	1. 611	53	7. 222	79	20. 63
3	1. 788	28	1. 742	54	7. 553	80	21. 47
4	3. 192	29	1. 878	55	7. 894	81	22. 35
5	5. 008	30	2. 020	56	8. 245	82	23. 28
6	7. 241	31	2. 168	57	8. 608	83	24. 27
7	9. 897	32	2. 332	58	8. 981	84	25. 23
8	12. 98	33	2. 483	59	9. 365	85	26. 43
9	16. 50	34	2. 650	60	9. 763	86	27. 62
10	20. 45	35	2. 823	61	10. 17	87	28. 91
11	24. 89	36	3. 004	62	10. 59	88	30. 29
12	29. 71	37	3. 190	63	11. 03	89	31. 79
13	35. 01	38	3. 385	64	11. 48	90	33. 44
14	40. 79	39	3. 385	65	11. 95	91	35. 26
15	47. 03	40	3. 793	66	12. 43	92	37. 30
16	53. 73	41	4. 008	67	12. 93	93	39. 61
17	60. 93	42	4. 231	68	13. 44	94	42. 27
18	68. 63	43	4. 460	69	13. 98	95	45. 03
19	76. 82	44	4. 698	70	14. 53	96	49. 28
20	85. 51	45	4. 943	71	15. 13	97	54. 28
21	94. 71	46	5. 197	72	15. 70	98	61. 27
22	104. 4	47	5. 458	73	16. 32	99	73. 25
23	114. 7	48	5. 727	74	16. 97	99. 5	85. 24
24	125. 4	49	6. 005	75	17. 64	99. 9	113. 1
—	—	50	6. 292	76	18. 34	—	—

由表3-8可知，在乙醇—水体系中胭脂虫红上染棉织物时，升高温度对扩散系数有一定的影响，尤其是在刚开始染色的阶段，升高温度，可促进纤维内部分子的运动加剧，导致分子之间的间隔增加，给染料的上染提供了有利的机会。

表3-8　棉织物上胭脂虫红染色的扩散系数

时间 /min	扩散系数 $D\times10^{-9}$/cm^2·min^{-1}		
	55℃	65℃	75℃
5	2.047	3.127	5.955
10	2.361	2.594	4.927
20	2.562	2.183	4.252
30	2.424	2.621	4.595
40	3.122	2.724	3.845
50	2.757	2.621	4.475
60	2.90	2.721	4.210
80	3.157	2.797	3.775
100	3.020	3.157	3.514
120	2.928	2.928	3.886
$D_{平均}$	2.7278	2.7473	4.3434

由纤维半径和表3-8的平均扩散系数，可得不同温度下胭脂虫红染棉织物的半染时间，具体如表3-9所示。

表3-9　不同温度下的半染时间和染色速率常数

温度 /℃	半染时间 $t_{1/2}$/min	染色速率常数 $K'/\times10^3$
75	5.972	0.466
65	9.443	0.361
55	9.510	0.343

在上染过程中，染料吸附终会达到一个平衡状态，而当它达到这种情况时所需要时间的二分之一即为半染时间，一般用$t_{1/2}$代表。由胭脂虫红染料对壳聚糖棉织物的上染速率曲线可求得平衡上染率C_∞。

棉织物用胭脂虫红在乙醇和水比例条件下染色时，75℃时的半染时间要小于65℃、55℃的，说明其在75℃时染色速率较快，初染率较高，且扩散速度也随着温度的升高而增加，达到平衡状态的时间缩短。该结果与扩散系数的计算结果相统一。但需要特别注意的是，半染时间并不能全面判断上染速率的大小，还要综合研究影响上染速率的其他因素。由此产生了一个新的参数，即染色速率常数K'，它是纤维直径d、平衡上染率C_∞和$t_{1/2}$这些条件对染色速率产生影响的统一表示，按式（3-6）计算K'值：

$$K' = 0.5C_{\infty}\sqrt{\left(\frac{d}{t_{1/2}}\right)} \quad (3-6)$$

式中：C_{∞}——平衡上染率，%；

$t_{1/2}$——半染时间，s；

d——纤维直径，mm。

由表3-9可看出，升高温度，在乙醇—水体系中染色速率常数逐步增大，且半染时间逐渐减小，所需要的时间越来越少，这正好证明了温度对染色的影响。

第五节　胭脂虫红染色棉织物的色牢度及其他性能评价

一、拒水性能

棉织物在壳聚糖处理前后的接触角如图3-26所示。

由图3-26可以看出，经过壳聚糖处理后，棉织物具有很好的疏水性能，原棉织物的接触角为76.99°，小于90°，表现为亲水。氧化棉织物的接触角比原棉的大，为102.36°。经过壳聚糖处理后的棉织物接触角为127.56°，大于90°，表现为疏水。染色后棉织物的接触角为129.12°，证明了壳聚糖很好地涂覆在棉织物上，使染色棉织物也有一定的疏水性。说明织物经壳聚糖改性后，降低了表面的极性及亲水性。

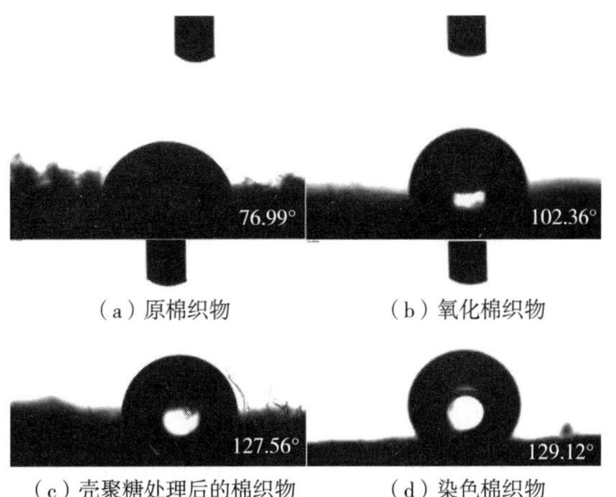

（a）原棉织物　（b）氧化棉织物

（c）壳聚糖处理后的棉织物　（d）染色棉织物

图3-26　不同条件下的棉织物的接触角

用浓度为0~20g·L^{-1}的壳聚糖分别处理棉织物的芯吸高度如图3-27所示。

由图3-27可看出，壳聚糖浓度对芯吸高度有不一样的影响效果，芯吸高度跟壳聚糖浓度呈负相关的关系，随浓度的增大而减小，这也同时证明了壳聚糖浓度越大，棉织物的疏水性能越来越好。

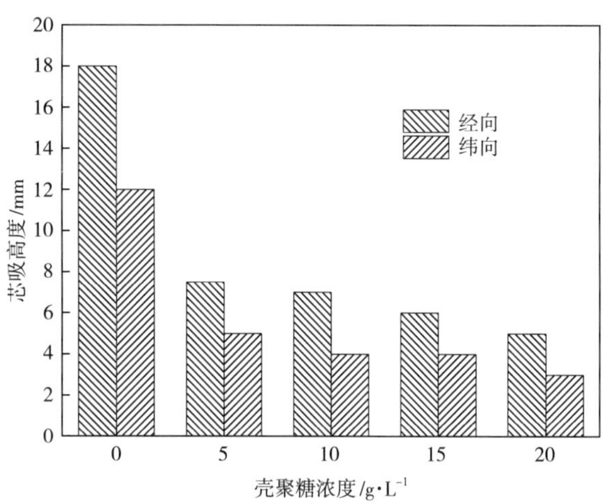

图3-27 壳聚糖浓度对芯吸高度的影响

二、力学性能

用浓度为0~20g·L^{-1}的壳聚糖进行处理，选定交联剂为柠檬酸，浓度为20g·L^{-1}，制成壳聚糖整理液，浴比1:30，用40g·L^{-1}冰醋酸充分溶解后，将经纬向不同的样品织物两浸两轧处理后，在烘箱中于70℃下烘燥10min，再于130℃下烘燥90s，洗净后于60℃下烘干。对所有的样品进行撕裂强力测试。

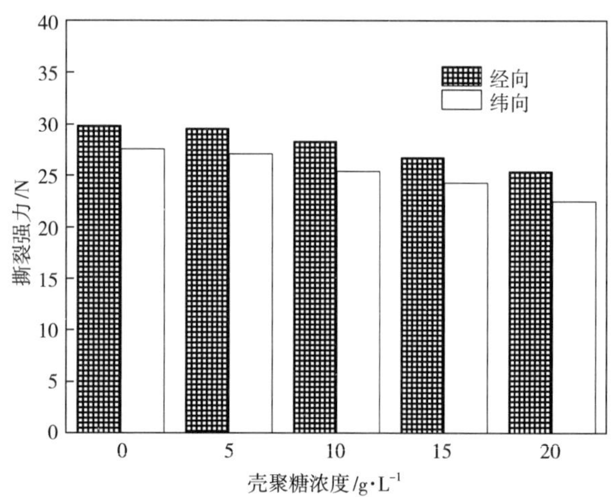

图3-28 壳聚糖浓度对撕裂强力的影响

由图3-28可看出，无论是经向还是纬向，撕裂强力都随着壳聚糖浓度的增大而减小，这是受撕裂三角区的影响，在撕裂过程中，随着作用力不断增加，当达到首告断裂时，开始出现撕破过程中的第一个负荷峰值，随后横向纱线依次断裂，最终织物撕破。织物经壳聚糖整理后，经、纬纱相互间的滑移阻力增大，涂层限制了纤维的运动，使撕裂三角区减小，最终导致撕裂强力下降。

三、抗紫外性能

为了知道处理后棉织物的紫外线防护能力，遂又对各种条件下的棉织物进行了抗紫外性能测试。由图3-29可看出，不同条件下的抗紫外性能都不一样，但是，无论是原棉还是处理后的棉织物，紫外线透过率均随波长的增加而增加。无论是在远紫外区、中紫外区还是近紫外区，氧化棉和壳聚糖改性棉织物还有染色后的棉织物的紫外透过率均低于原棉织物，说明相比于原棉，经过处理后棉织物的抗紫外性能有很大的提升。

同时，由图3-30可看出，原棉织物的UPF值只有7.5，而棉织物经过氧化、壳聚糖改性、染色后的UPF值都达到了10以上，更能证明抗紫外性能的提高。且经过处理后的紫外线（UVA和UVB）透过率值都比原棉的要小，如UVB段的紫外线透过率下降了25%，表明经过壳聚糖处理后的织物有一定的紫外线防护能力。这是因为壳聚糖分子作为一种聚氨基葡萄糖，和纤维素有很好的相容性，且柠檬酸和壳聚糖上的羟基有酯化作用，能使壳聚糖固着在织物上，影响棉织物的抗紫外效果。

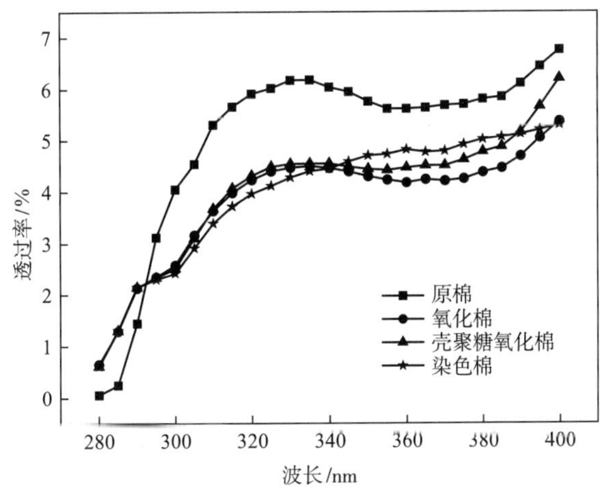

图3-29 不同条件下棉织物的抗紫外性能

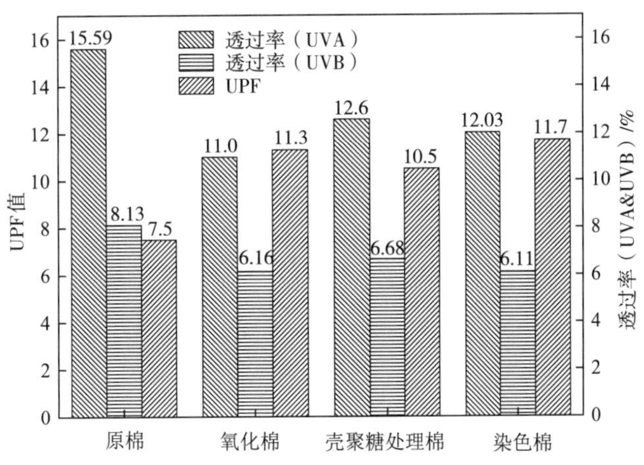

图3-30 不同条件棉织物的UPF值和UVB及UVA透射率

四、热学性能

从图3-31可看出，各种情况下的棉织物具有相似的热降解趋势。质量损失大致分为3个阶段：第1阶段是50~100℃，随着温度的升高，试样中的水分逐渐蒸发；第2阶段是100~400℃，在此阶段试样质量损失明显，是热降解的主要阶段，原棉起始温度点为325.5℃，终止温度点为371.9℃；氧化后棉织物起始温度点为331.9℃，终止温度点为368.3℃；壳聚糖处理后起始温度点为328.1℃，终止温度点为364.4℃。第3阶段是400~800℃，此阶段质量损失主要是由有机物碳化导致。在第二阶段，原棉织物分解率为75.72%；氧化后的棉织物分解率为77.72%；壳聚糖处理后棉织物分解率为77.44%。可见棉织物处理后的热稳定性有所下降。这是因为棉织物经过氧化水洗等处理后，织物受到一定的损伤，最后导致织物耐高温性能有所下降。

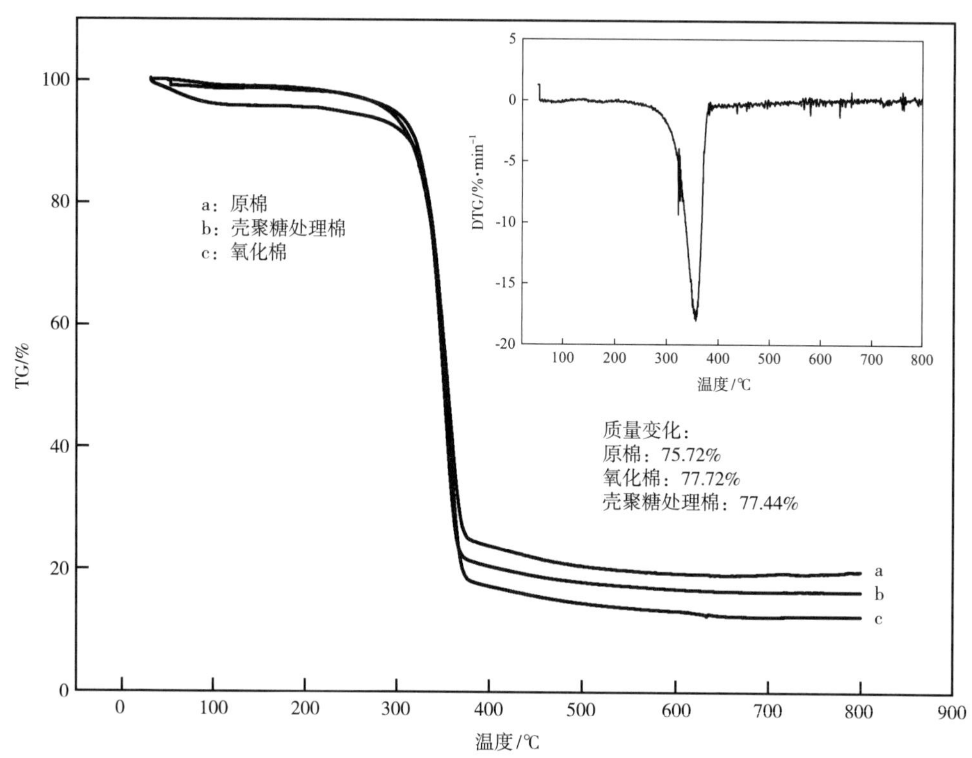

图3-31　不同条件下的棉织物的热重曲线

五、色牢度评价

耐摩擦牢度的测试方法按照GB/T 3920—2008，耐水洗牢度的测试方法 按照GB/T 12490—2007分别用碱性洗涤剂和中性洗涤剂对样品进行水洗。各项色牢度评定采用美国Datacolor公司的Color i7电脑测色配色仪在标准光源 D65下按照要求来测试其*K*/*S*值。

分别对原棉织物、氧化棉织物、壳聚糖处理棉织物进行耐摩擦、耐水洗测试，结果如表3-10所示。由表3-10可看出，相比于原棉织物和氧化棉织物，无论是干摩擦还是湿摩擦，耐摩擦色牢度和耐水洗色牢度都有所提高。

表3-10　色牢度测试

样品织物	耐摩擦牢度 / 级		耐水洗牢度 / 级			
			中性洗涤		碱性洗涤	
	干	湿	变色	沾色	变色	沾色
原棉	2	2	2	2	2	2
氧化棉	2	2~3	3	3	2~3	3
壳聚糖处理棉	3~4	3	3	3~4	3	3

第四章

天然染料密蒙花在棉织物染色中的应用

密蒙花（Flos Buddlejae），别名蒙花、黄饭花等，为马钱科植物，其干燥花或花蕾具有药用价值，为眼科专用药。在我国陕西、甘肃与中南地区等皆有较高产量，其味道有些许甘甜，性微寒，有清肝明目等功效，可治疗眼干燥症、眼睛肿痛、多泪、眼睛昏花等症状。同时它是一种安全稳定的天然无毒的食用色素，提取其中的总黄酮可以有效地降低人体内的氧化作用。此外，密蒙花本身具有黄色素，且无毒无害，故不仅在医药方面，还在食品以及美妆方面有着广阔的发展前景。

一般天然染料上染棉织物比较困难，而且染色织物的色牢度比较差。通过大量天然染料的筛选，发现密蒙花不仅天然无害，安全性好，而且所染棉织物的色牢度好，色彩效果较为朴素淡雅，别有一种独特典雅庄重的韵味蕴含其中。本章染料提取和染色过程均体现了生态环保的理念。将密蒙花染料用乙醇和水的混合溶液进行水浴提取，然后采用冷冻干燥的方式获得染料粉末。染液采用乙醇和水的混合溶液，减少了染液废水的排放，实现了节水染色，而且染色残液可以进一步染色，提高了密蒙花的利用率。密蒙花染色棉织物的独特香味和色彩效果，以及其抗氧化特性和良好的色牢度都预示着密蒙花的良好应用前景。

第一节 密蒙花染液的提取工艺

一、单因素实验

分别设计料液比、温度、时间和乙醇浓度的单因素实验。

（1）料液比取1:70、1:60、1:50、1:40、1:30，乙醇浓度为60g·L^{-1}，温度为60℃，时间为120min。

料液比［（1:30）~（1:70）］对提取液吸光度的影响，如表4-1和图4-1所示。

可以看出，吸光度在料液比为1:30和1:40时相差不大，而后随着料液比增大，所提取染液的吸光度减小。

表4-1 料液比单因素实验表

料液比	1:30	1:40	1:50	1:60	1:70
吸光度	0.435	0.441	0.400	0.393	0.238

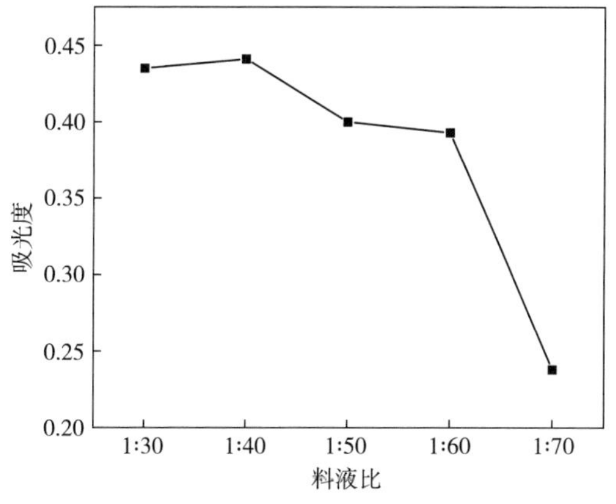

图4-1　料液比对吸光度的影响

（2）温度取50℃、60℃、70℃、80℃、90℃，乙醇浓度为60g·L^{-1}，时间为120min，料液比为1:30。

温度（50~90℃）对提取液吸光度的影响，如表4-2和图4-2所示。

表4-2　温度单因素实验表

温度/℃	50	60	70	80	90
吸光度	0.408	0.422	0.434	0.446	0.483

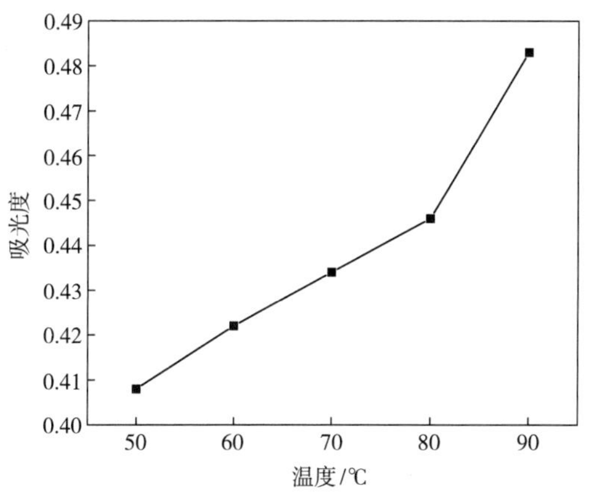

图4-2　温度对吸光度的影响

在以温度为单因素变量的时候，温度与吸光度呈正相关，即温度越高，吸光度越大。正如布朗运动所涉及的，当温度越高时，内能增大，分子运动加剧，色素的提取效果也就越好。同时也说明密蒙花适合高温提取。

（3）时间取1h、1.5h、2h、2.5h、3h，乙醇浓度为60g·L^{-1}，温度为60℃，料液比为1:30。

时间（1~3h）对提取液吸光度的影响，如表4-3和图4-3所示。

表4-3　时间单因素实验表

时间 /h	1	1.5	2	2.5	3
吸光度	0.425	0.432	0.443	0.450	0.461

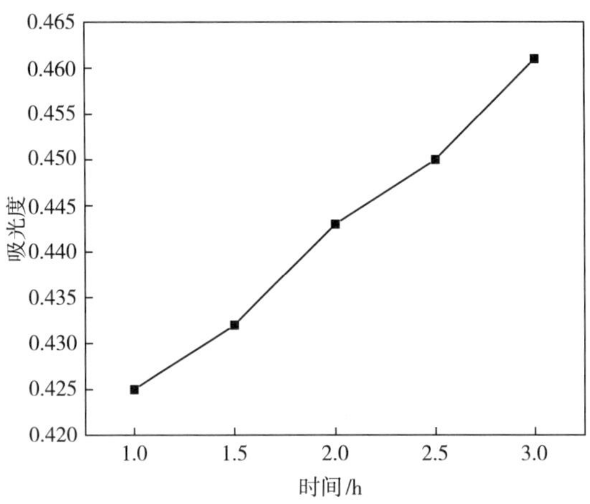

图4-3　时间对吸光度的影响

如图4-3所示，随着时间的增加，吸光度呈直线上升的状态，并且到了3h仍旧是呈上升的状态，可见密蒙花并不十分容易完全提取出来，所需提取时间较长。

（4）乙醇浓度取40g·L^{-1}、50g·L^{-1}、60g·L^{-1}、70g·L^{-1}、80g·L^{-1}，温度为60℃，时间为120min，料液比为1:30。

乙醇浓度（40~80g·L^{-1}）对提取液吸光度的影响，如表4-4和图4-4所示。

表4-4　乙醇浓度单因素实验表

乙醇浓度 /g · L^{-1}	40	50	60	70	80
吸光度	0.425	0.432	0.443	0.450	0.461

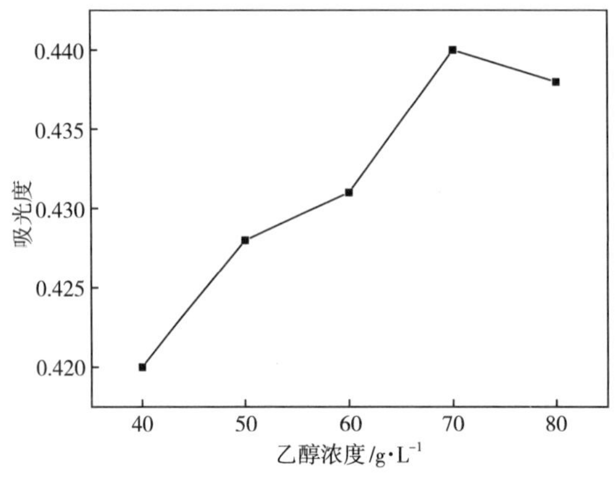

图4-4　乙醇浓度对吸光度的影响

在以乙醇浓度为单因素变量的时候，吸光度随乙醇浓度的增加而增加，在乙醇浓度为70g·L^{-1}时达到最大值，乙醇浓度为80g·L^{-1}时，吸光度开始下降，可能高浓度乙醇阻碍了色素的溶出。

二、正交实验

（1）称取1g密蒙花，然后将影响密蒙花提取的因素设计成3水平4因素的正交实验表（表4-5）。具体操作如下：

①把称好的定量1g密蒙花放进烧杯中，按照方案加入一定的蒸馏水和一定浓度的乙醇溶液，然后用恒温水浴锅加热到规定温度后，将烧杯放入水浴锅中煮到规定时间。到规定时间后，将烧杯取出，用滤纸和漏斗将染液过滤到一个干净的烧杯中，定容至相应的体积，以备测其吸光度用。

②以4因素3水平为条件，最后得到9杯染液，从9杯染液中各取1mL放到9个小玻璃瓶中，然后将它们都稀释20倍，最后用分光光度计测其吸光度并通过计算分析获得最佳提取方案。

（2）以料液比、温度、时间和乙醇浓度设计4因素3水平正交实验，从而探究密蒙花的最佳提取工艺条件。

表4-5 密蒙花水煮法的正交实验结果与直观分析

实验号	料液比	温度/℃	时间/h	乙醇浓度/g·L^{-1}	吸光度
1	1:30	70	2	50	0.481
2	1:30	80	2.5	60	0.505
3	1:30	90	3	70	0.501
4	1:40	70	2.5	70	0.470
5	1:40	80	3	50	0.499
6	1:40	90	2	60	0.474
7	1:50	70	3	60	0.431
8	1:50	80	2	70	0.452
9	1:50	90	2.5	50	0.471
均值1	0.496	0.461	0.469	0.484	
均值2	0.481	0.485	0.482	0.470	
均值3	0.451	0.482	0.477	0.474	
极差	0.045	0.024	0.013	0.010	

由表4-5得出，对密蒙花提取最大的影响因素是料液比，其次是温度，提取时间和乙醇浓度的影响相对较小。

最佳方案的选取要综合分析单因素和正交实验的结果。从表4-5中可看出，水平均值2的效果最为均衡，所以为了缩短时间，提高生产效率，选择提取时间为2.5h，温度为80℃，浴比为1:40，乙醇浓度为70%。

第二节 密蒙花的直接染色工艺

一、密蒙花提取液对棉织物的直接染色

本实验中将采用常规和超声波两种染色条件来探讨密蒙花对棉织物的染色性能。分别设计浴比、温度、时间和pH的单因素实验。

（1）浴比取1:70、1:60、1:50、1:40、1:30，温度取60℃，时间取60min，pH取6。

浴比［（1:30）~（1:70）］对K/S值的影响如表4-6和图4-5所示。

表4-6　浴比对K/S值的影响

浴比	1:30	1:40	1:50	1:60	1:70
常规	0.511	0.558	0.543	0.532	0.486
超声波	0.601	0.590	0.575	0.556	0.521

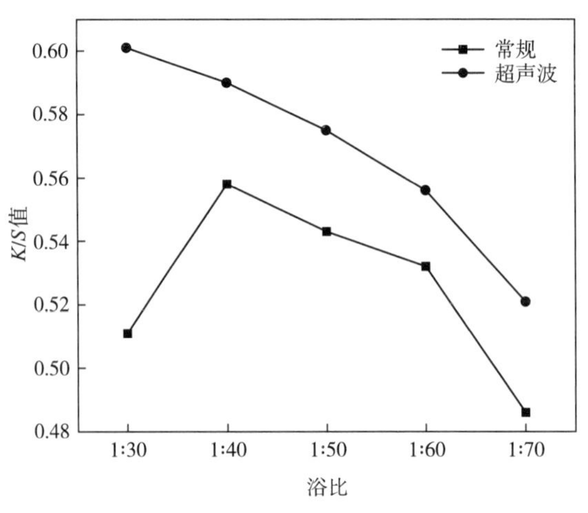

图4-5　浴比对K/S值的影响

从表4-6和图4-5可知，常规染色的浴比为1:30~1:40时，K/S值呈上升趋势，而后随染液浴比增大而减小，当采用超声波染色的时候，因超声波具有的振荡作用，从而使实验结果均得到了明显提升。

（2）时间取40min、60min、80min、100min、120min，温度取60℃，浴比取1:60，pH取6。时间（40~120min）对K/S值的影响如表4-7和图4-6所示。

表4-7　时间对K/S值的影响

时间 /min	40	60	80	100	120
常规	0.424	0.489	0.526	0.569	0.637
超声波	0.563	0.587	0.660	0.689	0.735

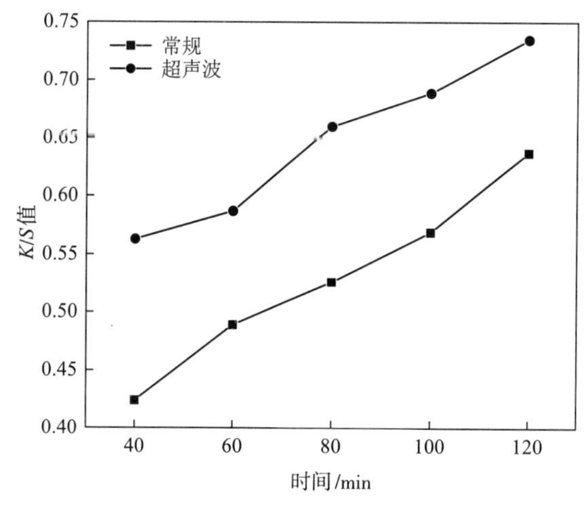

图4-6　时间对K/S值的影响

从图4-6可知，K/S值与染色时间呈正相关，整体几乎呈匀速上升的状态。并且整个实验直到2h，仍未达到平衡，可见，染色过程中增加染色时间有利于染料的充分利用。

（3）温度取40℃、50℃、60℃、70℃、80℃，时间取60min，浴比取1:60，pH取6。温度（40~80℃）对K/S值的影响如表4-8和图4-7所示。

表4-8　温度对K/S值的影响

温度 /℃	40	50	60	70	80
常规	0.391	0.445	0.542	0.607	0.956
超声波	0.424	0.558	0.639	0.697	0.963

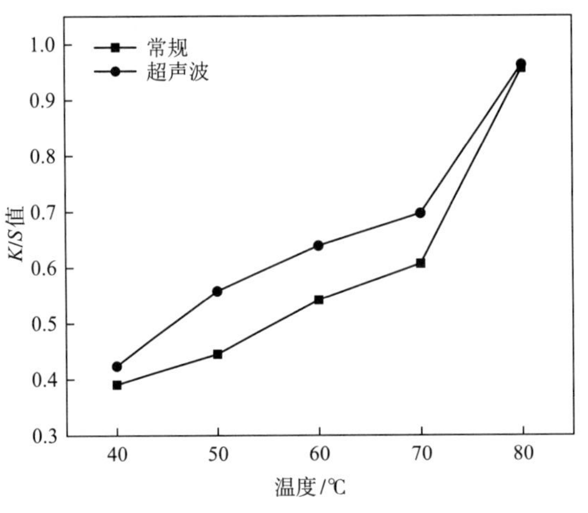

图4-7　温度对K/S值的影响

从图4-7可知，K/S值随温度逐渐增大，原因是染色温度升高，染料分子的动能增加，吸附扩散速率增大，有利于染料的上染。在40~70℃，常规染色和超声波染色效果都处于一个平缓上升的趋势，但在70~80℃，两种染色效果都得到了大幅度提升。

（4）pH取5、6、7、8、9，时间取60min，浴比取1:60，温度取60℃。

pH（5~9）对K/S值的影响如表4-9和图4-8所示。

表4-9　pH对K/S值的影响

pH	5	6	7	8	9
常规	0.480	0.532	0.540	0.546	0.668
超声波	0.587	0.616	0.746	0.885	0.901

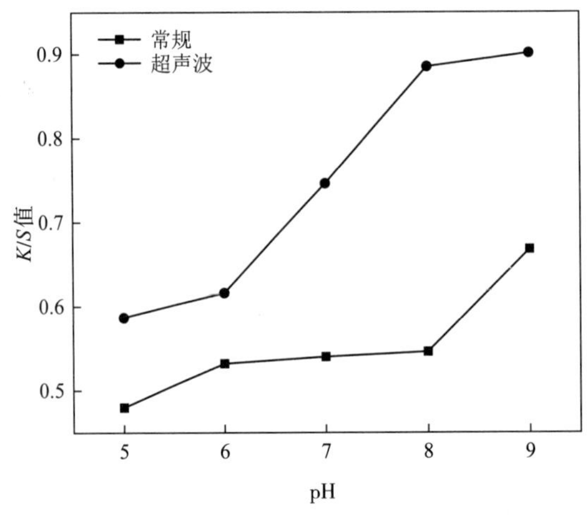

图4-8　pH对K/S值的影响

由表4-9和图4-8可知，密蒙花染料对pH的升高较为敏感。在超声波的环境下，当pH为6~8时效果提升最快，而在常规条件下，只有当pH达到8~9时，才有明显的提升。

二、密蒙花提取液对棉织物的预媒染染色

在本实验中，直接采用提取并过滤后的染液进行染色，称取棉织物质量1g，浴比1:30。选用五水合硫酸铜、七水合硫酸亚铁、十二水合硫酸铝钾为媒染剂，媒染剂浓度都为$1g \cdot L^{-1}$，按直接染色方法分别进行常规和超声波媒染。

预媒染法就是先将织物用媒染剂在一定的条件下进行媒染，再进行染色。将织物放入已经预热到60℃的并且配好比例的媒染剂溶液中，处理30min后取出；接着投入含有提取过滤好并加热到60℃的染液中，60min后取出洗净、烘干。

明矾、铜盐和铁盐三种媒染剂在常规和超声波两种条件下，用相同的直接染色工艺预媒染结果如表4-10所示。

表4-10　预媒染色测试结果

预媒染		L^*	a^*	b^*	c^*	h^*	K/S值
硫酸铝钾	常规	83.66	3.36	29.67	30.33	84.49	0.974
	超声波	80.51	4.09	31.58	34.09	87.38	1.211
硫酸铜	常规	80.63	-0.28	29.01	29.23	90.57	1.209
	超声波	77.31	-0.31	33.31	31.45	88.62	1.627
硫酸亚铁	常规	73.01	2.11	17.71	17.59	82.98	1.278
	超声波	74.54	1.23	15.64	20.14	89.02	1.592

预媒染染出的效果相较于直接染色并没有十分明显地增强，只有硫酸铝钾能在保持原有黄色的条件下，令其饱和度略有增加。总体而言，相比常规染色，超声波染出的效果更好。在铜离子的作用下，染出的棉布偏黄绿色（a^*值为负）；在亚铁离子作用下，棉布色调很明显变暗、偏棕。

三、密蒙花提取液对棉织物的同浴媒染染色

同浴媒染法就是将已配好比例的媒染剂和染液置于同一锥形烧瓶中，对布样进行染

色。将织物放入已经配好媒染剂并加热到60℃的染液中，60min后取出，洗净，烘干。

从表4-11可知，三种媒染剂在明度上的数值都有较大的下降，而饱和度则有明显增大。而且对比表4-10和表4-11可以发现，同浴媒染的效果比预媒染好，饱和度有较大的提升，铜离子作用的布更加偏黄绿色，而亚铁离子作用的则更偏棕色。比较三种媒染剂效果，铁盐颜色最深，也是最偏离原本色调的，而硫酸铝钾作用后的颜色保持了原有的色调，铜离子作用后的偏黄绿。

表4-11 同浴媒染色测试结果

同浴媒染		L^*	a^*	b^*	c^*	h^*	K/S值
硫酸铝钾	常规	82.59	4.23	32.52	33.41	82.65	1.326
	超声波	78.46	5.87	36.48	37.54	79.48	2.118
硫酸铜	常规	77.34	−0.44	31.45	31.34	90.76	1.682
	超声波	74.15	−0.58	33.74	34.72	89.58	2.312
硫酸亚铁	常规	66.74	1.58	15.99	16.84	84.57	2.119
	超声波	62.41	0.75	13.42	18.08	87.43	2.895

四、密蒙花提取液对棉织物的后浴媒染染色

后媒染法就是将已经用染液染好的织物洗净后，再用配好的媒染剂处理。将织物放入已经加热到60℃的密蒙花染液中，60min后取出洗净，再放入配好媒染剂并已加热到60℃的锥形瓶中，30min后取出，洗净，烘干。

从表4-11和表4-12可知，同浴媒染的K/S值最大，而后媒染比预媒染效果稍好，与密蒙花的直接染色相差较大。相比于同浴媒染，后媒染染出的明度较高，而饱和度稍低，铜和铁离子作用后的棉布也有明显的色差。

综合以上三种媒染方式可知，同浴媒染是最适用于密蒙花的媒染方式。而硫酸铝钾是最适合加入密蒙花染液的媒染剂，染出的色彩在饱和度上是最高的，而亚铁离子作用后，颜色偏棕灰，铜离子作用后偏黄绿。此外超声波染出的效果均好于常规染色。

表4-12 后媒染色测试结果

后媒染		L^*	a^*	b^*	c^*	h^*	K/S值
硫酸铝钾	常规	83.77	4.38	31.89	32.65	82.34	0.999
	超声波	80.54	5.01	34.57	35.87	83.45	1.429

续表

后媒染		L^*	a^*	b^*	c^*	h^*	K/S 值
硫酸铜	常规	76.82	−0.14	30.34	30.53	89.68	1.456
	超声波	75.43	−0.35	32.89	32.28	85.21	2.012
硫酸亚铁	常规	69.02	2.47	16.37	16.44	81.52	1.693
	超声波	65.10	1.78	14.45	18.02	83.04	2.239

五、密蒙花上染棉织物的动力学分析

（一）密蒙花染料的上染速率曲线

将各自装好染液的烧杯放入水浴锅里加热，染液达到所需染色温度时把准备好的0.25g棉布放入染液，浴比为1:200，染色温度分别为60℃、75℃和90℃，染色时间分别为5min、10min、15min、23min、35min、50min、70min、90min。上染百分率可由式（4-1）计算得出。

$$上染率=(1-C_1/C_0)\times 100\% \qquad (4-1)$$

式中：C_1——不同时间染色所得染色残液的浓度，$g\cdot L^{-1}$；

C_0——染液的初始浓度，$g\cdot L^{-1}$。

由图4-9中可以看出，三种温度条件下，密蒙花染料对棉织物染色在初始阶段上染较快速，然后慢下来，最终趋向平衡。在60℃和75℃的情况下密蒙花的上染率差异不大，当温度为90℃时上染率明显增加。

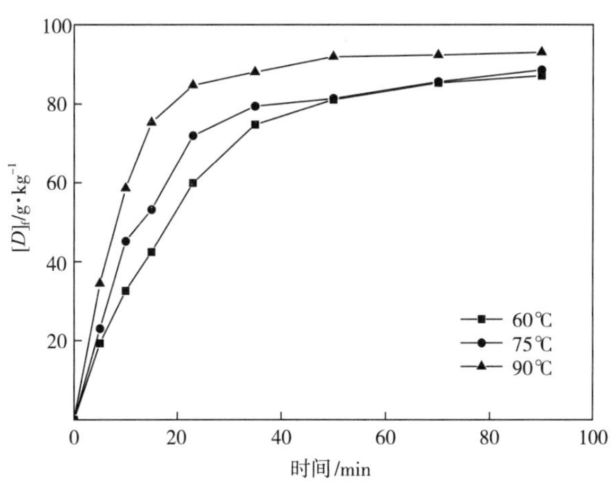

图4-9　不同染色温度下的上染率曲线

（二）动力学方程及参数

为全面评价密蒙花在棉纤维上的染色动力学特性，确定其染色速率，我们选用下面两种动力学模型对数据进行拟合。

1.准一级动力学方程

如果染料在纤维上的吸附量 q_t 随上染时间 t 的变化曲线呈指数形式，即表明其具有一级吸附动力学特征，则可采用 Lagergren 一级动力学吸附方程来计算其吸附速率，见式（4-2）：

$$\frac{dq_t}{dt}=k_1(q_e-q_t) \tag{4-2}$$

式中：q_e——吸附平衡时纤维上密蒙花染料的含量，$mg \cdot g^{-1}$；

q_t——时间 t 时棉纤维上密蒙花染料的含量，$mg \cdot g^{-1}$；

k_1——为一级动力学反应速率常数，min^{-1}。

式（4-2）通过积分后简化得到式（4-3）：

$$\ln(q_e-q_t)=\ln q_e-k_1 t \tag{4-3}$$

以 ln（q_e–q_t）为纵坐标，上染时间 t 为横坐标，根据数据点拟合出一条直线，并计算出反应速率常数 k_1。

图4-10为在不同温度下的拟合曲线，相关参数见表4-13。在图4-10中，染色过程中只有60℃和75℃的情况下和90℃部分吸附数据比较符合线性拟合曲线，随着染色温度的提高，吸附的实际情况逐渐偏离拟合曲线，表明密蒙花染料在棉纤维上的吸附，仅在60℃、75℃符合准一级动力学方程，其实从 R^2 这个数值也不难看出，在60℃和75℃的情况下，R^2 的数值是更接近于1的，说明只有在60℃和75℃才更符合这个拟合方程。此外，拟合结果计算出来不同温度下的染色平衡吸附量 $q_{e,cal}$ 与实际实验结果 $q_{e,exp}$ 相差偏大，这些结果均说明准一级动力学模型不能准确描述密蒙花染料在棉纤维上的染色动力学。

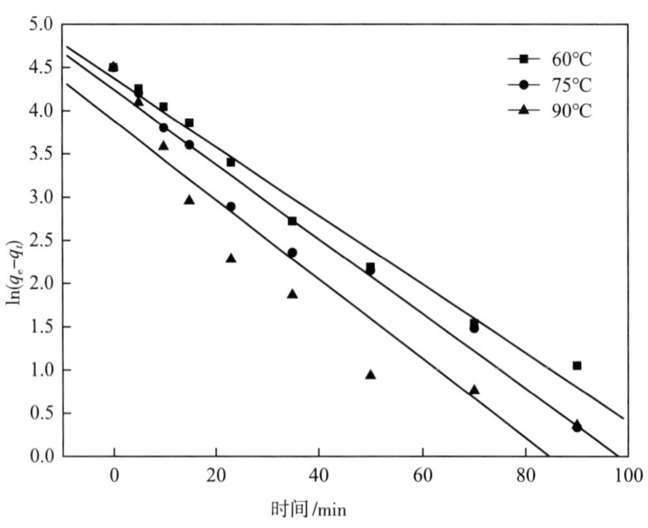

图4-10 密蒙花染料在棉织物上吸附准一级动力学模式线性拟合曲线

表4-13 密蒙花染料在棉织物上吸附准一级动力学参数

温度/℃	$q_{e,exp}$/mg·g^{-1}	准一级动力学参数		
		k_1/min^{-1}	$q_{e,cal}$/mg·g^{-1}	R^2
60	90	4.30×10^{-2}	80.5	0.9684
75	90	4.33×10^{-2}	70.0	0.9797
90	94.5	4.60×10^{-2}	48.9	0.8944

2.准二级动力学方程

准二级动力学模型基于吸附速率由纤维表面未被占有的吸附空位数目的平方值决定的假设，其公式为式（4-4）：

$$\frac{dq_t}{dt}=k_2(q_e-q_t)^2 \tag{4-4}$$

式中：k_2——二级动力学反应速率常数，g·mg^{-1}·min^{-1}。

由式（4-4）通过积分后将临界条件$t=0$时，$q_t=0$ 和 $t=t$ 时，$q_t=q_t$代入，简化得到式（4-5）：

$$\frac{t}{q_t}=\frac{1}{k_2q_e^2}+\frac{1}{q_e}t \tag{4-5}$$

从图4-11可见，不同温度处理下的拟合曲线均为直线型。从表4-14中准二级动力学模式相应的参数$q_{e,cal}$和回归系数R^2也可看出：回归系数R^2值相对一级动力学模式的值提高很多，均在0.99以上，而且$q_{e,exp}$值与实验得到的$q_{e,cal}$值更接近，所以准二级动力学方程能很好地描述吸附的整个过程。

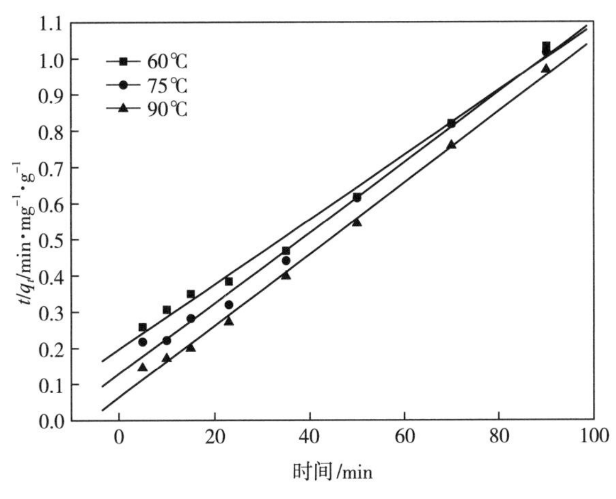

图4-11 密蒙花染料在棉织物上吸附准二级动力学模式线性拟合曲线

表4-14 密蒙花染料在棉织物上吸附准二级动力学参数

温度/℃	$q_{e,exp}$/mg·g^{-1}	准二级动力学参数		
		k_2/g·mg^{-1}·min^{-1}	$q_{e,cal}$/mg·g^{-1}	R^2
60	90	4.13×10^{-4}	106	0.9907
75	90	7.3×10^{-4}	103	0.9939
90	94.5	15×10^{-4}	101	0.9966

第三节 密蒙花染色棉织物的色牢度评价

一、干、湿摩擦牢度

干、湿摩擦牢度测量原理是将规定尺寸的试样平摊在用呢毯垫衬的平板上，分别用一块干摩擦布和一块湿摩擦布摩擦织物表面。参照 GB /T 3920—1997，摩擦布的沾色用评定沾色用灰色样卡评定，标样布的变色用评定变色用灰色样卡评定。

二、水洗色牢度

取样为长方形小样，在60℃下，洗涤30min，浴比为1∶50，采用国标皂液，在耐水洗色牢度仪内进行实验，用评定变色用灰色样卡检测。

由表4-15可见，各种染色条件下的密蒙花染棉织物的干、湿摩擦色牢度均较高，水洗色牢度也在3~4级以上。

表4-15 各染色方法色牢度的比较

染色方法			干摩擦		湿摩擦		水洗
			沾色	变色	沾色	变色	变色
直接染色		常规	5	4	5	4	3~4
		超声波	4	5	5	5	4
预媒染	明矾	常规	5	4	5	5	5
		超声波	4	4	5	4	4
	铜盐	常规	4	4~5	4	4~5	4
		超声波	4~5	5	4~5	5	3~4
	铁盐	常规	4	4~5	4~5	4	4
		超声波	4~5	4~5	4	4	4~5

续表

染色方法			干摩擦		湿摩擦		水洗
			沾色	变色	沾色	变色	变色
同浴媒染	明矾	常规	5	5	5	5	4~5
		超声波	5	4	5	5	5
	铜盐	常规	4~5	4	5	4	4
		超声波	4	4~5	4	4~5	4~5
	铁盐	常规	4	4~5	4~5	4	4
		超声波	4~5	4~5	4	4	5
后媒染	明矾	常规	5	4	5	5	4
		超声波	4~5	5	5	4	4
	铜盐	常规	5	4	5	5	3~4
		超声波	4~5	4	5	4	4
	铁盐	常规	4	4~5	4	4~5	3~4
		超声波	4~5	4~5	4	4	4

第四节 密蒙花染色棉织物的功能评价

一、抗紫外性能

为了研究密蒙花染色织物的紫外线防护性能，在常规染色条件下，用不同浓度的密蒙花染液（采用密蒙花提取液的冻干粉进行配置）对棉织物进行直接染色，并采用不同浓度的Al^{3+}媒染剂对棉织物进行同浴染色，染色温度为60℃，浴比1:200，染色3h。使用含有积分球的UV/Vis分光光度计测量未染色和染色棉织物的紫外线透射率。UV透射率［T(UVA)、T(UVB)］按式（4-6）计算：

$$T(UVi)=\frac{1}{n}\sum_{280}^{400}t_{\lambda} \tag{4-6}$$

式中：n——测量点的数量；

t_{λ}——光谱透射率，%。

计算出的透射率如表4-16所示。未染色棉织物对UVA和UVB的透过率分别为60.10%和13.96%，说明未染色织物的抗紫外线能力较差。密蒙花直接染色棉织物的紫外透过率有明显的降低。将染料浓度从$2g\cdot L^{-1}$增加到$5g\cdot L^{-1}$导致UVA和UVB的透射率值分别从13.76%降低到7.92%和从7.30%降低到4.34%。对于用$AlK(SO_4)_2$进行同浴媒染的样品，可以看出光谱透射率的值随着媒染剂浓度的增加而减小。用1.25g·L^{-1} $AlK(SO_4)_2$媒染的棉织物在UVB区域的紫外线透过率低于5%，这表明织物的紫外线防护性能可以评估为良好。

表4-16　密蒙花染色棉织物的抗紫外性能

样品		T(UVA)/%	T(UVB)/%
空白样		60.10	13.96
不同浓度的密蒙花染液直接染色 /g·L^{-1}	2	13.76	7.30
	3	10.40	5.97
	4	9.27	5.09
	5	7.92	4.34
不同浓度的 Al^{3+} 同浴媒染 /g·L^{-1}	0.75	12.33	6.88
	1	11.44	5.98
	1.25	8.39	4.78

二、抗氧化性能

根据DPPH自由基清除实验测试方法，将0.3g纤维样品和7mL乙醇溶液加入到3mL0.1mmol/L的DPPH乙醇溶液中，振荡，使样品和溶液发生反应，然后室温避光保存30min，测定517nm处的吸光度。517nm处的吸光度下降幅度，可以反映样品清除自由基的能力。按式（4-7）计算抗氧化性：

$$抗氧化性=（Y_0-Y_1）/Y_0\times100\% \tag{4-7}$$

式中：Y_0和Y_1分别是加入纤维样品前后溶液的吸光度。重复测定三次，计算每个样品的抗氧化性，结果取平均值。

不同浓度密蒙花染液直接染色的棉织物的抗氧化性如图4-12所示。由图4-12可知密蒙花染液处理过后的棉织物有明显的抗氧化性，且随着染液浓度增加，抗氧化性也会增加。

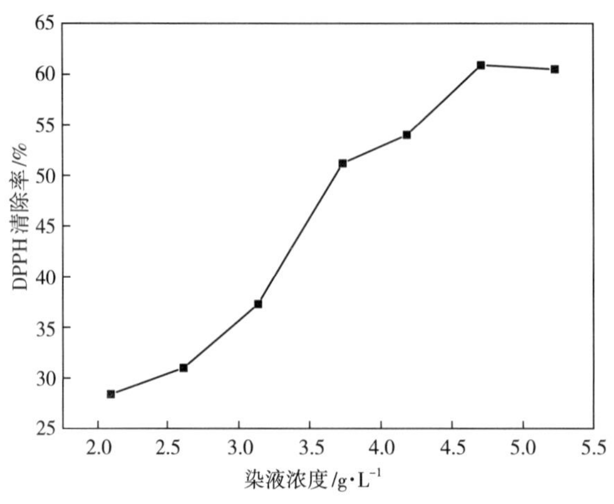

图4-12　不同浓度下的DPPH清除率

第五章

天然染料栀子在莱赛尔织物染色中的应用

栀子，又名黄栀子、栀子花等，属于茜草科植物，其色素的成分主要为萜类的藏红花素和黄酮类的栀子黄色素，是我国古代传统染色极为重要的染色植物之一。栀子果中所包含的黄色素具有抑菌、抗病毒的作用，在古代被广泛应用于中医药学中。我国作为栀子的生产国，若充分利用这个优势，必能提高我国天然染料应用的竞争力。

第一节　莱赛尔织物的改性处理及其染色

一、莱赛尔织物的单宁酸改性处理

（1）工艺流程：配制单宁酸溶液→加热振荡→烘干。

（2）单宁酸媒染溶液配制：提前准备好几组容量为500mL的烧杯，几组250mL的锥形瓶，若干磁力搅拌棒和大托盘，清洗并干燥后，用标签纸注明实验编号；根据不同浓度的单宁酸（$1g\cdot L^{-1}$、$2g\cdot L^{-1}$、$3g\cdot L^{-1}$、$4g\cdot L^{-1}$），在电子分析天平上准确称量所需的单宁酸粉末的质量，分别将其添加到已编号的500mL的烧杯中，加入蒸馏水至500mL，加入磁力搅拌子搅拌均匀，用电子分析天平称好每组莱赛尔织物的质量（织物面积为50mm × 50mm，每组2块），按照浴比为1:50，将配制好的单宁酸溶液（按单宁酸质量相当于天丝织物质量的5%、10%、15%、20%进行配制）缓缓倒入相应编号的锥形瓶中，再将分好组的莱赛尔织物放进锥形瓶中，使单宁酸溶液浸湿布样，至此单宁酸溶液配制的准备工作完成。

（3）加热振荡：将准备好的锥形瓶，放进高温染色小样机中，设置温度为40℃，加热时间为3h，边加热边振荡。

（4）烘干：加热振荡后取出织物，沥干余液后放入设定温度为80℃的烘箱烘至烘干为止。焙烘完毕，将处理后的织物布样取出，装袋编号记录。

二、染色工艺参数对染色性能的影响

（一）单宁酸浓度对染色结果的影响

单宁酸作为媒染剂预处理莱赛尔织物已经被认为是提高色牢度及颜色深度的重要因素

之一，在实验设计中，对莱赛尔织物的预处理的单宁酸浓度为0%、5%、10%、15%、20%（为莱赛尔织物质量百分比）。图5-1显示，随着单宁酸浓度的增加，染色样品的色泽深度不断增加，*K/S*值不断增大。

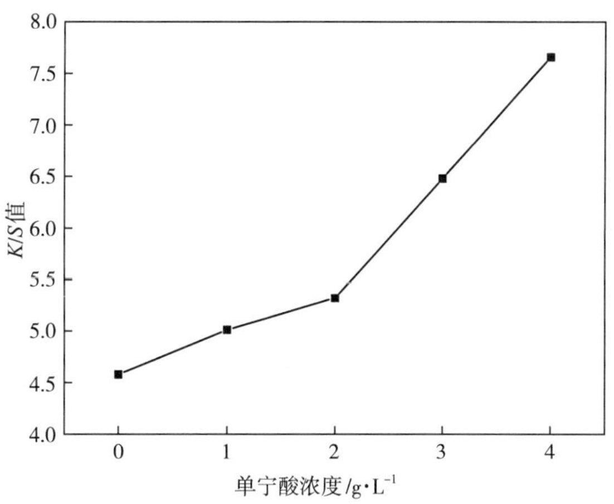

图5-1　单宁酸浓度对*K/S*值的影响（条件：预处理40℃，3h，染色pH=3.5，80℃，60min）

（二）染色时间对染色结果的影响

从表5-1中可以看出染色效果随着染色时间的增加而增加，到了60min后，*K/S*值达到峰值后不再提升，这表明天丝织物对染料的吸收率在60min时达到了平衡。

表5-1　不同染色时间织物的颜色特征值（见文后彩表1）

染色时间 /min	染色布样	*K/S* 值	L^*	a^*	b^*	c^*
5		4.598	72.293	8.594	44.768	45.584
10		5.577	71.259	10.427	51.208	52.257
15		5.562	71.165	10.546	51.017	52.096
20		5.714	70.904	10.843	51.522	52.65
30		5.787	71.062	10.769	51.643	52.754
60		6.481	70.986	10.731	50.181	51.314
90		5.920	70.956	10.704	50.407	51.534

（三）染色温度对染色结果的影响

不同温度染色织物的颜色特征值如表5-2所示。从表中可以看出染色织物颜色的深浅及比色数据（L^*、a^*、b^*）的变化。如表5-2中K/S值变化所示，在染色温度为80℃时，莱赛尔染色效果最好，测得其K/S值达到最大值，在高于80℃后，织物K/S值下降。

表5-2　不同染色温度织物的颜色特征值（见文后彩表2）

染色温度/℃	染色布样	K/S值	L^*	a^*	b^*	c^*
60		6.089	66.985	8.532	58.53	61.393
70		6.301	68.512	15.43	59.561	61.53
80		6.481	70.986	10.731	50.181	51.314
90		6.240	69.297	13.907	59.451	61.056

（四）染液pH对染色结果的影响

不同pH染液染色织物的颜色特征值如表5-3所示。从表中可以看出染色织物颜色的深浅及比色数据（L^*、a^*、b^*）的变化。

表5-3　不同pH染色织物的颜色特征值（见文后彩表3）

pH	染色布样	K/S值	L^*	a^*	b^*	c^*
3.5		6.481	70.986	10.731	50.181	51.314
5.5		5.804	71.751	9.516	48.321	49.25
7.5		5.641	72.848	7.732	44.488	45.156
9.5		5.392	73.196	6.579	44.609	45.092

由表5-3可知，染液的pH对天丝织物染色有着较大的影响。原染液测得pH=5.15，实验测量了pH在3.5~9.5时K/S值的变化。

由表5-3可以看出，随着染液pH的增加，织物的K/S值下降较为明显。通过图5-2可以看出，经过单宁酸处理后，不同pH染液染色的莱赛尔织物在不同可见光波长下K/S值的波峰未发生改变，可见染色的织物的色系并未发生变化。

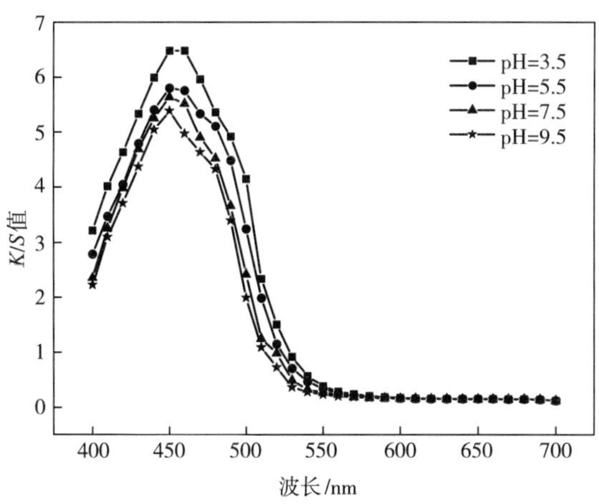

图5-2　不同pH染液在可见光波长下的K/S值

三、染色工艺的响应面法分析优化

（一）染色工艺响应面法分析

采用Box-Behnken响应面法设计，以未染色莱赛尔织物为标样，选取染液pH（A）、染色温度B（℃）、单宁酸浓度C（$g \cdot L^{-1}$）三个因素为变量，染色后织物的K/S值（Y）为响应值，利用Design Expert V11.0.0软件设计出三因素三水平的实验方案如表5-4所示，对实验结果进行回归分析和方差分析，最后获得最佳染色工艺。

表5-4　响应面实验方案及实验结果

编号	pH	染色温度/℃	单宁酸/$g \cdot L^{-1}$	K/S值	预测值
1	3.5	70	3	6.30	6.40
2	7.5	70	3	4.70	4.49
3	3.5	90	3	6.24	6.45
4	7.5	90	3	6.02	5.92
5	3.5	80	2	5.34	5.27
6	7.5	80	2	4.06	4.3
7	3.5	80	4	7.35	7.1

续表

编号	pH	染色温度/℃	单宁酸/$g·L^{-1}$	*K/S*值	预测值
8	7.5	80	4	5.55	5.62
9	5.5	70	2	4.68	4.65
10	5.5	90	2	5.13	4.99
11	5.5	70	4	5.68	5.83
12	5.5	90	4	6.93	6.96
13	5.5	80	3	5.69	5.74
14	5.5	80	3	5.81	5.74
15	5.5	80	3	5.75	5.74
16	5.5	80	3	5.70	5.74
17	5.5	80	3	5.79	5.74

注 未经单宁酸处理，80℃，pH=3.5，60min，栀子染的天丝织物*K/S*值为4.559。

根据表5-4中的设计进行了17次实验运行，*K/S*值的实测值如表5-4所示。对实验结果进行二次多元回归拟合，得到莱赛尔染色织物的*K/S*值（*Y*）与染色pH（*A*）、染色温度（*B*）和单宁酸浓度（*C*）的二次多项回归方程为式（5-1）。

$$Y=15.09-1.54A-0.20B+0.69C+0.017AB-0.065AC+0.020BC+0.0049A^2+0.00051B^2-0.19C^2 \quad (5-1)$$

模型的预测值如表5-4所示。对模型进行方差分析，结果如表5-5所示。

表5-5 响应面模型的方差分析

方差来源	平方和	自由度	方差	*F*值	*P*值	显著性
模型	9.90	9	1.10	26.44	0.0001	显著
A	2.99	1	2.99	71.91	＜0.0001	显著
B	1.08	1	1.08	26.04	0.0014	显著
C	4.97	1	4.97	119.40	＜0.0001	显著
AB	0.47	1	0.47	11.41	0.0118	显著
AC	0.067	1	0.067	1.60	0.2464	不显著
BC	0.16	1	0.16	3.87	0.0913	不显著
A^2	0.0016	1	0.0016	0.038	0.8500	不显著
B^2	0.011	1	0.011	0.26	0.6270	不显著

续表

方差来源	平方和	自由度	方差	*F* 值	*P* 值	显著性
C^2	0.15	1	0.15	3.65	0.0976	不显著
残差	0.29	7	0.042			
纯误差	0.011	4	0.0028			
总和	10.19	16				
R^2	0.9714					

概率值（*P*值）小于0.05通常被认为具有统计学意义。由表5-5可知，本模型具有显著性（*P*=0.0001），回归方程的拟合度（相关系数R^2=0.9714）和可信度均很高，对染色织物的*K*/*S*值进行预测时，结果也较为准确。其中，模型的一次项*A*(*P*<0.0001)、*B*(*P*=0.0014<0.01)和*C*(*P*<0.0001)的数据表明，染液pH、染色温度和预处理剂单宁酸浓度对染栀子色莱赛尔织物*K*/*S*值的影响显著。交互项*AB*(*P*=0.0118<0.05)表明，染色温度和染色pH的相互作用显著，这意味着pH对*K*/*S*值的影响与染色温度有关联，反之亦然。*AC*和*BC*的*P*值大于0.05，说明它们的相互作用不显著。另外，较高的相关系数R^2确保了实际值和预测值之间的高度相关性，也表明该二次模型具有良好的可预测性，适用于描述栀子染色莱赛尔织物的*K*/*S*值与染色pH，染色温度和预处理剂单宁酸浓度之间的关系。

为了研究不同独立变量之间的相互作用及其对反应*K*/*S*值的影响，在其他因素不变的情况下，通过design expert V11.0.0软件中Analysis的Model Graphs功能作出各响应因子构成的响应曲面图，染色pH和单宁酸浓度、染色温度和单宁酸浓度及染色温度和单宁酸浓度分别对染色深度*K*/*S*值的交互作用，如图5-3~图5-5所示。

比较图5-3~图5-5中各交互作用曲面可知，三因素两两交互之间，染色温度与染色pH、染色温度与单宁酸浓度之间的相互作用都比较小。染色pH和单宁酸浓度之间交互作用相对显著。单宁酸媒染浓度与染液pH的一次相系数较大，有着很小的*P*值和较大的*F*值，证明单宁酸浓度与染液pH，是染色织物最后测得*K*/*S*值的限制因素，在数值变化小的情况下，也会引起染色后*K*/*S*值较大的变化。

（二）优化方案及验证

为进一步确定最佳点，在模型范围内选择出发点，利用软件中Optimization下的Numerical功能分析确定经过单宁酸预媒染后最佳的栀子染色条件的优化方案。20%单宁酸预媒染，40℃，染色pH=3.5，染色温度90℃，染色时间60min；预测此条件下染色织物的*K*/*S*值为7.44。

使用分光测色仪对样品进行测量，测得最优化染色条件染得织物*K*/*S*值为7.451，与理论预测值7.44相近，说明该模型较真实地拟合了实际情况，具有使用价值。

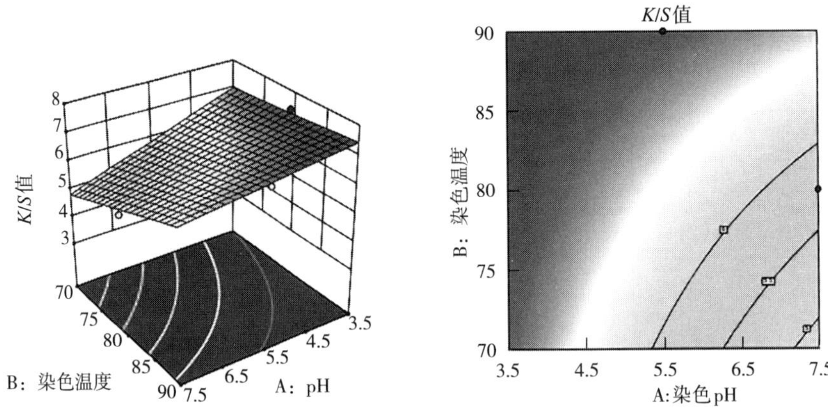

图5-3　染色pH和单宁酸浓度对染色K/S值的交互作用（见文后彩图2）

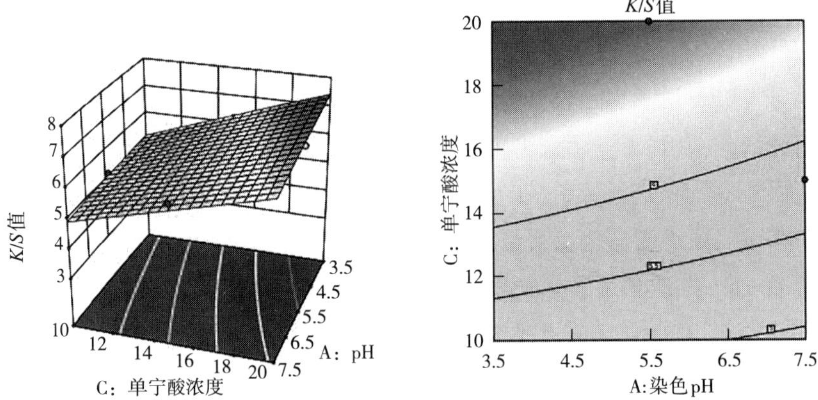

图5-4　染色温度和单宁酸浓度对染色K/S值的交互作用（见文后彩图3）

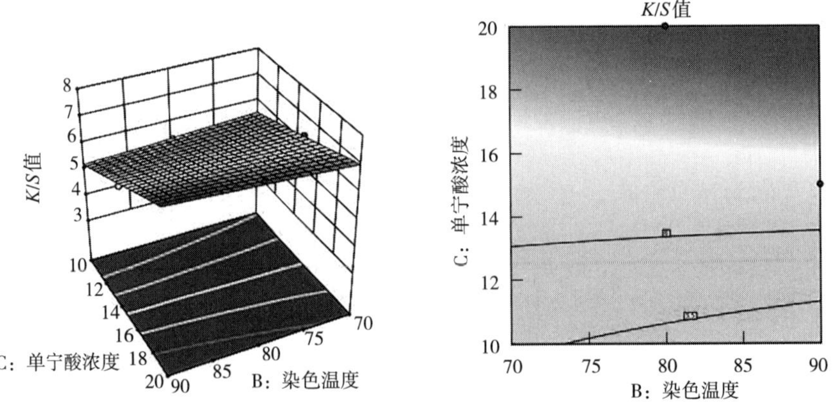

图5-5　染色温度和单宁酸浓度对染色K/S值的交互作用（见文后彩图4）

第二节 莱赛尔织物染色前后的形貌结构

一、红外光谱分析

采用傅里叶变换红外光谱仪，分别对未经处理的莱赛尔织物、经单宁酸预处理后的莱赛尔织物及单宁酸处理后染色的莱赛尔织物进行测试分析。莱赛尔织物经单宁酸预处理前后及染色后的红外光谱图，如图5-6所示。

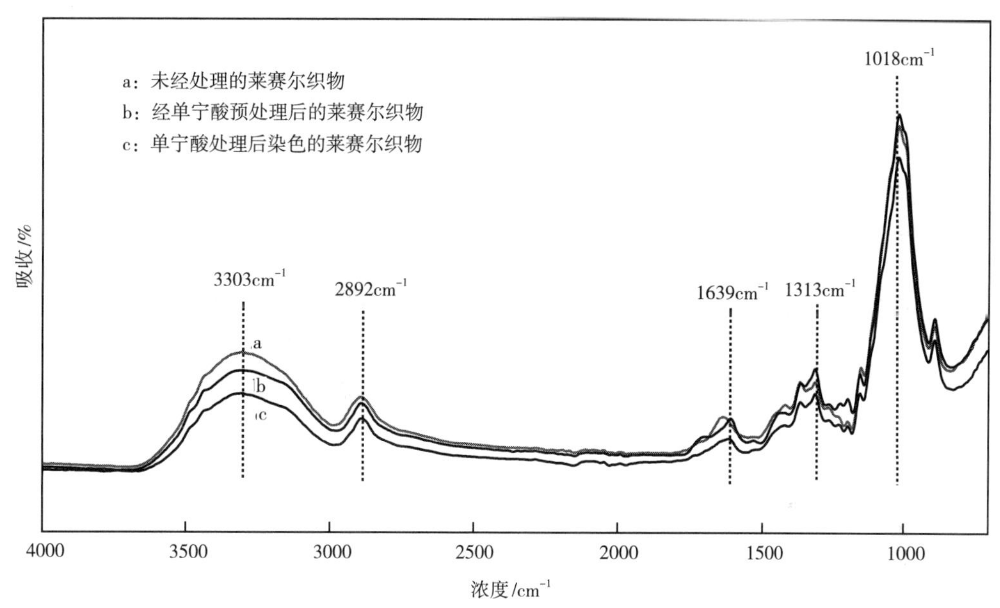

图5-6 莱赛尔织物经单宁酸预处理前后及染色后的红外光谱对比

由图5-6可以观察到，经单宁酸处理后的天丝织物没有新的吸收峰产生，而主要是吸收峰强度的变化。其中，3303cm^{-1}的强峰是纤维素的羟基振动伸缩吸收的结果，2892cm^{-1}为纤维素的C—H伸缩振动峰，1639cm^{-1}为纤维素吸收水分子—OH的弯曲振动，1018 cm^{-1}是纤维素C═O的伸缩振动峰。莱赛尔经单宁酸处理后，红外吸收峰的位置没有变化，但吸收峰的强度有所减弱，这可能和单宁酸与纤维素之间的作用有关。

二、表观形貌分析

采用扫描电子显微镜，将织物放大500倍及2000倍，分别对处理前后及染色后的织物进行表面形貌和结构的观察，其结果如图5-7所示。

从图5-7可以看出，与莱赛尔原布（a）（d）相比较，经过单宁酸预处理后的莱赛尔织物（b）（e）及栀子染色的莱赛尔织物（c）（f）的形态结构并未发生明显变化，这说明在单宁酸处理莱赛尔织物的过程中并没有对织物的表面形态结构造成破坏或损伤。

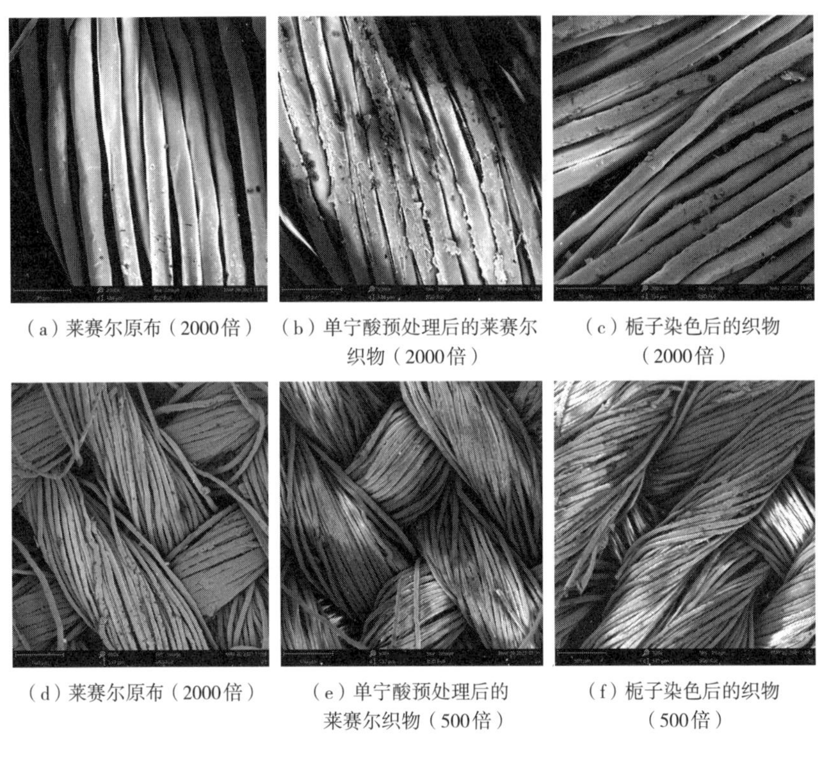

（a）莱赛尔原布（2000倍）　（b）单宁酸预处理后的莱赛尔织物（2000倍）　（c）栀子染色后的织物（2000倍）

（d）莱赛尔原布（2000倍）　（e）单宁酸预处理后的莱赛尔织物（500倍）　（f）栀子染色后的织物（500倍）

图5-7　莱赛尔织物的SEM照片

第六章

其他天然染料的染色应用

第一节 天然染料紫苏对棉织物的染色

一、天然染料紫苏概述

紫苏[Perilla Frutescens（L）Britt]系唇形科一年生草本植物，作为多用途的经济作物，在我国已有2000多年的栽培历史，主要用于药用、油用、香料、食用等方面，它是我国传统的药食两用植物，是中华人民共和国卫生部（现卫生健康委员会）首批颁布的既是食品又是药品的60种中药之一，具有潜在的生理活性，紫苏水煎剂具有抗菌防腐作用，对大肠杆菌、痢疾杆菌、葡萄球菌均有抑制作用。紫苏原产于我国喜马拉雅山及中南部地区，现主要分布于印度、日本、中国、朝鲜等国，美国、加拿大也已出现商业性栽培区。在我国，紫苏主要分布于黑龙江、辽宁、山东、四川、浙江和安徽等省。

紫苏叶中含有丰富的花色素苷，包括9种花色素苷及顺式异构体，含量最高的是丙二酰基紫苏宁和紫苏素。花色素苷是水溶性黄酮类色素中最重要的一类，赋予水果、蔬菜、花卉等五彩缤纷的颜色。从紫苏叶中提取的色素属花青素色素，对光、热的作用较稳定，使用安全，是一种理想的天然色素原料。

二、紫苏染液的提取工艺

水作为提取溶剂具有资源广，生产成本低，无环境污染等优点，在此选择水煮法提取紫苏染液。

（一）单因素实验

分别设计料液比、温度、时间和NaOH浓度的单因素实验，其中料液比取1:90、1:75、1:60、1:45、1:30时，温度为60℃、时间为90min、NaOH浓度为30 $g \cdot L^{-1}$；温度取30℃、45℃、60℃、75℃、90℃时，料液比为1:60，时间为90min、NaOH浓度为30 $g \cdot L^{-1}$；时间取60min、75min、90min、105min、120min时，料液比为1:60、温度为60℃、NaOH浓度为30$g \cdot L^{-1}$；NaOH浓度取10$g \cdot L^{-1}$、15$g \cdot L^{-1}$、20$g \cdot L^{-1}$、25$g \cdot L^{-1}$、30$g \cdot L^{-1}$、35$g \cdot L^{-1}$、40$g \cdot L^{-1}$时，料液比为1:60、温度为60℃、时间为90min。

（1）料液比［1:（30~90）］对染液吸光度的影响如表6-1和图6-1所示。

表6-1　料液比单因素实验表

料液比	1:30	1:45	1:60	1:75	1:90
吸光度	0.853	0.713	0.410	0.328	0.245

（2）温度（30~90℃）对染液吸光度的影响如表6-2和图6-2所示。

表6-2　温度单因素实验表

温度 /℃	30	45	60	75	90
吸光度	0.075	0.265	0.460	0.628	0.728

（3）时间（60~120min）对染液吸光度的影响如表6-3和图6-3所示。

表6-3　时间单因素实验表

时间 /min	60	75	90	105	120
吸光度	0.448	0.473	0.590	0.590	0.555

（4）NaOH浓度（10~40g·L^{-1}）对染液吸光度的影响如表6-4和图6-4所示。

表6-4　NaOH浓度单因素实验表

NaOH 浓度 /g · L^{-1}	10	15	20	25	30	35	40
吸光度	0.550	0.593	0.745	0.783	0.833	0.678	0.700

从图6-1可以得出，当料液比作为单因素变化时，料液比与吸光度呈负相关，即料液比越小，所提取的染液的吸光度越大。这可能是紫苏的提取量有限，增大料液比反而降低了紫苏色素的浓度。

从图6-2可以得出，吸光度与温度呈正相关，即温度越高，吸光度越大。这也与布朗运动相符，温度升高，分子运动加剧，从而提取效果提高。在30℃时，染液的吸光度仅为0.075，几乎没有色素被提取出来，说明紫苏适合高温提取。

从图6-3可以得出，在90min前，吸光度随时间的延长而增大，90~105min时，吸光度几乎不变，在105min后，吸光度开始略微下降，因此紫苏的提取时间不宜过长。

从图6-4可以得出，吸光度随NaOH浓度的增大先增大后减小，在NaOH浓度为30g·L^{-1}时有最大值。说明一定量的NaOH有助于紫苏的提取，但过量的NaOH反而会影响紫苏的提取。

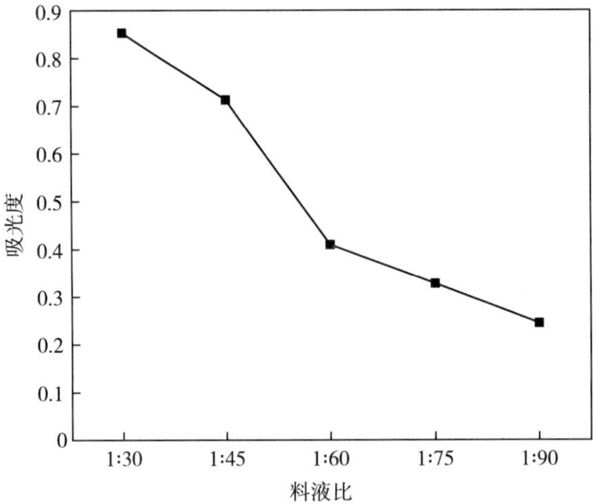

图6-1　料液比对吸光度的影响

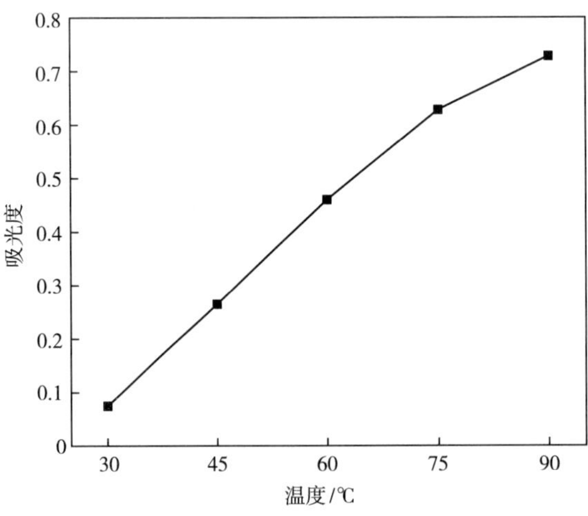

图6-2　温度对吸光度的影响

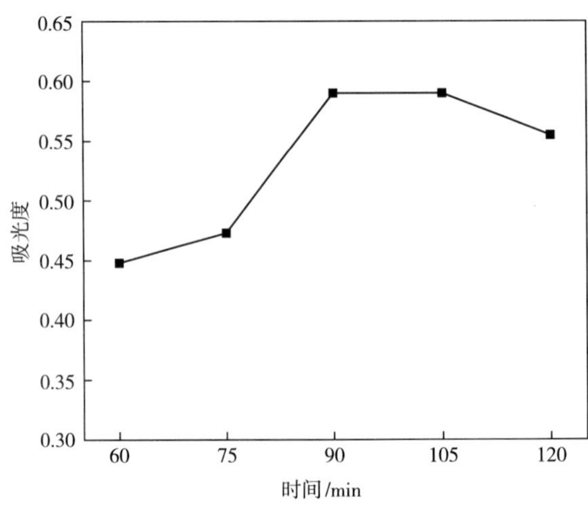

图6-3　时间对吸光度的影响

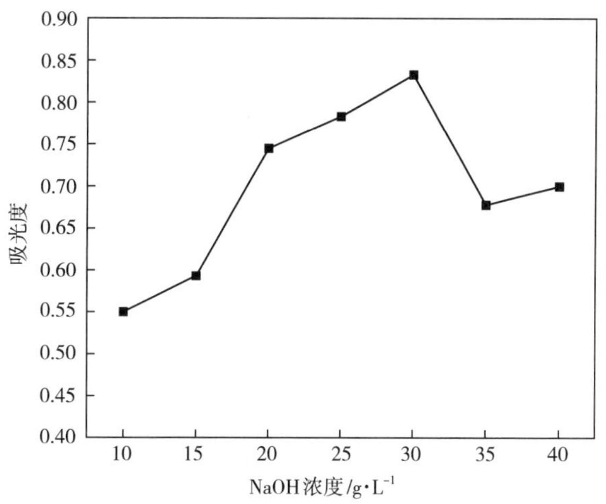

图6-4　NaOH浓度对吸光度的影响

（二）正交实验

称取1g紫苏，然后将影响紫苏提取的因素设计成3水平4因素的正交实验表（表6-5）进行实验。

表6-5　紫苏水煮法正交实验表

水平	加水量/mL	提取时间/min	提取温度/℃	NaOH浓度/g·L^{-1}
1	100	40	40	10
2	80	60	60	20
3	60	90	90	30

具体操作如下：

把称好的定量1g紫苏放进煮锅中，按照方案加入适量水和NaOH，然后用恒温水浴锅加热到规定时间后，用过滤布把染液过滤到一个干净的量筒里，定容至相应的体积，以备测其吸光度用。

以3水平4因素为条件，最后得到9杯染液，从这9杯染液中各取1mL放到9个烧杯中，然后把它们都稀释4倍，最后用分光光度计测其吸光度并通过计算分析获得最佳提取方案。

表6-6　紫苏水煮法的正交实验结果与直观分析

实验号	料液比	温度/℃	时间/min	NaOH浓度/g·L^{-1}	吸光度
1	1:100	60	40	10	0.103
2	1:100	80	60	20	0.305

续表

实验号	料液比	温度/℃	时间/min	NaOH浓度/g·L^{-1}	吸光度
3	1:100	100	90	30	0.488
4	1:80	60	60	30	0.300
5	1:80	80	90	10	0.575
6	1:80	100	40	20	0.638
7	1:60	60	90	20	0.415
8	1:60	80	40	30	0.718
9	1:60	100	60	10	0.730
均值1	0.298	0.273	0.486	0.469	
均值2	0.504	0.533	0.445	0.453	
均值3	0.621	0.618	0.493	0.502	
极差	0.323	0.345	0.048	0.033	

由表6-6可以看出，影响紫苏水提取的最大因素是温度，其次是料液比，提取时间和NaOH浓度的影响相对较小。

综合单因素和正交实验的结果，最后选择的提取条件是料液比1:60，温度100℃，时间90min，NaOH浓度30g·L^{-1}。

三、紫苏染液对棉织物的直接染色

因为天然染料紫苏对于纤维素纤维织物上色较为困难，故本实验中将采用常规和超声波两种染色条件来探讨紫苏对棉织物的染色性能。利用最佳提取工艺提取出来的染液进行染色，其原始染液浓度为C。称取棉织物质量1g，浴比为1:40。将影响紫苏直接染色的染液浓度、染色温度、染色时间、染液pH和盐浓度五个因素进行单因素实验。其中染液浓度取0.1C、0.3C、0.5C、0.7C、0.9C时，染色时间为60min、染色温度为75℃、染液pH为8、盐浓度为20g·L^{-1}；染色时间取10min、20min、30min、40min、50min、60min、70min、80min、90min时，染液浓度为0.5C、染色温度为75℃、染液pH为8、盐浓度为20g·L^{-1}；染色温度取55℃、65℃、75℃、85℃、95℃时，但由于本实验用的超声波仪最高温度为75℃，故超声波条件下的染色温度取55℃、65℃、75℃，染液浓度为0.5C、染色时间为60min、染液pH为8、盐浓度为20g·L^{-1}；染液pH取3、4、5、6、7、8、9、10时，染液浓度为0.5*C*、染色时间为60min、染色温度为75℃、盐浓度为20g·L^{-1}；盐浓度取10g·L^{-1}、20g·L^{-1}、30g·L^{-1}、40g·L^{-1}、50g·L^{-1}时，染液浓度为0.5*C*、染色时间为60min、染色温度为75℃、染液pH为8。

具体操作为：制备好染液，然后把装好染液的烧杯放到水浴锅里加热，待染液达到所需染色温度时把准备好的棉布放进烧杯，染色前先将织物在温水中浸泡几分钟，以使纤维充分膨胀，有利于染色的进行。盖好盖子开始计时。在上染的过程中，间隔一定的时间要对织物进行搅拌。

这样一共染得46块布，用电脑测色配色仪测其*K/S*值，分析得出最优的常规直接染色工艺和超声波直接染色工艺。

（1）染液浓度（0.1*C*~0.9*C*）对*K/S*值的影响如表6-7和图6-5所示。

表6-7　染液浓度对*K/S*值的影响

染液浓度	0.1*C*	0.3*C*	0.5*C*	0.7*C*	0.9*C*
常规下的*K/S*值	0.607	1.193	1.548	2.219	2.984
超声波下的*K/S*值	0.675	1.430	1.894	3.427	3.711

（2）时间（10~90min）对*K/S*值的影响如表6-8和图6-6所示。

表6-8　时间对*K/S*值的影响

时间/min	10	20	30	40	50	60	70	80	90
常规下的*K/S*值	1.068	1.205	1.234	1.295	1.312	1.395	1.396	1.451	1.462
超声波下的*K/S*值	1.278	1.735	1.846	1.882	1.886	1.962	1.967	2.009	2.048

（3）温度（55~95℃）对*K/S*值的影响如表6-9和图6-7所示。

表6-9　温度对*K/S*值的影响

温度/℃	55	65	75	85	95
常规下的*K/S*值	1.309	1.346	1.516	1.701	1.475
超声波下的*K/S*值	1.030	1.281	1.882		

（4）pH（4~10）对*K/S*值的影响如表6-10和图6-8所示。

表6-10　pH对*K/S*值的影响

pH	4	5	6	7	8	9	10
常规下的*K/S*值	1.356	1.402	1.289	1.055	1.124	1.207	1.086
超声波下的*K/S*值	1.972	2.344	2.462	1.430	1.234	1.362	1.275

（5）盐浓度（10~50g·L^{-1}）对*K/S*值的影响如表6-11和图6-9所示。

表6-11　盐浓度对*K/S*值的影响

盐浓度/g·L^{-1}	10	20	30	40	50
常规下的*K/S*值	1.257	1.500	1.548	1.777	1.726
超声波下的*K/S*值	1.610	1.869	1.894	2.308	2.539

（6）超声波强度（40~80kHz）对*K/S*值的影响如表6-12和图6-10所示。

表6-12　超声波强度对*K/S*值的影响

超声波强度/kHz	40	50	60	70	80
*K/S*值	1.233	1.478	2.158	1.875	1.629

从图6-5可知，*K/S*值与染液浓度呈正相关。在染液浓度较小时，常规染色和超声波染色的*K/S*值相差并不大，但当染液浓度超过0.5*C*时，超声波的染色效果要明显优于常规染色深度。

从图6-6可知，*K/S*值与染色时间也呈正相关，而且在前20min上染速率最快，在染色20~60min时较为缓和，在60min后，上染速率较慢。染色初期，染液中的染料浓度较高，纤维上的染料浓度较低，染料的吸附速率较快，随着上染的进行，染液中的染料浓度逐渐降低，纤维上的染料浓度逐渐提高，吸附速率变慢，最终趋于平衡。

从图6-7可知，*K/S*值随温度逐渐增大，原因是染色温度升高，染料分子的动能增加，吸附扩散速率增大，有利于染料的上染。在低温时，常规染色效果要优于超声波染色，但高温时超声波染色更好，而且超声波在75℃时的染色效果比常规在95℃时更好。

从图6-8可知，随pH升高，*K/S*值呈先增大再下降趋势。当染液为酸性时，其染色效果明显要优于碱性条件下的染色，这跟色素在碱性条件中的稳定性有关。

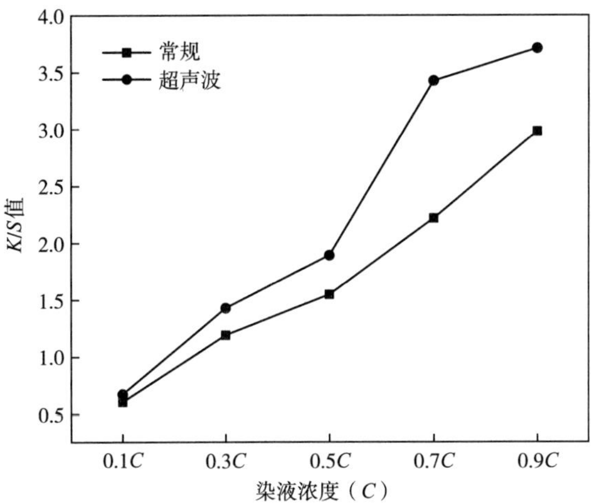

图6-5 染液浓度对K/S值的影响

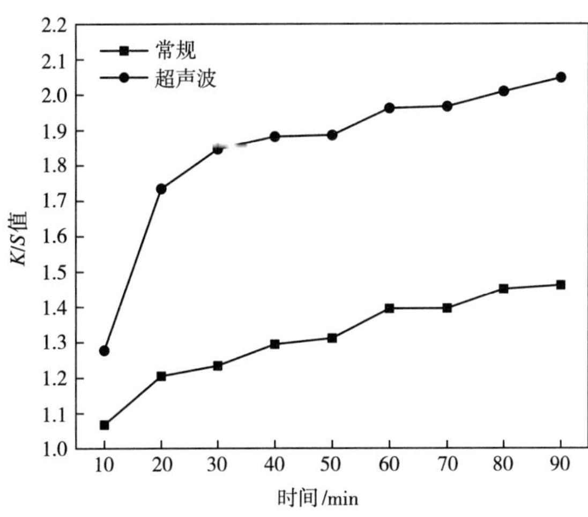

图6-6 时间对K/S值的影响

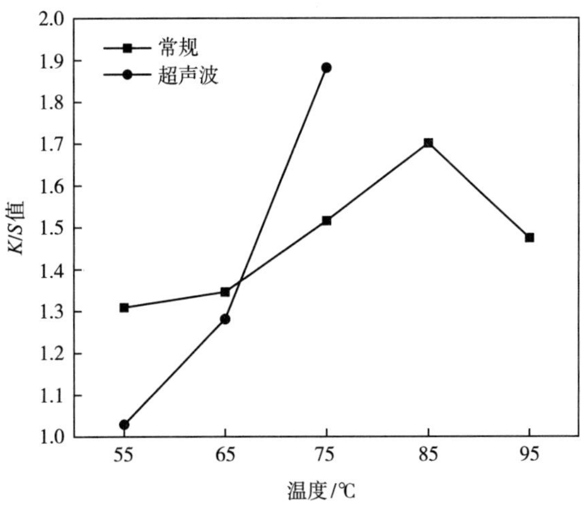

图6-7 温度对K/S值的影响

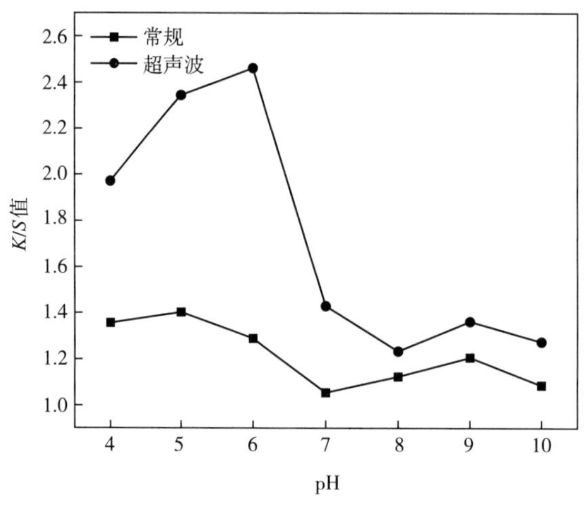

图6-8　pH对K/S值的影响

从图6-9可知，K/S值与盐浓度成正比。染液中加盐会降低纤维对染料的电荷斥力，尤其是在超声波的辅助作用下，盐的促染作用更为明显。

从图6-5~图6-9综合染液浓度、染色时间、染色温度、染液pH和盐浓度对K/S值的影响可知，超声波的染色效果均要优于常规染色。这是因为超声波空穴效应所引发的对染液的搅拌、弥散和除气等作用，可以使染料以单分子状态均匀分散于染液中，从而对染色起到促进作用。

从图6-10可知，K/S值随超声波强度的增大先增大后减小，最佳超声波强度为60kHz。这是因为在超声波频率适中时，超声波会加速染料分子的运动速率，而当超声波频率过高时，过度的振动会使已吸附在织物上的染料脱落，不利于上染。

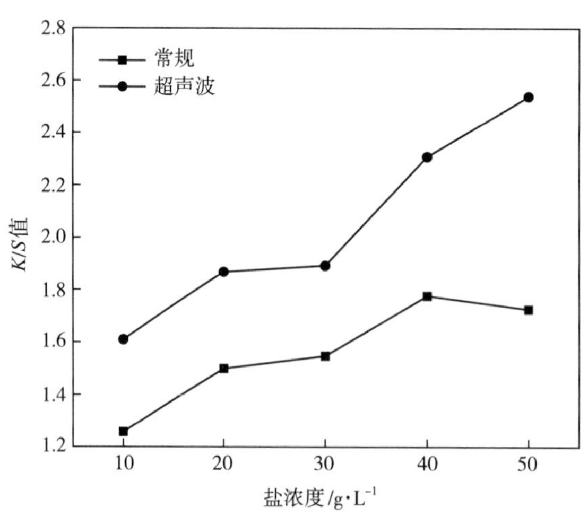

图6-9　盐浓度对K/S值的影响

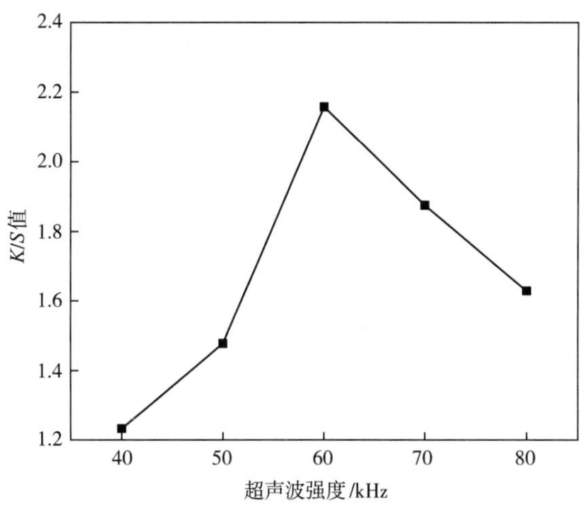

图6-10　超声波强度对K/S值的影响

四、紫苏染液对棉织物的预媒染染色

将润湿的织物放入含媒染剂的溶液中，于40℃处理40min后取出；再投入紫苏在常规和超声波两种条件下的染液，用最优直接染色工艺进行染色，预媒染结果如表6-13所示。

从表6-13可知，不论是哪一种金属的预媒染色，其染色效果均要优于无媒染色，而超声波的各项指标都优于常规染色。明矾染色的明度（L^*）明显高于铜盐和铁盐染色，说明加入明矾后的棉织物颜色更亮。而铜盐的红绿值（a^*）、蓝黄值（b^*）和K/S值明显高于明矾和铁盐，但其明度最低，说明铜盐染色后的织物颜色偏暗，但颜色深度更好。明矾处理后颜色为黄绿色，与紫苏原液染色的布最接近，但其K/S值与无媒染相比只有略微提高。铜盐处理后颜色为深绿色，染色效果最好。铁盐处理后为青色，染色效果与明矾类似。

表6-13　预媒染染色测试结果

媒染剂	实验条件	L^*	a^*	b^*	c^*	h^*	WI-CIE	K/S值
明矾	常规	76.950	−1.023	13.893	13.930	94.220	−23.987	1.513
	超声波	74.370	−2.577	16.823	17.020	98.717	−47.013	1.811
铜盐	常规	67.010	−4.823	33.337	33.697	98.260	−163.687	3.621
	超声波	64.143	−4.810	35.087	35.417	97.810	−184.113	4.427
铁盐	常规	71.150	−3.243	12.673	13.090	104.377	−31.543	1.814
	超声波	66.790	−0.973	16.837	16.880	93.490	−66.167	2.504

第二节 天然染料西红花对真丝织物的染色

一、天然染料西红花概述

西红花是鸢尾科番红花属植物番红花（Crocus Sativus L.）的干燥柱头。西红花药用范围广，具有活血通经、养血祛瘀、消肿止痛等功能。西红花酸（Crocetin）是西红花的主要有效成分之一，具有不饱和共轭烯酸结构，属类胡萝卜素物质。西红花不仅药用范围广，疗效显著，还大量用于日用化工、食品、染料工业，是美容化妆品和香料制品的重要宝贵原料。因受来源的限制，西红花目前用于染色的研究并不多，为拓展其在染色方面的应用，笔者对西红花色素的稳定性及其对真丝的直接染色和预媒染染色进行了探讨。

二、西红花染液的提取及其稳定性

将西红花干药材捣碎成细屑，于60℃水浴中浸提45min，过滤得西红花提取液，定容到100mL备用。

（一）常见金属离子对色素稳定性的影响

取西红花提取液若干份，分别加入不同浓度的NaCl、KCl、$CaCl_2$溶液，置于暗处，1h后取样测定其吸光度值，结果如表6-14所示。

表6-14 金属离子对西红花色素稳定性的影响

金属离子	NaCl/mol·L^{-1}			KCl/mol·L^{-1}			$CaCl_2$/mol·L^{-1}		
	0	0.01	0.02	0	0.01	0.02	0	0.01	0.02
吸光度值	0.497	0.492	0.475	0.466	0.465	0.443	0.456	0.459	0.469

由表6-14中数据可知，在实验浓度范围内，西红花提取液在添加NaCl、KCl、$CaCl_2$后，溶液的吸光度值基本不变，说明Na^+、K^+、Ca^{2+}对西红花色素的影响不大。另外，经观察加入金属离子西红花色素溶液的颜色没有发生改变，可见西红花色素在常见金属离子中的稳定性较好。

（二）pH对色素稳定性的影响

用HCl和NaOH溶液调节西红花提取液的pH，放置一段时间后测其吸光度，结果如表6-15所示。

表6-15　pH对西红花色素稳定性的影响

pH	3	4.5	6	7	9.5	11	12
吸光度	0.515	0.523	0.513	0.525	0.45	0.749	0.77

可以看出，pH在3~7范围内西红花提取液的吸光度变化不大，说明西红花色素在弱酸环境内较稳定，随pH进一步增加，吸光度略有下降，当pH为11、12时，吸光度明显增加，这可能是由于提取液中的藏花酸结构在强碱条件下发生了变化。

三、西红花染液对真丝织物的直接染色

对染液浓度、染色温度、pH和染色时间对染色织物*K*/*S*值的影响分别进行单因素分析。

（一）染液浓度对*K*/*S*值的影响

织物在室温入染，浴比为1:200，pH为6，升温至70℃，保温染色30min，水洗，晾干。测量不同染液浓度下染色织物的*K*/*S*值，结果如图6-11所示。

由图6-11可以看到，染色织物的*K*/*S*值随西红花用量增加而加深。

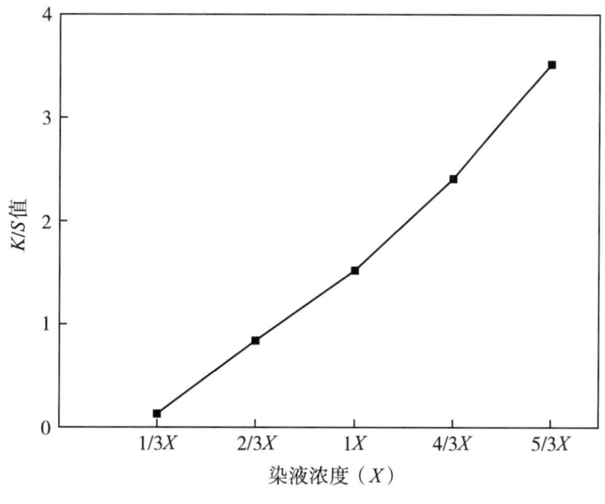

图6-11　染液浓度对*K*/*S*值的影响

（二）染色温度对K/S值的影响

织物在室温入染，染液浓度为1.0X，浴比为1:200，pH为6，室温入染，升温至一定温度，保温染色30min，水洗，晾干。测不同温度条件下染色织物的K/S值，结果如图6-12所示。西红花色素分子结构较简单，在较低的染色温度下就可达到染色平衡，加上染色过程的放热反应导致染色温度提高后上染量反而下降。

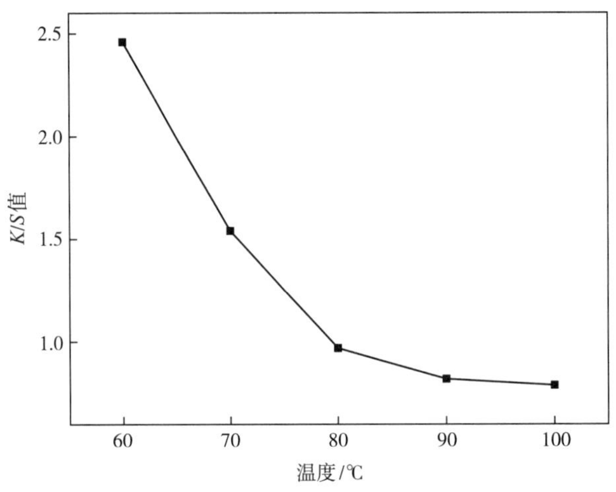

图6-12　染色温度对K/S值的影响

（三）染液pH对K/S值的影响

染色条件为：织物在室温入染，染液浓度为1.0X，浴比为1:200，升温至70℃，保温染色30min，水洗，晾干。测不同pH条件下染色织物的K/S值，结果如图6-13所示。

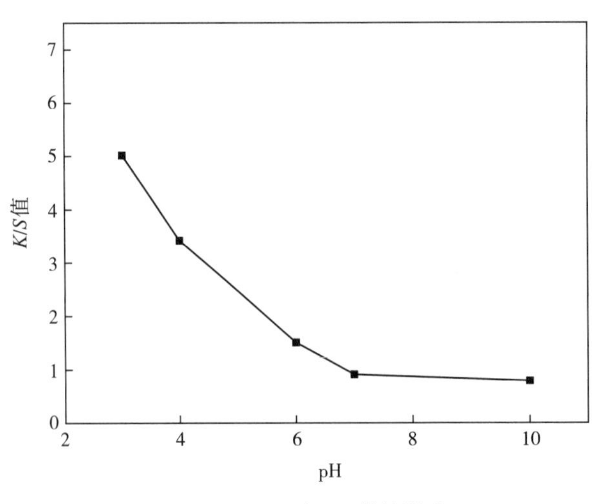

图6-13　pH对K/S值的影响

由图6-13可以看出，西红花染色试样的K/S随pH的升高而降低，在pH等于3时，试样表面颜色最深。蚕丝纤维等电点在3.5~5.2，当pH小于等电点时，纤维分子带正电荷，对西红花色素的引力较大，得色量较高；当pH大于纤维等电点时，纤维带负电荷，导致对西红花色素的上染斥力增加，得色量也相应较低。因此，染色pH选择3~4较合适。

（四）染色时间的影响

织物在室温入染，染液浓度为1.0*X*，浴比为1∶200，pH为4.5，30min内升温至90℃，保温染色一定时间，水洗，晾干。测不同染色时长下染色织物的*K*/*S*值，结果如图6-14所示。

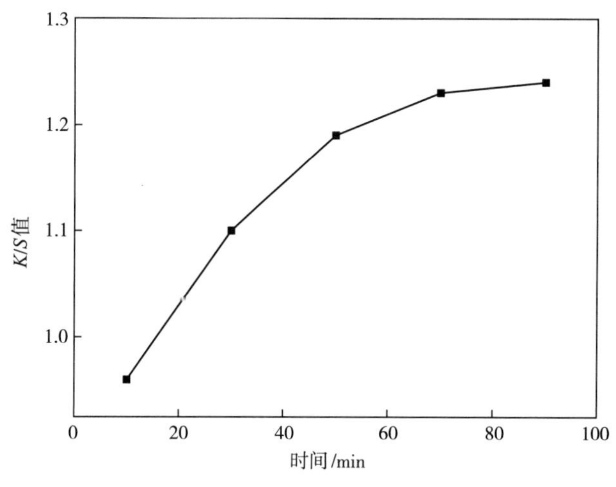

图6-14　染色时间对*K*/*S*值的影响

K/*S*值随染色时间的延长逐渐增加，最后趋于平衡。直接染色较合适的时长可为50min左右。

综合上述结果，直接染色较为合适的条件为：染液浓度*X*，染色温度60℃，pH为3~4，染色时间50min，浴比1∶200。

四、西红花染液对真丝织物的预媒染染色

预媒染染色的正交方案如表6-16所示。

表6-16　预媒染处理正交实验表

水平	染液 pH	染液浓度（*X*）	媒染剂用量 /% (owf)
1	3	0.5*X*	2
2	4	1.0*X*	3
3	5	1.5*X*	4

将织物在50℃保温预媒处理50min，取出试样置于染浴中，保持浴比1:200，升温至90℃，保温染色30min，水洗，晾干，测染色织物的*K/S*值，结果如表6-17所示。

表6-17　预媒染染色结果直观分析

序号	pH	染液浓度/%	媒染剂用量%	空白列	*K/S*值
1	1	1	1	1	5.322
2	1	2	2	2	6.250
3	1	3	3	3	7.080
4	2	1	2	3	4.981
5	2	2	3	1	5.538
6	2	3	1	2	5.966
7	3	1	3	2	4.593
8	3	2	1	3	4.786
9	3	3	2	1	5.092
$\overline{K_1}$	6.217	4.965	5.358	5.317	
$\overline{K_2}$	5.495	5.525	5.441	5.603	
$\overline{K_3}$	4.824	6.046	5.737	5.616	
R	1.393	1.081	0.379	0.299	

直观分析的结果表明，染液pH对染色织物的*K/S*值影响最大，其次是染液浓度和媒染剂用量。相比直接染色的结果，媒染剂有较为明显的增深效果。上述因素的最佳组合为pH为3、染液浓度为1.5*X*、媒染剂用量为4%，与正交表中的实验3相对应，该组染色织物的*K/S*值为7.08，是最高值，表明正交实验结果较为合理。

第三节　天然植物艾叶对羊毛织物的染色

一、天然植物艾叶概述

艾叶，其来源于植物艾蒿。艾蒿为菊科蒿属多年生野生草本植物，其适应性很强，普遍生长于路旁荒野、草地。艾蒿的药用部位是艾叶，艾叶的药用功能来源于其中所含有的化学物质：挥发油、黄酮、桉叶烷及微量化学元素等。作为一种中草药，它具有抗菌及抗病毒、镇咳及祛痰、止血及抗凝血、镇静及抗过敏和护肝利胆等作用。艾叶还具有一种特殊的香味，这种特殊香味具有驱蚊虫的功效。在本节中，具体探讨了艾叶染料的提取及对毛织物的可染性。

二、艾叶色素的提取

称取10g艾叶，按表6-18进行正交实验，提取液过滤后定容至300mL，取1mL稀释至50mL，用岛津UV-2550型紫外可见光分光光度计测其全谱，并在最大吸收波长处测定溶液的吸光度，以此作为评价指标，确定色素提取最佳工艺。

表6-18　艾叶色素提取法正交实验表

水平	加水量 /mL	提取温度 /℃	提取时间 /min
1	200	80	90
2	300	90	110
3	400	100	130

艾叶色素水法提取的正交实验结果如表6-19所示。分析表中数据可知，加水量对艾叶提取影响最大，其次是温度，提取时间的影响最小。在实验提取过程中发现，加水量为300mL时艾叶色素提取最充分，提取温度越高，艾叶色素提取越充分。较适宜的提取方案为：加水量为300mL，提取温度为100℃，提取时间为90min。最佳工艺下的组合正是第六组，测得的吸光度是九组当中最大值，由此可见，正交法所得的最佳染色工艺是正确合理的。

表6-19　艾叶色素提取的正交实验结果与直观分析

序号	加水量 /mL	提取温度 /℃	提取时间 /min	误差项	吸光度
1	1	1	1	1	0.965
2	1	2	2	2	0.899
3	1	3	3	3	0.980
4	2	1	2	3	0.987
5	2	2	3	1	0.990
6	2	3	1	2	1.171
7	3	1	3	2	0.770
8	3	2	1	3	0.852
9	3	3	2	1	0.928
$\overline{K_1}$	0.948	0.907	0.996	0.961	
$\overline{K_2}$	1.049	0.914	0.938	0.947	
$\overline{K_3}$	0.849	1.026	0.913	0.940	
R	0.200	0.119	0.083	0.021	

三、艾叶提取液对羊毛织物的直接染色

将上述最佳提取方案提取的溶液，定容至300mL，作为标准液备用，其浓度设为X。按表6-20进行染色，浴比为1∶100，根据染色织物的色差选取最佳染色工艺。

表6-20 直接染色正交实验表

水平	温度/℃	染液pH	染液浓度	时间/min
1	80	4	X	40
2	90	6	（2/3）X	50
3	100	8	（1/3）X	60

艾叶色素直接对毛织物染色后，织物的色差测定结果如表6-21所示。

表6-21 艾叶直接染色结果直观分析

序号	温度/℃	pH	浓度	时间/min	色差 ΔE
1	1	1	1	1	27.67
2	1	2	2	2	16.41
3	1	3	3	3	12.38
4	2	1	2	3	29.93
5	2	2	3	1	15.75
6	2	3	1	2	18.05
7	3	1	3	2	29.99
8	3	2	1	3	21.82
9	3	3	2	1	16.00
$\overline{K_1}$	18.82	29.20	25.51	19.81	
$\overline{K_2}$	21.24	17.99	20.78	21.48	
$\overline{K_3}$	22.60	15.48	19.37	21.38	
R	3.78	13.72	6.14	1.67	

从表6-21可以看出，染液pH和染液浓度对织物染色的影响最大，尤其是染液pH的影响更大。随着pH的减小，染液浓度的增加，染色织物的色差增大。时间和温度对织物染色的影响相对较小。直接染的最佳工艺是：温度100℃，染液pH=4，染液浓度X（即标准液），染色时间50min。

经验证实验，所得织物的颜色特征值为：L^*=50.38、a^*=8.42、b^*=30.33、ΔE=40.95、c^*=31.48、h^*=74.49。

对比表6-21的数据，可以看出最佳染色条件验证下的织物色差最大，表明所选的染色工艺较合理。

四、艾叶提取液对羊毛织物的预媒染染色

按表6-22对毛织物进行预媒染处理，浴比为1∶100。处理完毕后，按上述最佳直接染色工艺进行染色，根据染色织物的色差选取预媒染的最佳工艺。

表6-22 预媒染处理正交实验表

水平	温度/℃	时间/min	媒染剂用量/%(o.w.f)
1	60	30	1
2	80	40	2
3	100	50	3

按表6-22方案预媒处理的织物采用上述最佳直接染色工艺进行染色，测得其色差如表6-23所示。

表6-23 预媒染正交实验结果直观分析

序号		温度/℃	时间/min	媒染剂用量/%(o.w.f)	色差 ΔE	
					铁盐	铜盐
1		1	1	1	41.05	40.02
2		1	2	2	41.50	42.68
3		1	3	3	43.92	40.30
4		2	1	2	41.53	43.62
5		2	2	3	42.79	43.92
6		2	3	1	42.10	43.63
7		3	1	3	45.25	44.64
8		3	2	1	44.60	45.33
9		3	3	2	46.36	45.89
铁盐	$\overline{K_1}$	42.16	42.61	42.58		
	$\overline{K_2}$	42.14	42.96	43.13		
	$\overline{K_3}$	45.40	44.13	43.97		
	R	3.26	1.52	1.39		

续表

序号		温度 / ℃	时间 / min	媒染剂用量 / % (o.w.f)	色差 ΔE	
					铁盐	铜盐
铜盐	$\overline{K_1}$	41.00	42.76	42.99		
	$\overline{K_2}$	43.72	43.98	44.06		
	$\overline{K_3}$	45.29	43.27	42.95		
	R	4.29	1.22	1.11		

由表6-23可以看出预媒处理中最大的影响因素为温度，相应的最佳处理条件为：

铁盐工艺：100℃，50min，$FeSO_4$ 3%（o.w.f）；

铜盐工艺：100℃，40min，$CuSO_4$ 2%（o.w.f）。

经验证实验，所得织物的颜色特征值分别如下：

铁盐：L^*=40.27，a^*=6.27，b^*=27.45，ΔE=49.57，c^*=30.18，h^*=76.43；

铜盐：L^*=41.26，a^*=6.14，b^*=26.54，ΔE=46.19，c^*=27.47，h^*=67.37。

对比表6-23的数据，可以看出验证实验条件下的织物色差最大，表明所选的预媒处理工艺较合理。

五、艾叶提取液对羊毛织物的同浴媒染染色

按表6-24对毛织物进行同浴媒染染色，浴比为1:100，根据染色织物的色差选取最佳染色工艺。

表6-24 同浴媒染法染色正交实验表

水平	温度 /℃	时间 /min	染液 pH	媒染剂用量 /%(o.w.f)
1	60	30	4	1
2	80	40	6	2
3	100	50	8	3

毛织物经铁盐和铜盐同浴媒染后的色差及相关分析如表6-25所示。

表6-25 同浴媒染正交实验结果直观分析

序号	温度 /℃	时间 /min	pH	媒染剂用量 / % (o.w.f)	色差 ΔE	
					铁盐	铜盐
1	1	1	1	1	28.15	15.20
2	1	2	2	2	46.65	25.72

续表

序号		温度 /℃	时间 /min	pH	媒染剂用量 / % (o.w.f)	色差 ΔE	
						铁盐	铜盐
3		1	3	3	3	40.81	28.11
4		2	1	2	3	43.59	34.29
5		2	2	3	1	37.8	35.90
6		2	3	1	2	31.43	33.89
7		3	1	3	2	40.55	39.94
8		3	2	1	3	34.72	33.58
9		3	3	2	1	48.17	39.29
铁盐	$\overline{K_1}$	38.54	37.43	31.43	38.04		
	$\overline{K_2}$	37.61	39.72	46.14	39.54		
	$\overline{K_3}$	41.15	40.14	39.72	39.71		
	R	3.54	2.71	14.71	1.67		
铜盐	$\overline{K_1}$	23.01	29.81	27.56	30.13		
	$\overline{K_2}$	34.69	31.73	33.1	33.18		
	$\overline{K_3}$	37.6	33.76	31.99	31.99		
	R	14.59	3.95	5.54	3.05		

由表6-25可以看出铁盐同浴媒染中pH的影响最为显著，铜盐同浴媒染中则是染色温度的影响最为显著，同浴媒染的最佳工艺条件为：

铁盐工艺：100℃，50min，pH=6，$FeSO_4$ 3%（o.w.f）；

铜盐工艺：100℃，50min，pH=6，$CuSO_4$ 2%（o.w.f）。

经验证实验，所得织物的颜色特征值分别如下：

铁盐：L^*=40.64，a^*=1.17，b^*=16.54，ΔE=50.73，c^*=21.79，h^*=88.47；

铜盐：L^*=48.43，a^*=3.24，b^*=28.04，ΔE=42.75，c^*=26.57，h^*=82.18。

对比表6-25的数据，可以看出验证实验条件下的织物色差最大，表明所选的同浴媒染工艺较合理。

六、艾叶提取液对羊毛织物的后浴媒染染色

先将毛织物按上述最佳直接染色工艺进行染色，然后按表6-26进行媒染处理，最后根据染色织物的色差选取最佳媒染处理工艺。

表6-26　后媒染处理正交实验表

水平	温度 /℃	时间 /min	媒染剂用量 /%(o.w.f)
1	60	30	1
2	80	40	2
3	100	50	3

按表6-26方案对最佳直接染色工艺下所得的织物进行后媒处理，所得织物色差及相关分析如表6-27所示。

表6-27　后媒处理正交实验结果直观分析

序号		温度 /℃	时间 /min	媒染剂用量 /% (o.w.f)	色差 ΔE	
					铁盐	铜盐
1		1	1	1	50.12	40.58
2		1	2	2	52.8	43.63
3		1	3	3	54.65	43.21
4		2	1	2	56.46	47.05
5		2	2	3	56.44	48.98
6		2	3	1	55.43	47.57
7		3	1	3	60.96	50.47
8		3	2	1	58.74	50.44
9		3	3	2	60.61	54.09
铁盐	$\overline{K_1}$	52.52	55.85	54.76		
	$\overline{K_2}$	56.11	55.99	56.62		
	$\overline{K_3}$	60.1	56.9	57.35		
	R	7.58	1.05	2.59		
铜盐	$\overline{K_1}$	42.47	46.03	46.2		
	$\overline{K_2}$	47.87	47.68	48.26		
	$\overline{K_3}$	51.67	48.29	47.55		
	R	9.2	2.26	2.06		

由表6-27可以看出后媒处理中最大的影响因素为温度，相应的最佳处理条件为：

铁盐工艺：100℃，50min，$FeSO_4$ 3%（o.w.f）；

铜盐工艺：100℃，50min，$CuSO_4$ 2%（o.w.f）（该组合为表6-27中的第9组实验）。

经验证实验，所得织物的颜色特征值分别如下：

铁盐：L^*=26.24，a^*=1.77，b^*=17.52，ΔE=63.67，c^*=18.45，h^*=85.49；

铜盐：L^*=33.95，a^*=3.65，b^*=20.49，ΔE=54.09，c^*=20.81，h^*=79.89（第9组实验的数据）。

由此可以看出最佳处理条件下的织物色差最大，表明所选的后浴媒染工艺较合理。

第四节 天然染料石榴皮对羊毛纤维的染色

一、天然染料石榴皮概述

石榴为石榴属落叶灌木或小乔木植物，主要分布在亚热带及温带地区，在我国南北各地区均有种植。石榴皮为石榴的干燥果皮，占石榴质量的20%～30%，其性酸、味涩，为常用中药，具有涩肠止泻、止血、驱虫之功效。鞣花单宁是石榴皮中的主要成分，该物质对化学物质诱导癌变及其他癌变有明显抑制作用，可作为外源性抗氧化剂使用。安石榴苷是石榴皮中特有的鞣花单宁，目前对安石榴苷的研究越来越多，研究表明其具有抗氧化、抗菌和抗癌等作用，在医疗、保健、功能性食品和化妆品领域都有很大的发展前景。中国三江流域海拔1700~3000m的察隅河两岸的荒坡上分布有大量野生古老石榴群落。中国南北地区也都有栽培，以江苏、河南等地种植面积较大，资源丰富，但是石榴皮一直未能得到充分利用。

二、石榴皮色素的提取工艺

石榴皮的主要成分是鞣花酸类物质，其具有多酚类酯的结构，显酸性。在碱性介质中会发生成盐反应而改变其存在状态，进而使色泽发生变化，虽能提高提取效率，但染料成分发生了变化。而在酸性介质中，鞣花酸类物质的结构和状态不发生变化，色泽较为稳定，但是同时抑制了染料的提取量。因此，石榴皮染料应在中性介质中提取为最佳，且该染料组分易溶于水，用水煮法即可提取。

取去杂捣碎的干石榴皮（6～14g），加入装有100mL蒸馏水的烧杯中，分别在不同时间（40～160min）和不同温度（60～100℃）下对石榴皮进行提取，并讨论石榴皮用量、提取时间和温度对提取效果的影响。

（一）石榴皮用量对提取的色素液吸光度的影响

按照石榴皮色素提取工艺，用电子天平分别称取6g、8g、10g、12g、14g5组不同用量的石榴皮，捣碎以后放入5个装有100mL蒸馏水的烧杯中，并在烧杯外壁做好标记以便区分，杯口用保鲜膜封好；将恒温水浴锅预设温度设为90℃，当温度上升至指定温度时，把5组试样同时放入锅中加热并计时，水煮120min以后，将烧杯取出，待冷却一段时间后，过滤提取液并定容至100mL，用保鲜膜封存好，放置待用。

提取液稀释后的吸光度值如表6-28所示。

表6-28 不同石榴皮用量提取石榴皮色素的吸光度

石榴皮用量/g	6	8	10	12	14
吸光度	0.496	0.530	0.952	0.955	0.972

由表6-28可知，随着石榴皮用量的增加，提取液的吸光度逐渐增大，特别是用量从8g增加到10g这段效果最显著；但当石榴皮用量达到10g时，再增加石榴皮的用量，吸光度的增加不明显。说明石榴皮色素在一定温度下，一次提取的色素是有限的，可以对提取后的残渣进行二次或多次提取，以提高色素提取率。因此，确定10g为最佳用量。

（二）提取时间的确定

按石榴皮色素提取工艺改变提取时间，用天平称取7份均为10g的石榴皮，捣碎后放入7个装有100mL蒸馏水的烧杯中，同样设置恒温水浴锅的指定温度为90℃，分别经过40min、60min、80min、100min、120min、140min、160min后取出烧杯，待冷却一段时间后过滤定容至100mL，用保鲜膜封好存放。

将提取液稀释一定倍数后，测量吸光度。7组样品的测试结果如图6-15所示。

由图6-15可以看出，随着提取时间的增加，吸光度增加，当提取时间超过100min后，吸光度值的增加幅度开始慢慢降低，色素溶解度逐渐达到饱和，因此选择最佳提取时间为100min。

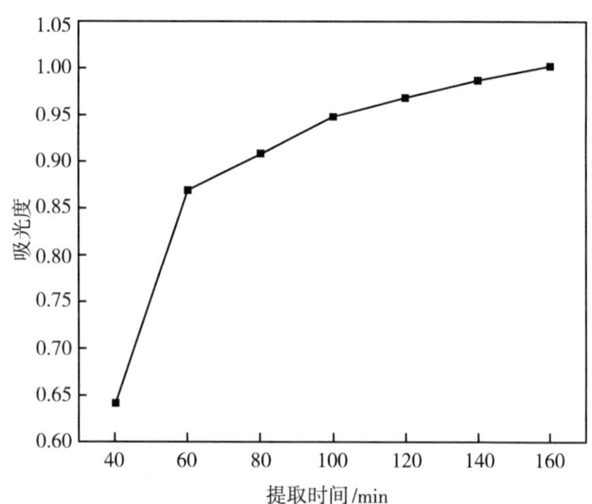

图6-15 不同时间提取石榴皮色素的吸光度

（三）提取温度的确定

按石榴皮色素提取工艺改变提取温度，采用（一）得出的石榴皮的最佳用量10g和（二）得到的最佳提取时间100min，分别设置5组不同的温度（60℃、70℃、80℃、90℃、100℃）对石榴皮色素进行提取，结果如表6-29所示。

表6-29　不同温度提取石榴皮色素的吸光度

提取温度/℃	60	70	80	90	100
吸光度	0.596	0.775	1.015	0.716	0.698

由表6-29可知，随着提取温度的增加，吸光度增加，吸光度在80℃时达到最大，当温度继续升高时，吸光度开始降低。故选择提取温度80℃为最佳提取温度。

石榴皮色素提取最佳工艺为：100mL水中加入石榴皮用量10g在80℃下水煮100min。按照此工艺提取一定量的石榴皮色素至容量瓶中，作为染色部分实验备用。

三、石榴皮色素对羊毛的染色性能

（一）色素用量对羊毛纤维染色深度的影响

取一定量的石榴皮色素提取液，加蒸馏水稀释得石榴皮色素的体积分数为20%、40%、60%、80%的染浴。分别在常规条件和超声波条件下对羊毛纤维进行染色，浴比1∶100，加入醋酸调节染浴pH=3，染色时间60min，染色温度60℃，探究石榴皮色素用量对染色后羊毛纤维染色深度的影响，结果如图6-16所示。

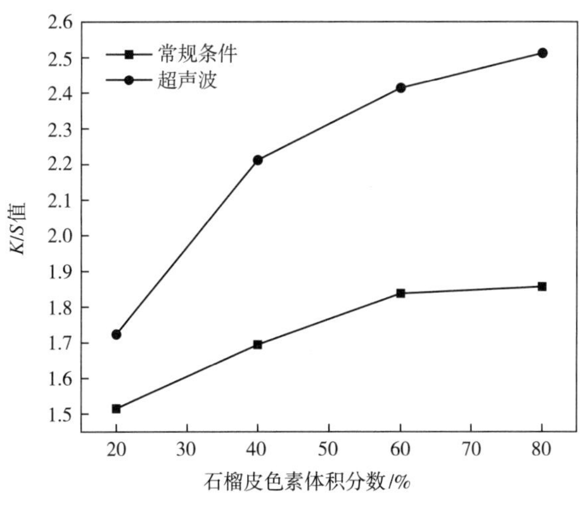

图6-16　色素用量对羊毛纤维染色深度的影响

由图6-16可看出，常规条件下，羊毛纤维的K/S值随着石榴皮色素用量的增加而增大，当色素用量大于60%时，K/S值的增大趋于平缓。

比较常规条件和超声波条件，在同一染液体积分数下，超声波条件下的羊毛染色深度都高于常规条件下的，并且体积分数越高，两者K/S值之差越大，这说明超声波对石榴皮染羊毛纤维起到了一定的促进作用，在实际应用中可大大降低石榴皮的用量，节约原料。

除了K/S值，电脑测色配色仪还测出了羊毛纤维一些其他的颜色特征值，包括L^*、a^*、b^*、c^*和h^*，结果见表6-30。

表6-30　不同的色素用量对羊毛纤维颜色特征值的影响

实验条件	染液体积分数/%	颜色特征值					
		L^*	a^*	b^*	c^*	h^*	K/S值
常规条件下	20	75.41	0.64	17.33	17.34	87.87	1.515
	40	77.91	1.06	21.22	21.25	87.12	1.695
	60	78.29	1.69	23.89	23.95	85.96	1.838
	80	76.90	2.29	23.9	24.01	84.52	1.857
超声波条件下	20	77.56	1.84	22.17	22.24	85.25	1.724
	40	75.88	1.81	24.12	24.18	85.70	2.212
	60	75.53	2.35	25.53	25.64	84.74	2.414
	80	75.09	3.06	27.40	27.57	83.63	2.512

由表6-30可以看出，常规条件下，随着染液体积分数的增加，L^*值先增大后减小，且体积分数为60%的时候明度最高；a^*值都为正数，色素偏红，并且随着体积分数增大，a^*值越来越大；b^*值也都是正数，色素偏黄，和a^*值一样，随着体积分数的增大b^*值也逐渐增大；c^*代表彩度值大小，从表中可以看出，c^*值逐渐在增大，说明上染的颜色纯度越来越高。

超声波条件下的a^*、b^*、c^*值的变化规律和常规条件下的相同，都是随着染液体积分数的增加而逐渐增大，但是L^*值的变化规律则和常规条件下的不尽相同，其明度呈逐渐下降的趋势，从表6-30中还可以看出，超声波条件下体积分数为20%时的明度与常规条件下体积分数为40%时的明度值相接近且前者条件下的纯度也高于后者，这足以说明超声波对该染色过程的影响之大。

（二）染色时间对羊毛纤维染色深度的影响

与（一）步骤中方法相同，设置几组不同的时间（40min、60min、80min、100min、120min、140min、160min），分别在常规条件和超声波条件下对羊毛纤维进行染色（pH=3、染液体积分数60%、染色温度60℃)，探究染色时间对染色深度的影响，结果如图6-17所示。

从图6-17中可以看出，常规条件下和超声波条件下的K/S值变化趋势都是先增大后减小，在染色前80min，K/S值上升较快；80min以后，K/S值增加速度显著降低。这是由于羊毛在等电点以下时，表面呈正电荷，染色初始阶段，羊毛纤维上的离子化氨基数量较多，色素与羊毛之间的静电吸附较强，因此，色素上染速率较快。随着时间的延长，羊毛纤维表面的离子化氨基不断与色素阴离子结合，静电吸引作用变弱，导致上染速率变缓。且常规条件下的K/S值最大只达到2.5左右，上染率相对较低，原因可能和羊毛纤维表面的鳞片层结构有关，鳞片层中的外角质层胱氨酸含量高，存在大量的二硫键，结构致密，在60℃下羊毛纤维溶胀度较低，羊毛鳞片不能充分张开，阻碍了色素的上染，因此，石榴皮色素的上染率不高。从图6-17中还可以看出，在超声波条件下，羊毛纤维的染色深度明显高于常规条件下的，说明超声波辅助法对石榴皮色素上染羊毛纤维起到了很大的促进作用，提高了染色效率。其他颜色特征值如表6-31所示。

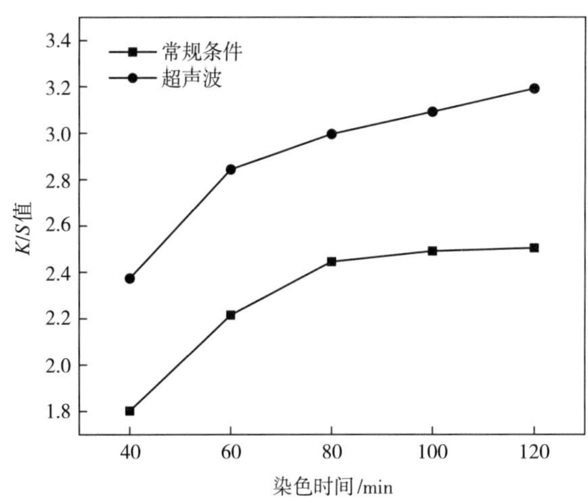

图6-17　染色时间对羊毛纤维染色深度的影响

表6-31　不同的染色时间对羊毛纤维颜色特征值的影响

实验条件	染色时间/min	颜色特征值					
		L^*	a^*	b^*	c^*	h^*	K/S值
常规条件下	40	78.96	0.53	23.62	23.63	88.73	1.802
	60	79.81	0.69	24.48	24.48	88.41	2.215
	80	76.44	1.23	27.68	27.70	87.46	2.445
	100	77.53	1.38	27.35	27.39	87.12	2.491
	120	76.14	1.05	26.36	26.38	87.72	2.504

续表

实验条件	染色时间 /min	颜色特征值					
		L^*	a^*	b^*	c^*	h^*	K/S 值
超声波条件下	40	74.33	1.68	23.02	23.08	85.83	2.373
	60	73.88	3.73	26.94	27.2	82.13	2.844
	80	73.55	4.11	27.63	27.94	81.53	2.996
	100	72.56	4.25	27.33	27.66	81.15	3.092
	120	71.82	4.94	28.67	29.09	80.24	3.191

由表6-31可看出，常规条件下和超声波条件下的a^*值、b^*值都是正数，颜色偏红偏黄，两者的a^*、b^*、c^*值的变化规律相同，都是随着染色时间的增加而逐渐增大，但是从L^*值的变化规律可以看出，超声波条件下染的羊毛纤维的明度L^*值整体低于常规条件下的，而其纯度值c^*又并不比常规条件下的低，这说明在超声波条件下染40min的效果比在常规条件下染120min的效果还要好。由此可进一步推出，在染色时间这组单因素实验中，超声波对染色效果的影响已经超过了染色时间对染色效果的影响。

（三）染浴pH对羊毛纤维染色深度的影响

分别在常规条件和超声波条件下对羊毛纤维进行染浴pH的单因素实验，定量分别为染液体积分数60%、染色温度60℃、染色时间80min，探究在不同的pH（3、3.5、4、4.5、5）的染液中，石榴皮色素对羊毛纤维染色深度的影响，实验结果如图6-18所示。

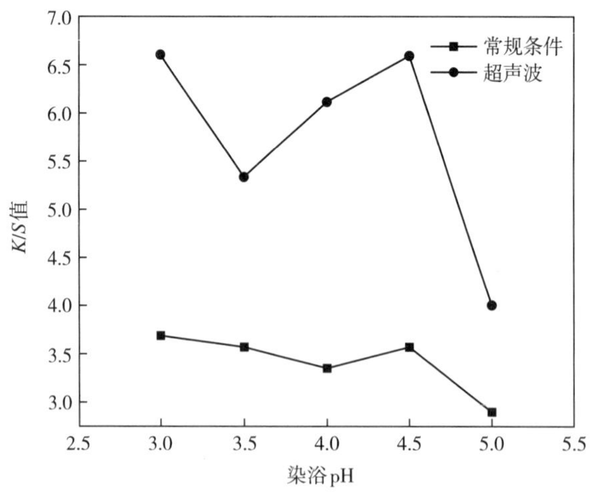

图6-18　染浴pH对羊毛纤维染色深度的影响

由图6-18可以看出，常规条件下K/S值在染液pH为3.0时最大。继续增大染液pH，K/S值降低，当pH增加至4.0时，K/S值又开始上升，至pH为4.5时最大，这可能跟羊毛纤维的等电点和石榴皮色素的稳定性有关，因此染液pH选用4～4.5进行染色较好。超声波条件下*K/S*值的变化规律大致与常规条件下的相同，不同的是在超声波条件下，在pH为3.5时，*K/S*值就开始上升；而在常规条件下，当pH为4时，*K/S*值才有所增长。但从整体上来看，超声波条件下的*K/S*值依然大于常规条件下的。其他颜色特征值如表6-32所示。

表6-32　染浴pH对羊毛纤维颜色特征值的影响

实验条件	染浴pH	颜色特征值					
		L^*	a^*	b^*	c^*	h^*	*K/S*值
常规条件下	3.0	74.33	1.18	29.48	29.51	87.72	3.688
	3.5	74.53	1.99	27.07	27.14	85.80	3.569
	4.0	76.95	1.22	25.85	25.87	87.29	3.352
	4.5	76.93	0.34	24.32	24.32	89.20	3.570
	5.0	79.15	0.07	23.02	23.02	89.82	2.898
超声波条件下	3.0	66.63	6.08	31.76	32.33	79.17	6.605
	3.5	68.94	5.02	29.87	30.28	80.46	5.336
	4.0	72.46	2.20	29.54	29.62	85.74	6.118
	4.5	68.66	5.86	32.43	32.98	79.87	6.594
	5.0	70.77	5.27	28.56	29.04	79.54	4.006

由表6-32可以看出，常规条件下和超声波条件下的a^*值、b^*值依然还是正数，颜色偏红偏黄，常规条件下的明度值随着pH的增大一直在不断增大，偏红值先增大后减小，偏黄值则一直在降低，纯度值在不断减小；超声波条件下的变化趋势是随着pH的增大，L^*值先增大后减小再增大，a^*、b^*、c^*值则是先减小后增大再减小，其中当pH为4.5时的a^*、b^*、c^*值达到最大，染色效果最好，所以在实际应用中，如果采用超声波辅助染色，染浴pH可选为4.5。

（四）染色温度对羊毛纤维染色深度的影响

分别在常规条件和超声波条件下对羊毛纤维进行染色温度的单因素实验，定量分别为染液体积分数60%、染浴pH为4.5、染色时间80min，探究在不同的染色温度（40℃、50℃、60℃、70℃、80℃、90℃、100℃）对羊毛纤维染色深度的影响，实验结果如图6-19所示。

从图6-19中可以看出，常规条件下随着染色温度的升高，*K/S*值也逐渐增大，当温度升高至90℃时，*K/S*值变化趋势开始变缓，并保持稳定。说明染色温度的升高有利于染料的上染，这是由于羊毛纤维表面具有鳞片层，温度低时，羊毛纤维表面鳞片状结构比较紧密，染料仅吸附在表面，不易渗透到纤维内部，上染量很少；当温度较高时，染料易向纤维内部扩散，因此K/S值提高；但温度过高会对羊毛纤维造成损伤。

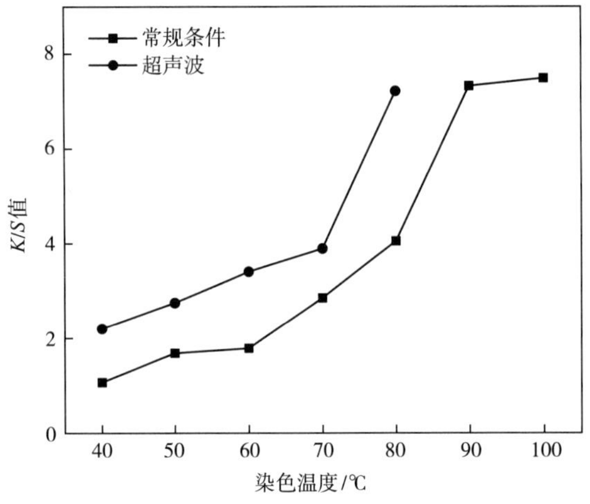

图6-19　染色温度对羊毛纤维染色深度的影响

超声波的这组实验，由于实验器材的限制，无法看到80℃以后的K/S值变化，但从图6-19中可以看出，超声波条件下染色温度为80℃时的K/S值和常规条件下染色温度为90℃时的K/S值接近，由此看出，超声波可大大降低染色时的温度，从而降低能耗。其他特征值如表6-33所示。

表6-33　染色温度对羊毛纤维颜色特征值的影响

实验条件	染色温度/℃	颜色特征值					
		L^*	a^*	b^*	c^*	h^*	K/S值
常规条件下	40	80.72	0.12	15.87	15.87	89.56	1.072
	50	80.23	−0.23	19.54	19.55	90.68	1.684
	60	76.90	1.88	21.62	21.70	85.05	1.786
	70	73.73	1.59	24.93	24.98	86.34	2.850
	80	71.97	2.45	28.11	28.21	85.03	4.049
	90	63.24	7.30	33.03	33.83	77.54	7.325
	100	65.07	5.90	33.55	34.07	80.03	7.489
超声波条件下	40	76.11	1.00	22.72	22.74	87.47	2.204
	50	76.44	2.20	27.54	27.63	84.95	2.751
	60	71.66	2.58	27.16	27.29	84.64	3.406
	70	71.22	1.72	27.39	27.45	86.41	3.893
	80	62.41	3.57	29.26	29.47	83.06	7.218

由表6-33可以看出，常规条件下，随着染色温度的升高，L^*值在不断降低，直至温度达到100℃时，明度值略微升高，a^*值在不断升高直至100℃时开始降低，b^*值和c^*值随着染色温度的升高一直在不断增加，即偏黄值和颜色的纯度一直在增加。

超声波条件下的染色深度随着染色温度的升高一直在不断增加，L^*、a^*、b^*、c^*也发生相应变化，特别是在温度从70℃上升至80℃的过程中，K/S值变化尤其显著，超声波在这一变化范围内的影响更大。

（五）染色牢度

取母液体积分数为60%，染液pH为4.5，染色温度为80℃，染色时间为80min，按1∶100的浴比将羊毛纤维在常规和超声条件下染色。将石榴皮提取液染色羊毛纤维进行色牢度测试，结果如表6-34所示。石榴皮提取液对羊毛纤维的干摩擦色牢度尚可，水洗变色和沾色牢度偏低，超声波条件下染色的纤维的水洗变色牢度和湿摩擦变色牢度分别增加了0.5级。总的来说，石榴皮色素对羊毛纤维的上染性能较好。

表6-34　石榴皮提取液染色羊毛纤维的色牢度

染色方式	水洗		干摩擦		湿摩擦	
	沾色	变色	沾色	变色	沾色	变色
常规染色	3	2~3	4	4~5	3	3
超声染色	3	3	4	4~5	3	3~4

参考文献

[1] 周启澄，屠恒贤，程文红. 纺织科技史导论[M]. 上海：东华大学出版社，2003.

[2] 孙云嵩. 植物与染色[J]. 丝绸，1997（3）：50-53.

[3] 吴宏仁. 对世界化纤工业生产的回顾与展望（上）[J]. 纺织科学研究，1998（1）：1-4.

[4] GILBERJ K G, COOKE D T. Dyes from plants: past usage，present understanding and potential[J]. Plant Growth Regulation, 2001(34): 57-69.

[5] WELHAM A. The theory of dyeing[J]. Journal of the Society of Dyers and Colourists, 2000(116): 140-143.

[6] HANCOCK M, BOXWORTH A. Potential for colorants from plant sources in England & Wales [EB/OL]. (2022-11-14) [2023-2-3]. http.//www.marz-kreations.com/WildPlants/CRUC/Docs/Colourants.pdf .

[7] 陈荣圻. 以对氨基偶氮苯为中间体染料的生态问题[J]. 印染，2005（12）：24-27.

[8] KUMAR J K, SINHA A K. Resurgence of natural colourants: a holistic view[J]. Natural Product Research, 2004, 18(1): 59-84 .

[9] ISHIGAMI Y, SUZUKI S. Development of biochemicals-functionalization of biosurfactants and natural dyes[J]. Progress in Organic Coatings, 1997, 31(1-2): 51-61.

[10] VANKAR P S. Chemistry of natural dyes[J]. Resonance, 2000(10): 1-8.

[11] 陈建国. 我国民族植物色素的应用[J]. 中国野生植物资源，2000，19（2）：21-24.

[12] SHEN Z. Production and standards for chemical non-wood forest products in China[J]. Center for International Forestry Research, 1995(6): 1-18.

[13] ROS-TONEN M A F. The role of non-timber forest products in sustainable tropical forest management[J]. European Journal of Wood and Wood Products, 2000, 58(3): 196-201.

[14] AKIRA M. Antimicrobial Agent: Japan, JP2001064163[P]. 2001.

[15] SINGHA R, JAINB A, PANWARB S, et al. Antimicrobial activity of some natural dyes[J]. Dyes and Pigments, 2005(66): 99-102.

[16] 孙小兵，盛家荣，王定培. 南板蓝根化学成分及药理作用研究[J]. 广西师范学院学报（自然科学版），2008，25（4）：66-69.

[17] 杨璧玲. 植物靛蓝染色传统工艺原理及应用现状[J]. 染整技术，2008，30（3）：13-15.

[18] 邓文通. 蓝靛瑶蓝靛文化中的科学技术[J]. 广西民族学院学报，1996，2（2）：80-84.

[19] 曹云丽，黄强，班春兰，等. 对中药大黄中蒽醌类物质的提取分离方法的研究[J]. 云南中医中药杂志，2005，26（1）：36-38.

[20] 程万里，王艳，张蕙. 大黄对真丝织物的染色性能研究[J]. 染整技术，1997，19（3）：16-19.

[21] 孙梦迪，秦建春，刘冰，等. 紫草科植物的化学成分及药理作用研究进展[J]. 药学资讯，2017，6（4）：79-83.

[22] 榕嘉. 茜草的性能和染色试验[J]. 丝绸，2002（2）：28-29.

[23] GOVERDINA C H DERKSEN，TERIS A V B，et al. High-performance liquid chromatographic method for the analysis of anthraquinone glycosides and aglycones in madder root（Rubia tinctorum L）[J]. Journal of Chromatography A，1998，816（2）：277-281.

[24] 杨东洁，郑光洪. 茜草在天然纤维染色中的应用[J]. 丝绸，2000（12）：19-21.

[25] TELI M D, ADIVAREKAR R V，PARDESHI P D. Deying of pretreated cotton substrated with madder extract[J]. Colourage，2004, 51(2): 23-24, 26-28, 30-32.

[26] 吴得意. 红花红色素的提取工艺及产品质量控制[J]. 化工进展，2003，22（1）：26-28.

[27] 余志成. 红花色素在苎麻、蚕丝织物上的染色性能研究[J]. 纺织学报，2004，25（5）：19-21.

[28] 孙云嵩. 植物染色技术[J]. 丝绸，2000（10）：24-29.

[29] 余志成，陶尧定，周秋宝. 天然植物染料槐米的染色性能研究[J]. 丝绸，2001（6）：10-11.

[30] 张穗坚. 中国地道药材鉴别使用手册[M]. 广州：广东旅游出版社，2000.

[31] KIM T K，YOON S H，SON Y A. Effect of reactive anionic agent on dyeing of cellulosic fibers with a berberine colorant[J]. Dyes and Pigments，2004，60（2）：121-127.

[32] 董绍伟，周秋宝. 天然石榴皮染料的提取及在真丝织物上的应用[J]. 印染，2004（18）：4-6.

[33] 贾呐. 中国传统植物染料、染色方法及应用前景初探[J]. 江苏纺织，2004（6）：41-42.

[34] 程万里. 天然染料苏木在真丝绸上的应用[J]. 丝绸，2000（10）：21-24.

[35] 林杰，张波，路艳华. 天然苏木植物染料在大豆蛋白纤维染色中的应用[J]. 辽宁丝绸，2004（2）：14-16.

[36] 余志成，周秋宝. 五倍子色素对真丝的染色机理及性能研究[J]. 纺织学报，2003，24（3）：187-189.

[37] 武煜，顾振纶. 茶多酚的药理学作用及其机制研究进展[J]. 中成药，2005，27（6）：272-275.

[38] 黄旭明，王燕，蔡再生. 茶叶染料对真丝绸染色性能初探[J]. 丝绸，2005（6）：31-33.

[39] WILSON B，ABRAHAM G，MANJU V S，et al. Antimicrobial activity of curcuma zedoaria and curcuma malabarica tubers[J]. Journal of Ethnopharmacology，2005，99（1）：147-151.

[40] 孙云嵩. 黄色植物染料及染色[J]. 丝绸，2003（1）：31-33.

[41] 程万里. 天然染料姜黄对真丝织物的染色性能研究[J]. 印染助剂，2002，19（1）：31-34.

[42] 焦林. 天然染料姜黄对涤纶织物染色的研究[J]. 印染，2005（4）：7-10.

[43] 周秋宝，余志成. 姜黄染料在毛织物染色中的应用[J]. 毛纺科技，2003（4）：25-28.

[44] 郑光洪，飞雪，李振华，等. 姜黄在苎麻染色中的应用研究[J]. 成都纺织高等专科学校学报，1999，16（4）：13-18.

[45] 吕丽华，吴坚，叶方. 姜黄染料用于阳离子改性纤维素纤维织物的染色性能研究[J]. 印染助剂，2005，22（6）：21–24.

[46] 谢学建，张俊慧，马爱华. 中药栀子研究进展[J]. 时珍国医国药，2000，11（10）：943–945.

[47] CHOI H J，PARK Y S，KIM M G，et al. Isolation and characterization of the major colorant in Gardenia fruit[J]. Dyes and Pigments，2001，49（1）：15–20.

[48] 龚熠，余志成. 栀子色素的提取及其在真丝上的染色性能[J]. 丝绸，2004（6）：28–29.

[49] LIAKOPOULOU-KYRIAKIDES M, TSATSARONI E, LADEROS P, et al. Dyeing of cotton and wool fibres with pigments from crocus sativusm: effect of enzymatic treatment [J]. Dyes and Pigments, 1998, 36(3): 215–221.

[50] CHANG L H, JONG T T, HUANG H S. Supercritical carbon dioxide extraction of turmeric oil from curcuma longa Linn and purification of turmerones [J]. Separation and Purification Technology, 2006, 47(3): 119–125.

[51] 杭彩云. 乙醇—水体系中棉织物的活性染料染色及其相关理论研究[D]. 上海：东华大学，2014.

[52] 黄方千，李强林，杨东洁，等. 胭脂虫红的提取及其在纺织品中应用研究进展[J]. 成都纺织高等专科学校学报，2015，32（3）：30–36.

[53] 张建云，李志国，赵杰军，等. 胭脂红酸测定方法及稳定性研究[J]. 食品科学，2007，28（8）：321–326.

[54] 韩雪，崔永珠，魏菊. 蛋白酶法胭脂虫红色素的萃取及对柞蚕丝织物的染色[J]. 丝绸，2011，48（10）：7–10.

[55] 张敏，滕文卓，解朵，等. 胭脂虫红色素对胶原膜的染色性能研究[J]. 皮革科学与工程，2014，24（5）：22–27.

[56] 柳艳，王祥荣. 胭脂虫红色素对羊毛织物的染色性能研究[J]. 现代丝绸科学与技术，2013，28（1）：5–8.

[57] 周岚，邵建中，柴丽琴. 阳离子改性剂在棉纤维天然染料染色中的应用[J]. 纺织学报，2009，30（10）：95–100.

[58] KAMEL M M, EL Z M M, AHMED N S E, et al. Ultrasonic dyeing of cationized cotton fabric with natural dye. Part 1: Cationization of cotton using Solfix E[J]. Ultrasonic Sono Chemistry, 2009, 16(2): 243–249.

[59] 周岚，邵建中，柴丽琴. 阳离子改性剂在棉纤维天然染料染色中的应用[J]. 纺织学报，2009，30（10）：95–100.

[60] 石璐，谢国勇，王飒，等. 密蒙花药学研究进展[J]. 中国野生植物资源，2016（3）：39–45.

[61] 潘乔丹，韦沛琦，黄元河，等. 正交试验对密蒙花总黄酮分离纯化工艺的优化[J]. 湖北农业科学，2016（22）：176–178，184.

[62] 许海棠，廖艳娟，欧小辉，等. 密蒙花黄色素的提取及其稳定性研究[J]. 食品与发酵工业，2015

（6）：222–226.

［63］朱莉娜，鲁丹丹，张伟.天然植物染料密蒙花对丝绸染色性能的研究[J].印染助剂，2016（10）：41–44.

［64］万震，刘嵩，吴秀君.超声波在纺织品加工中的应用[J].纺织导报，2001（2）：22–24，77.

［65］李冉，谢国勇.密蒙花与其替代品结香总提物体外抗氧化活性作用的比较研究[J].现代药物与临床，2018（2）：5–12.

［66］谭美莲，严明芳，汪磊，等.国内外紫苏研究进展概述[J].中国油料作物学报，2012，34（2）：225–231.

［67］焦林，刘书华.紫苏色素对亚麻织物的无媒染色工艺研究[J].印染助剂，2011，28（7）：47–50.

［68］刘娟，雷焱霖，唐友红，等.紫苏的化学成分与生物活性研究进展[J].时珍国医国药，2010，21（7）：1768–1769.

［69］纪白慧，倪鑫炯，曹玉华.石榴皮抗氧化活性成分的提取及其组分的研究[J].天然产物研究与开发，2012（24）：17–22.

［70］王高阳，黄昊，任燕，等.天然植物染料染色的进展研究[J].轻纺工业与技术，2022，51（4）：102–104.

［71］胡玉莉.天然植物色素染料在染发剂中的应用[D].长春：吉林农业大学，2018.

［72］吴朝霞，夏天爽，张璇，等.同时蒸馏法提取艾叶挥发油及其抑菌性研究[J].食品研究与开发.2010，31（8）：19–22.

［73］MOHAMMAD S, SHAHIDUL I, FAQEER M. Recent advancements in natural dye applications: a review[J]. Journal of Cleaner Production, 2013(53): 310–331.

［74］KUSWANDI B, JAYUS L T S, ABDULLAH A, et al. Real-time monitoring of shrimp spoilage using on-package sticker sensor based on natural dye of curcumin[J]. Food Analytical Methods, 2012(5): 881-889.

［75］SINGH N N, BRAVE V R, KHANNA S. Natural dyes versus lysochrome dyes in cheiloscopy: a comparative evaluation[J]. Journal of Forensic Dental Sciences, 2010(2):11–17.

图1　干燥黄连（见正文第20页图2-1）

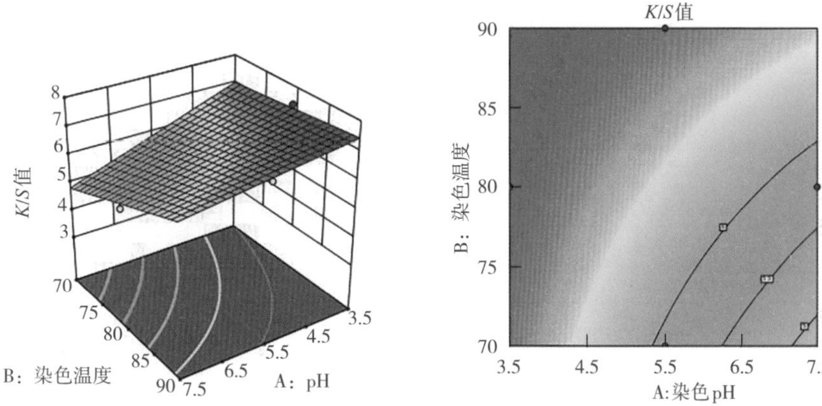

图2　染色pH和单宁酸浓度对染色K/S值的交互作用（见正文第168页图5-3）

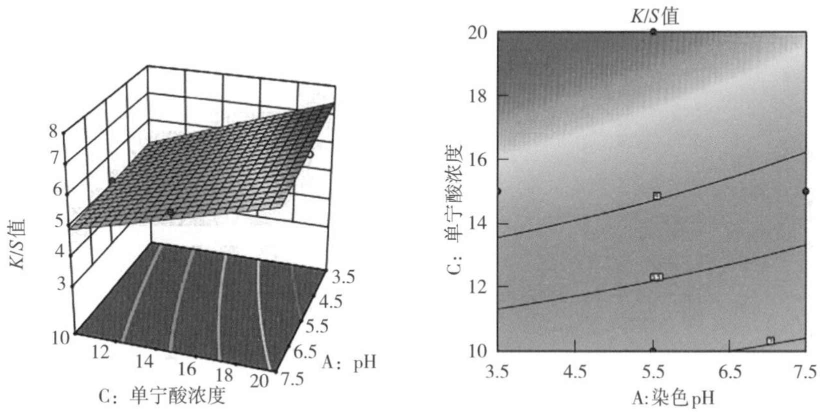

图3　染色温度和单宁酸浓度对染色K/S值的交互作用（见正文第168页图5-4）

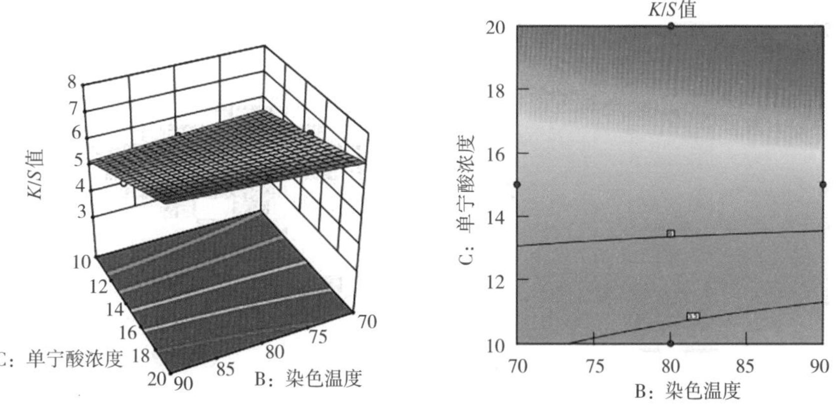

图4　染色温度和单宁酸浓度对染色K/S值的交互作用（见正文第168页图5-5）

表1　不同染色时间织物的颜色特征值

染色时间 /min	染色布样	K/S 值	L^*	a^*	b^*	c^*
5		4.598	72.293	8.594	44.768	45.584
10		5.577	71.259	10.427	51.208	52.257
15		5.562	71.165	10.546	51.017	52.096
20		5.714	70.904	10.843	51.522	52.65
30		5.787	71.062	10.769	51.643	52.754
60		6.481	70.986	10.731	50.181	51.314
90		5.920	70.956	10.704	50.407	51.534

注　见正文第163页表5-1。

表2　不同染色温度织物的颜色特征值

染色温度 /℃	染色布样	K/S 值	L^*	a^*	b^*	c^*
60		6.089	66.985	8.532	58.53	61.393
70		6.301	68.512	15.43	59.561	61.53
80		6.481	70.986	10.731	50.181	51.314
90		6.240	69.297	13.907	59.451	61.056

注　见正文第164页表5-2。

表3　不同pH染色织物的颜色特征值

pH	染色布样	K/S 值	L^*	a^*	b^*	c^*
3.5		6.481	70.986	10.731	50.181	51.314
5.5		5.804	71.751	9.516	48.321	49.25
7.5		5.641	72.848	7.732	44.488	45.156
9.5		5.392	73.196	6.579	44.609	45.092

注　见正文第164页表5-3。